浙江省高职院校"十四五"重点立项建设教材

高等职业教育系列教材

新形态·立体化·双色印刷

项目导向，任务驱动 ｜ 知识、技能、素养融为一体

数据库技术项目式教程（MySQL）

主　编 ｜ 陈尧妃
副主编 ｜ 陈焕通
参　编 ｜ 胡冬星　颜钰琳

机械工业出版社
CHINA MACHINE PRESS

全书按照"项目导向、任务驱动"的教学方法,以项目贯穿始终,分别是入门项目"学生信息管理系统"数据库,提高项目"网上商城系统"数据库和"供销存系统"数据库,并根据实际开发步骤,分任务逐步完成各项目。编者还精心设计了拓展项目"自行车租赁系统"数据库、"校园旧书赠送系统"数据库和"绿色回收 App"数据库,以满足不同层次、不同水平的读者需求。

本书可作为高职高专及职业本科院校数据库相关课程的教学用书,也可作为全国计算机等级考试二级科目——MySQL 数据库程序设计、数据库系统工程师的备考及培训教材,还可作为 MySQL 用户的自学或参考书。

本书配有微课视频,读者扫描书中二维码即可观看,另外,本书配有丰富的数字化教学资源,需要的教师可登录机械工业出版社教育服务网(www.cmpedu.com)免费注册,审核通过后下载,或联系编辑索取(微信:13261377872,电话:010-88379739)。

图书在版编目(CIP)数据

数据库技术项目式教程:MySQL / 陈尧妃主编.
北京:机械工业出版社,2025.3. --(高等职业教育系列教材). --ISBN 978-7-111-77453-2

Ⅰ.TP311.132.3

中国国家版本馆 CIP 数据核字第 2025FW8693 号

机械工业出版社(北京市百万庄大街 22 号　邮政编码 100037)
策划编辑:李培培　　　　　责任编辑:李培培
责任校对:郑　婕　陈　越　责任印制:李　昂
北京捷迅佳彩印刷有限公司印刷
2025 年 3 月第 1 版第 1 次印刷
184mm×260mm・15.5 印张・403 千字
标准书号:ISBN 978-7-111-77453-2
定价:69.00 元

电话服务　　　　　　　　　网络服务
客服电话:010-88361066　　机　工　官　网:www.cmpbook.com
　　　　　010-88379833　　机　工　官　博:weibo.com/cmp1952
　　　　　010-68326294　　金　书　网:www.golden-book.com
封底无防伪标均为盗版　机工教育服务网:www.cmpedu.com

Preface 前言

党的二十大报告指出:"推动战略性新兴产业融合集群发展,构建新一代信息技术、人工智能、生物技术、新能源、新材料、高端装备、绿色环保等一批新的增长引擎。"强调了技术创新对于社会发展的重要性。数据库技术是人工智能和计算机应用领域的重要分支之一,已经渗透到人们生活和生产的各个方面。数据库课程不仅是计算机相关专业的核心课程,而且已是很多非计算机专业的必修课程。

MySQL 是目前最受欢迎的数据库管理系统软件之一,免费、开源是它的主要特点,并且易学易用,在较大程度上降低了学习者的入门门槛。

本书采用"项目-任务"的组织形式,根据初学者的认知规律,设计 1 个入门项目、2 个提高项目、3 个拓展项目,以满足不同层次、不同水平的学习者需求,保证课程中分层教学的有效实施。根据企业实际设计开发数据库的步骤,将项目划分为若干任务。各任务的教学环节包括任务提出、任务分析、相关知识与技能、任务实施以及任务总结。通过完成一系列的任务,帮助学习者打好扎实的数据库管理和应用技术基础,在经济发展的数字产业化、产业数字化进程中,做一颗优秀的"螺丝钉"。

全书分入门篇和提高篇,其中入门篇包括项目 1~6,以入门项目"学生信息管理系统"数据库的实施和管理贯穿。提高篇包括项目 7~9,其中项目 8 以提高项目"网上商城系统"数据库的设计和实施贯穿,项目 9 以提高项目"供销存系统"数据库的实施贯穿。主要内容如下。

项目 1 介绍数据库开发环境的搭建,任务包括熟悉常用数据库管理系统和安装配置 MySQL。

项目 2 介绍数据库的创建和管理,任务包括理解关系数据库的基本概念,设计学生信息管理系统数据库,以及创建和管理数据库。

项目 3 介绍表的创建和管理,任务包括选取字段数据类型,创建和管理表,设置约束,使用 ALTER TABLE 语句修改表结构,以及往表中添加数据、备份恢复数据库。

项目 4 介绍数据的查询和更新,任务包括单表查询,数据汇总统计,多表连接查询,子查询,数据更新,以及级联更新、级联删除。

项目 5 介绍视图和索引的创建,任务包括创建视图,使用视图,以及创建索引。

项目 6 介绍 MySQL 日常管理,任务包括导入/导出数据,备份和恢复数据库,以及管理用户及权限。

项目 7 介绍数据库的设计,任务包括数据库设计步骤及数据库三级模式,需求分析,概念结构设计，逻辑结构设计，以及关系规范化。

  项目 8 介绍函数和存储过程的创建，任务包括使用函数，使用变量和流程控制语句，创建简单存储过程，创建带输入参数的存储过程，以及创建带输入输出参数的存储过程。

  项目 9 介绍事务、游标和触发器的使用，任务包括使用事务，使用游标，以及使用触发器。

  本书由陈尧妃任主编，陈焕通任副主编，胡冬星、颜钰琳参编。项目 1、2 由胡冬星编写，项目 3、4、8 由陈尧妃编写，项目 5、6、7 由陈焕通编写，项目 9 由颜钰琳编写。本书在项目设计和开发过程中得到浙江乾行信息技术股份有限公司技术部的大力支持和帮助，在此表示感谢。

  由于编者水平有限，错误和纰漏在所难免，敬请各位同行和广大读者批评指正。

编 者

目录 Contents

前言

入 门 篇

项目 1　搭建数据库开发环境 ········ 2

任务 1.1　熟悉常用数据库管理系统 ······ 2
　1.1.1　数据管理技术的发展 ·········· 2
　1.1.2　数据库技术的基本概念 ········ 5
　1.1.3　常用数据库管理系统 ·········· 6
任务 1.2　安装配置 MySQL ············· 7
　1.2.1　使用 MSI 安装软件包安装 MySQL ···· 7
　1.2.2　启动、停止 MySQL 服务 ······ 17
　1.2.3　客户端连接服务器 ··········· 19
理论练习 ··························· 23

项目 2　创建和管理数据库 ········· 26

任务 2.1　理解关系数据库的基本概念 ··· 26
　2.1.1　数据模型 ··················· 26
　2.1.2　关系数据库 ················· 27
任务 2.2　设计学生信息管理系统
　　　　数据库 ···················· 29
　2.2.1　需求分析 ··················· 30
　2.2.2　设计概念模型 ··············· 31
　2.2.3　设计关系模型 ··············· 32
任务 2.3　创建和管理数据库 ·········· 33
　2.3.1　SQL 语言简介 ··············· 33
　2.3.2　创建数据库 ················· 34
　2.3.3　管理数据库 ················· 36
理论练习 ··························· 37

项目 3　创建和管理表 ············· 40

任务 3.1　选取字段数据类型 ·········· 40
　3.1.1　数值型数据类型 ············· 41
　3.1.2　字符型数据类型 ············· 41
　3.1.3　日期时间型数据类型 ········· 42
任务 3.2　创建和管理表 ·············· 43
　3.2.1　创建表 ····················· 44
　3.2.2　管理表 ····················· 45
任务 3.3　设置约束 ·················· 48
　3.3.1　主键约束 ··················· 49
　3.3.2　唯一约束 ··················· 51
　3.3.3　检查约束 ··················· 52
　3.3.4　外键约束 ··················· 53
任务 3.4　使用 ALTER TABLE 语句
　　　　修改表结构 ················ 56

3.4.1	修改表的存储引擎和编码	56	3.5.1 添加记录	61
3.4.2	添加、修改和删除字段	57	3.5.2 备份数据库	62
3.4.3	添加和删除默认值	57	3.5.3 恢复数据库	63
3.4.4	添加和删除约束	58	理论练习	64

任务 3.5 往表中添加数据、备份恢复数据库 60

实践阶段测试 68

项目 4　查询和更新数据 71

任务 4.1　单表查询 71
  4.1.1　选择表中的若干列 72
  4.1.2　选择表中的若干行 74
  4.1.3　去掉查询结果中重复的行 79
  4.1.4　对查询结果排序 80

任务 4.2　数据汇总统计 88
  4.2.1　使用集函数统计数据 88
  4.2.2　分组统计 89
  4.2.3　对组筛选 90

任务 4.3　多表连接查询 93
  4.3.1　内连接 94
  4.3.2　外连接 96

任务 4.4　子查询 103

  4.4.1　不相关子查询 103
  4.4.2　相关子查询 106

任务 4.5　数据更新 110
  4.5.1　插入数据 111
  4.5.2　修改数据 114
  4.5.3　删除数据 115
  4.5.4　更新多张表的数据 115

任务 4.6　级联更新、级联删除 119
  4.6.1　级联更新 119
  4.6.2　级联删除 120
  4.6.3　设置外键失效 121

理论练习 122

实践阶段测试 130

项目 5　创建视图和索引 133

任务 5.1　创建视图 133
  5.1.1　视图概述 134
  5.1.2　创建和管理视图 134

任务 5.2　使用视图 136
  5.2.1　利用视图简化查询操作 136

  5.2.2　通过视图更新数据 137

任务 5.3　创建索引 138
  5.3.1　索引概述 139
  5.3.2　创建和维护索引 140

理论练习 141

项目 6　MySQL 日常管理 144

任务 6.1　导入/导出数据 144

  6.1.1　导入数据 144

Contents 目录

  6.1.2 导出数据 ………………………… 145

任务 6.2 备份和恢复数据库 ………… 147

  6.2.1 手动备份数据库 ……………… 148
  6.2.2 定时自动备份数据库 ………… 148
  6.2.3 恢复数据库 …………………… 150

任务 6.3 管理用户及权限 ……………… 151

  6.3.1 用户管理 ……………………… 151
  6.3.2 权限管理 ……………………… 152

理论练习 …………………………………… 156

提 高 篇

项目 7　设计数据库 …………………… 160

任务 7.1 数据库设计步骤及数据库三级模式 ………………………… 160

  7.1.1 数据库设计步骤 ……………… 161
  7.1.2 数据库三级模式 ……………… 161

任务 7.2 需求分析 ……………………… 162

  7.2.1 需求分析任务 ………………… 162
  7.2.2 数据字典 ……………………… 163

任务 7.3 概念结构设计 ………………… 164

  7.3.1 信息世界的基本概念 ………… 164
  7.3.2 E-R 图 ………………………… 165
  7.3.3 设计概念模型 ………………… 166

任务 7.4 逻辑结构设计 ………………… 169

  7.4.1 概念模型转换为关系模型 …… 169
  7.4.2 关系模型的详细设计 ………… 170

任务 7.5 关系规范化 …………………… 173

  7.5.1 关系规范化的基本概念 ……… 173
  7.5.2 第一范式 ……………………… 174
  7.5.3 第二范式 ……………………… 175
  7.5.4 第三范式 ……………………… 176

理论练习 …………………………………… 178

实践阶段测试 ……………………………… 182

项目 8　创建函数和存储过程 ………… 184

任务 8.1 使用函数 ……………………… 184

  8.1.1 系统函数 ……………………… 185
  8.1.2 用户自定义函数 ……………… 188

任务 8.2 使用变量和流程控制语句 …… 191

  8.2.1 局部变量 ……………………… 191
  8.2.2 选择语句 ……………………… 192
  8.2.3 循环语句 ……………………… 194

任务 8.3 创建简单存储过程 …………… 195

  8.3.1 理解存储过程 ………………… 195
  8.3.2 创建和管理简单存储过程 …… 196

任务 8.4 创建带输入参数的存储过程 ………………………… 198

  8.4.1 存储过程的参数类型 ………… 198
  8.4.2 创建和调用带输入参数的存储过程 ………………………… 198

任务 8.5 创建带输入输出参数的存储过程 …………………………… 201

  8.5.1 创建带输入输出参数的存储过程 … 201
  8.5.2 调用带输出参数的存储过程 … 202

理论练习 …………………………………… 203

项目 9 使用事务、游标和触发器 ·················· 204

任务 9.1 使用事务 ···················· 204
    9.1.1 理解事务 ···················· 205
    9.1.2 使用事务 ···················· 206

任务 9.2 使用游标 ···················· 208
    9.2.1 理解游标 ···················· 209
    9.2.2 使用游标 ···················· 209

任务 9.3 使用触发器 ···················· 211
    9.3.1 理解触发器 ···················· 211
    9.3.2 使用触发器 ···················· 213

理论练习 ···················· 216

实践阶段测试 ···················· 218

附录 ···················· 220

附录 A 项目资源 ···················· 220
附录 B 常用 MySQL 语句 ···················· 235

参考文献 ···················· 240

入门篇

项目 1　搭建数据库开发环境

本项目介绍数据管理技术的发展、数据库技术的基本概念、常用数据库管理系统以及 MySQL 软件的安装配置。具体学习目标如下。

【知识目标】
- 了解数据管理技术的发展;
- 理解数据库技术的基本概念;
- 熟悉常用数据库管理系统。

【能力目标】
- 能够自主安装 MySQL 软件;
- 能够熟练启动服务、停止 MySQL 服务,连接服务器。

【素质目标】
- 关注数据隐私保护、信息安全等问题,提升信息时代的责任意识和社会参与能力;
- 注重数据治理、信息公平和社会效益,为可持续发展和社会进步做出贡献。

任务 1.1　熟悉常用数据库管理系统

【任务提出】

熟悉常用数据库管理系统

数据库技术出现于 20 世纪 60 年代,主要用于满足管理信息系统对数据管理的要求。多年来,数据库技术在理论和实现上都有了很大的发展,出现了较多数据库管理系统。

【任务分析】

先了解数据管理技术的发展,理解数据库技术的基本概念,再熟悉常用数据库管理系统,并安装配置 MySQL。

【相关知识与技能】

1.1.1　数据管理技术的发展

1. 数据、数据管理与数据处理

(1) 数据

数据(Data)是描述事物的符号记录。除了常用的数字数据外,文字(如名称)、图形、图像、声音等信息，也都是数据。日常生活中，人们使用语言描述事物。在计算机中，为了存储和处理这些事物，就要抽取对这些事物感兴趣的特征组成一条记录来描述。例如，在学生管理中，可以对学号、姓名、性别和出生日期这样描述：202231010100101，倪骏，男，2005/7/5。

（2）数据管理与数据处理

数据处理是指从某些已知的数据出发，推导加工出一些新的数据，在具体操作中，涉及数据收集、管理、加工和输出等过程。

在数据处理中，数据的计算通常比较简单，而数据的管理比较复杂。数据管理是指数据的收集、整理、组织、存储、查询和更新等操作，这部分操作是数据处理业务的基本环节，是任何数据处理业务中必不可少的共有部分，因此学习和掌握数据管理技术，能够对数据处理提供有力的支持。

2. 数据管理技术的发展

从 20 世纪 50 年代开始，计算机的应用由科学研究部门逐渐扩展到企业、行政部门。至 20 世纪 60 年代，数据处理已成为计算机的主要应用。

数据管理技术是指对数据进行分类、组织、存储、检索和维护，它是数据处理的中心问题。随着计算机软硬件的发展，数据管理技术不断完善，经历了如下三个阶段：人工管理阶段、文件管理阶段和数据库管理阶段。

（1）人工管理阶段

20 世纪 50 年代中期以前，计算机主要用于科学计算。当时的计算机在硬件方面，外存只有卡片、纸带及磁带，没有磁盘等直接存取的存储设备；在软件方面，只有汇编语言，没有操作系统和高级语言，更没有管理数据的软件，数据处理的方式是批处理。这些决定了当时的数据管理只能依赖人工进行。

人工管理阶段管理数据的特点：

1）数据不保存。计算机主要用于科学计算，一般不需要长期保存数据。

2）没有软件系统对数据进行管理。数据需要由应用程序管理。

3）数据不共享。数据是面向应用的，一组数据只对应一个应用程序，造成应用程序之间存在大量的数据冗余。

4）只有程序的概念，没有文件的概念。

人工管理阶段应用程序与数据间的关系如图 1-1 所示。

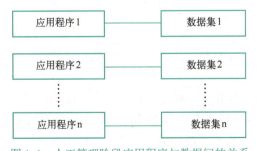

图 1-1　人工管理阶段应用程序与数据间的关系

（2）文件管理阶段

20 世纪 50 年代后期到 60 年代中期，计算机的软硬件水平都有了很大的提高，出现了磁盘、磁鼓等直接存取设备，操作系统也得到了发展，产生了依附于操作系统的专门数据管理系统——文件系统，此时，计算机系统由文件系统统一管理数据存取。在该阶段，程序和数据是分离的，数据可长期保存在外设上，以多种文件形式（如顺序文件、索引文件、随机文件等）进行组织。数据的逻辑结构（指呈现在用户面前的数据结构）与数据的存储结构（指数据在物理设备上的结构）之间可以有一定的独立性。该阶段实现了以文件为单位的数据共享，但未能实现以记录或数据项为单位的数据共享，数据的逻辑组织还是面向应用的，因此在应用之间还存在大量的冗余数据，导致数据的一致性较差。

文件管理阶段管理数据的特点：

1) 数据可以长期保存。由于计算机大量用于数据处理，需要将数据长期保存在外存上，并反复进行查询、修改、插入和删除等。

2) 由专门的软件（即文件系统）进行数据管理。

3) 数据共享性差。文件系统仍然是面向应用的。

4) 数据独立性低。一旦数据的逻辑结构改变，必须修改程序。

文件管理阶段应用程序与数据间的关系如图 1-2 所示。

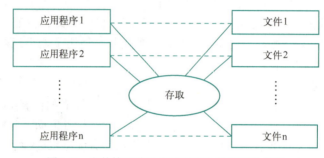

图 1-2　文件管理阶段应用程序与数据间的关系

（3）数据库管理阶段

20 世纪 60 年代后期，数据管理进入数据库管理阶段。该阶段的计算机系统广泛应用于企业管理，需要有更高的数据共享能力，程序和数据必须具有更高的独立性，从而减少应用程序开发和维护的费用。该阶段计算机硬件技术和软件研究水平的快速提高使得数据处理领域取得了长足的进步。伴随着大容量、高速度、低价格的存储设备的出现，用来存储和管理大量信息的"数据库管理系统"应运而生，成为当代数据管理的主要方法。数据库系统将一个单位或一个部门所需的数据综合地组织在一起构成数据库，由数据库管理系统软件实现对数据库的集中统一管理。

数据库管理阶段管理数据的特点：

1) 数据结构化。采用数据模型表示复杂的数据结构，数据模型不仅描述数据本身的特征，还描述数据之间的联系。

2) 数据共享性好，冗余度低。数据不再面向某个应用，而是面向整个系统，既减少了数据冗余，节约了存储空间，又能够避免数据之间的不相容性和不一致性。

3) 数据独立性高。数据独立性是指应用程序与数据库的数据结构之间的相互独立。在数据库系统中，数据定义功能（描述数据结构和存储方式）和数据管理功能（数据的查询、更新）由数据库管理系统实现，不需要应用程序进行处理，极大地简化了应用程序的开发和维护。数据库的数据独立性分为两级：物理独立性和逻辑独立性。

4) 数据存取粒度小，提高了系统的灵活性。文件系统中，数据存取的最小单位是记录，而在数据库系统中,最小单位可以小到记录中的一个数据项。

5)数据库管理系统对数据进行统一管理和控制。它提供四方面的数据控制功能:数据的安全性、数据的完整性、数据库的并发控制、数据库的恢复。

6)为用户提供友好的接口。用户可以使用数据库语言操作数据库,也可以把普通的高级语言和数据库语言结合起来操作数据库。

数据库管理阶段应用程序与数据间的关系如图1-3所示。

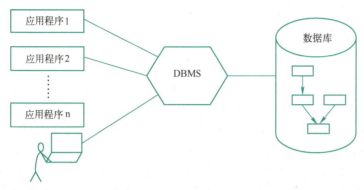

图 1-3　数据库管理阶段应用程序与数据间的关系

1.1.2　数据库技术的基本概念

1. 数据库（DataBase, DB）

数据库(DB)是长期存储在计算机内的、有组织的、可共享的数据集合。数据库中的数据按一定的数据模型组织、描述和存储,具有较小的冗余度,较高的数据独立性和易扩展性,并可为各种用户共享。

数据库有如下特征:
- 数据按一定的数据模型组织、描述和存储。
- 可为各种用户共享。
- 冗余度较低。
- 数据独立性较高。
- 易扩展。

2. 数据库管理系统（DataBase Management System, DBMS）

数据库管理系统(DBMS)是位于用户与操作系统之间的数据管理软件。数据库在建立、运行和维护时由数据库管理系统来统一管理、统一控制。DBMS使用户能方便地定义数据和操纵数据,并能够保证数据的安全性、完整性、多用户对数据的并发使用及发生故障后的系统恢复。

数据库管理系统是实际存储的数据和用户之间的一个接口,负责处理用户和应用程序存取、操纵数据库的各种请求。

DBMS的任务是收集并抽取一个应用所需要的大量数据,科学地组织这些数据并将其存储在数据库中,且对这些数据进行高效的处理。

3. 数据库系统（DataBase System，DBS）

数据库系统（DBS）指在计算机系统中引入数据库后构成的应用系统，一般由数据库、数据库管理系统、用户和应用程序组成。其中数据库管理系统是数据库系统的核心。

1.1.3 常用数据库管理系统

目前，常用的数据库管理系统有 MySQL、SQL Server、Oracle、DB2 等。它们各有优点，适用于不同级别的系统。

1. MySQL

MySQL 是一个开源的关系数据库管理系统，它是较流行和广泛使用的数据库之一。MySQL 最初由瑞典 MySQL AB 公司开发，并于 1995 年首次发布。后来，Sun Microsystems 收购了 MySQL AB，随后 Sun Microsystems 又被 Oracle 公司收购。尽管 MySQL 现在由 Oracle 公司维护，但它仍然是一个开源项目，有一个活跃的开发社区。

MySQL 提供了一个可靠、高性能的数据库解决方案，被广泛应用于各种规模的应用程序和网站。它支持多用户并发访问，具有良好的可扩展性和稳定性。MySQL 可以在多种操作系统上运行，包括 Windows、Linux、macOS 等。MySQL 支持多种编程语言的接口，如 Python、PHP、Java 等，使开发人员可以方便地与数据库进行交互。

2. SQL Server

SQL Server 是微软公司开发的中大型关系数据库管理系统，面向中大型数据库应用。针对当前的客户机/服务器环境设计，结合 Windows 操作系统的能力，提供了一个安全、可扩展、易管理、高性能的客户/服务器数据库平台。

SQL Server 继承了微软产品界面友好、易学易用的特点，与其他大型数据库产品相比，它在操作性和交互性方面独树一帜。SQL Server 可以与 Windows 操作系统紧密集成，使 SQL Server 能充分利用操作系统所提供的特性，无论是应用程序开发速度还是系统事务处理运行速度，都能得到较大的提升。另外，SQL Server 可以借助浏览器实现数据库查询功能，并支持内容丰富的扩展标记语言（XML），提供全面支持 Web 功能的数据库解决方案。对于在 Windows 平台上开发的各种企业级信息管理系统来说，无论是 C/S（客户端/服务器）架构还是 B/S（浏览器/服务器）架构，SQL Server 都是一个很好的选择。

3. Oracle

Oracle 是美国 Oracle（甲骨文）公司开发的大型关系数据库管理系统，面向大型数据库应用。在集群技术、高可用性、商业智能、安全性、系统管理等方面都有了新的突破，是一个完整的、简单的、新一代智能化的、协作各种应用的软件基础平台。

Oracle 数据库被认为是业界目前比较成功的关系数据库管理系统。对于数据量大、事务处理繁忙、安全性要求高的企业，Oracle 无疑是比较理想的选择（当然，预算必须充足，因为 Oracle 数据库在同类产品中是比较贵的）。Internet 的普及带动了网络经济的发展，Oracle 适时地将自己的产品和网络计算紧密地结合起来，成为在 Internet 应用领域数据库厂商的佼佼者。Oracle 数据库可以运行在 UNIX、Windows 等主流操作系统平台，完全支持所有的工业标准，并获得最高级别的 ISO 标准安全性认证。Oracle 采用完全开放策略，可以使客户选择适合的解决方案,同时对开发商提供全力支持。

4. DB2

DB2 是美国 IBM 公司开发的一套关系数据库管理系统,它主要的运行环境为 UNIX、Linux、IBM i、z/OS 以及 Windows 服务器版本。

DB2 主要应用于大型应用系统,具有较好的可伸缩性,支持从大型机到单用户的环境,应用于所有常见的服务器操作系统平台下。DB2 提供高层次的数据利用性、完整性、安全性、可恢复性,以及小规模到大规模应用程序的执行能力,具有与平台无关的基本功能和 SQL 命令。DB2 采用数据分级技术,能够使大型机数据很方便地下载到 LAN 数据库服务器,使得客户端/服务器用户和基于 LAN 的应用程序可以访问大型机数据,并使数据库本地化及远程连接透明化。DB2 以拥有一个非常完备的查询优化器而著称,其外部连接改善了查询性能,并支持多任务并行查询。DB2 具有很好的网络支持能力,每个子系统可以连接十几万个分布式用户,可同时激活上千个活动线程,对大型分布式应用系统尤为适用。

【任务总结】

目前常用的数据库管理系统较多,它们各有优点,适用于不同级别的系统。读者可以到图书馆或网上搜集相关资料,进行学习。

任务 1.2　安装配置 MySQL

【任务提出】

MySQL 是目前较流行的关系数据库管理系统之一。在 Web 应用方面,MySQL 可以说是最好的 RDBMS(关系数据库管理系统)之一。

安装配置 MySQL

【任务分析】

MySQL 支持多种平台,不同平台下的安装与配置过程各不相同。在 Windows 平台下,可以使用从官网(https://www.mysql.com/)下载的 MSI 安装软件包进行安装或免安装的 ZIP 包进行配置,也可以使用集成安装环境。

【相关知识与技能】

1.2.1　使用 MSI 安装软件包安装 MySQL

MySQL 软件采用双授权政策,分为社区版(MySQL Community Server)和企业版(MySQL Enterprise Server)。社区版完全免费,但是官方不提供技术支持。企业版能以很高的性价比为企业提供数据仓库应用,该版本需要付费使用,官方提供电话技术支持。

接下来介绍在 Windows 平台下社区版 MySQL 的安装。

在安装前先检查计算机名是否包含中文和空格，若计算机名包含中文和空格，先重命名计算机，确保计算机名不包含中文和空格。

1. 下载安装软件包

打开 MySQL 官网（https://dev.mysql.com/downloads/mysql/），在打开的如图 1-4 所示界面中选择 MSI 安装软件包，单击"Download"按钮，在打开的如图 1-5 所示界面中选择"No thanks,just start my download."选项开始下载。

图 1-4　从官网下载 MSI 安装软件包

图 1-5　选择"No thanks,just start my download."选项开始下载

2. 按照提示安装

下载完成后，双击安装包开始安装。在如图1-6所示欢迎界面中单击"Next"按钮。在如图1-7所示界面中勾选"I accept the terms in the License Agreement"项，然后单击"Next"按钮。在如图1-8所示界面中选择安装类型，选项有"Typical"（标准）、"Custom"（自定义）和"Complete"（完全），初学者可以选择"Typical"或"Complete"，选择完毕后单击"Next"按钮。在如图1-9所示界面中单击"Install"按钮，开始安装。在如图1-10所示界面中勾选"Run MySQL Configurator"项（默认状态就是勾选的），单击"Finish"按钮，开始配置MySQL。

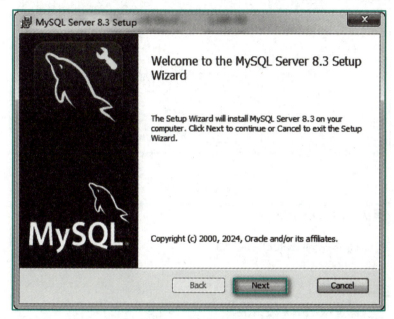

图1-6　欢迎界面

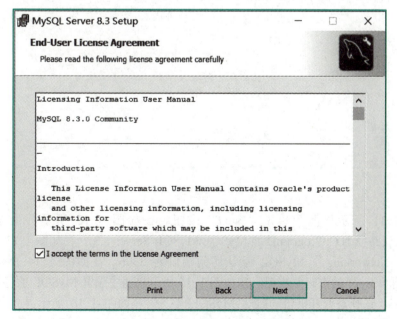

图1-7　接受许可协议中的条款

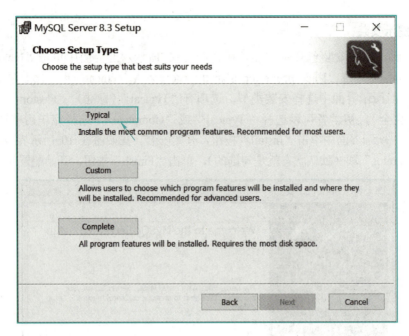

图 1-8　选择安装类型

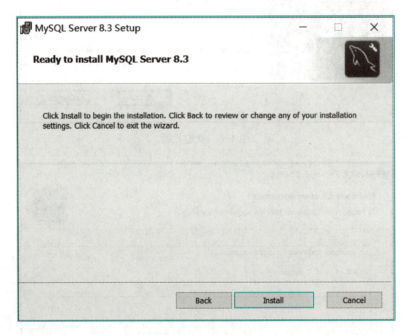

图 1-9　准备安装 MySQL Server 8.3

在如图 1-11 所示界面中单击"Next"按钮。在如图 1-12 所示界面中配置"Data Directory",默认路径为 C:\ProgramData\MySQL\MySQL Server 8.3\。在如图 1-13 所示界面中配置"Type and Networking",MySQL 默认访问端口为 3306。在如图 1-14 所示界面中设置 MySQL 超级用户 Root 的密码并牢记。在如图 1-15 所示界面中设置 MySQL 服务名,默认服务名为 MySQL83,选择是否开机自动启动 MySQL 服务。在如图 1-16 所示界面中配置"Server File Permissions",保留默认选择即可,单击"Next"按钮。在如图 1-17 所示界面中选择是否要创建 Sakila、World 两个实例数据库，可以选择创建，也可以选择不创建。在如图 1-18 所示界面中单击"Execute"按钮，开始配置 MySQL。在如图 1-19 所示界面中单击"Finish"按钮，完成配置。

图 1-10　开始配置 MySQL

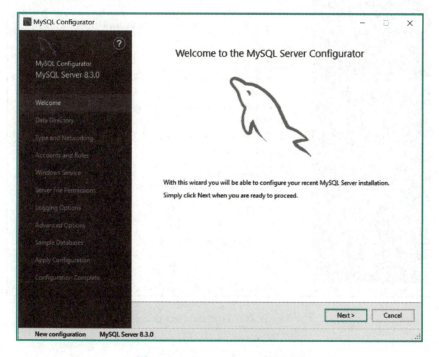

图 1-11　MySQL Server 欢迎界面

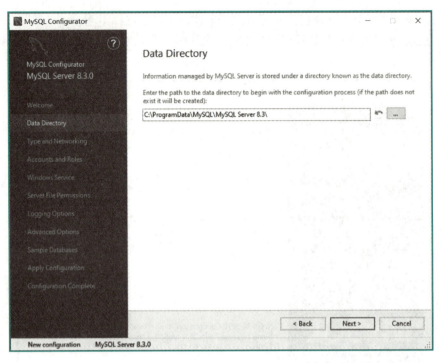

图 1-12　配置"Data Directory"

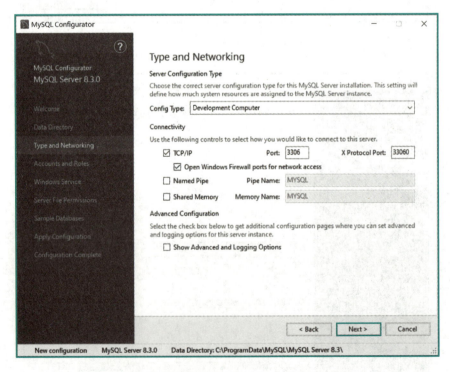

图 1-13　配置"Type and Networking"

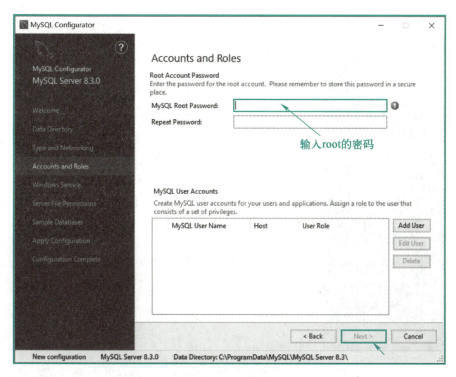

图 1-14　配置"Accounts and Roles"

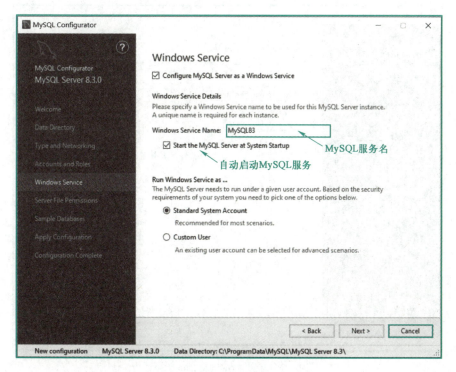

图 1-15　配置"Windows Service"

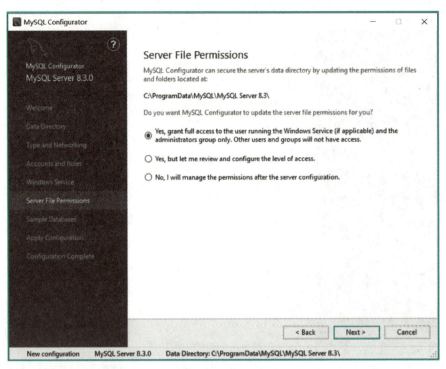

图 1-16　配置"Server File Permissions"

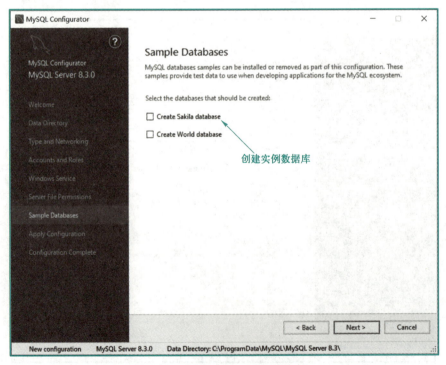

图 1-17　配置"Sample Databases"

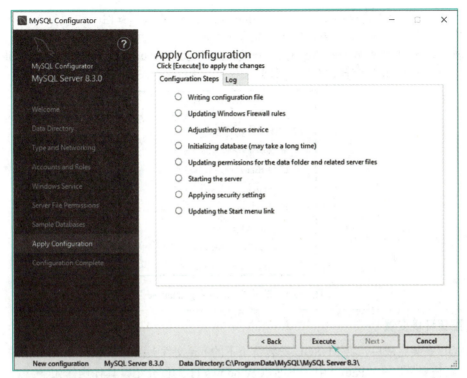

图 1-18　开始配置 MySQL

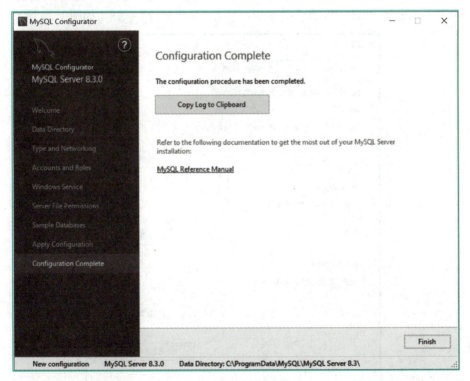

图 1-19　完成配置

【注意】 若在配置过程中提示"Initializing database"出错,如图 1-20 所示。检查计算机名是否包含中文和空格,若计算机名包含中文和空格,先重命名计算机,确保计算机名不包含中文和空格;然后卸载 MySQL,还要删除 C 盘中 Program Files、Program Files(x86)、ProgramData 这三个文件夹中的 MySQL 文件夹;最后重新安装 MySQL 即可。

图 1-20　提示"Initializing database"出错

3. 配置环境变量

MySQL 安装完成后,将 MySQL 安装目录下的 bin 文件夹路径添加到 Windows 的"环境变量"→"系统变量"→"Path"中。下面以 Windows 11 为例介绍,具体操作如下。

右击"此电脑"图标,选择"属性"命令,在"设置"窗口中单击"高级系统设置"选项,打开"系统属性"对话框,选择"高级"选项卡,单击"环境变量"按钮,如图 1-21 所示。

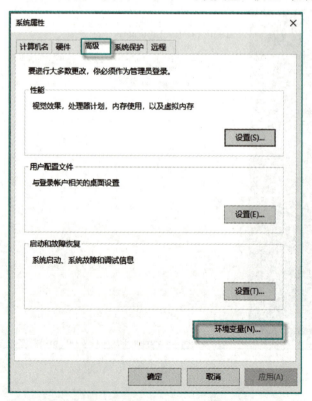

图 1-21　"系统属性"对话框

打开"环境变量"对话框,在"系统变量"列表中双击"Path"变量,打开"编辑环境变量"对话框,在该对话框中单击"新建"按钮,添加 MySQL 安装目录下的 bin 文件夹路径,单击"确定"按钮完成添加,如图 1-22 所示。

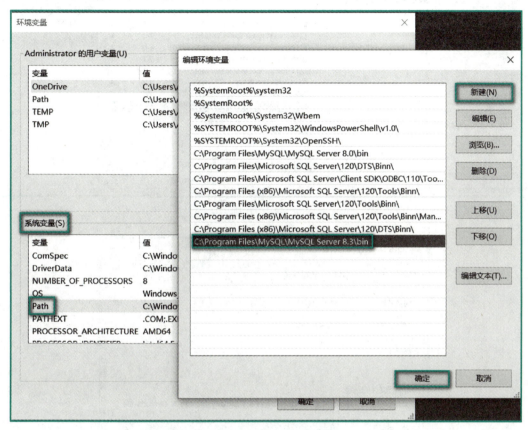

图 1-22 "环境变量"和"编辑环境变量"对话框

1.2.2 启动、停止 MySQL 服务

使用 MySQL 的第一步是启动 MySQL 服务,服务启动后才能连接使用。启动、停止 MySQL 服务有以下两种方式。

1. 通过 Windows 的服务管理器

右击"此电脑"图标,选择"管理"命令,在"计算机管理"窗口中依次单击"服务和应用程序"→"服务"选项。在服务的"名称"列中找到 MySQL 服务,如图 1-23 所示。MySQL 服务名的设置如图 1-15 所示,MySQL 8.3 的默认服务名为 MySQL83。右击"MySQL83"服务并在弹出的快捷菜单中选择"启动"命令即可启动服务;右击"MySQL83"服务并在弹出的快捷菜单中选择"停止"命令即可停止服务。

为了提高系统启动速度,建议将 MySQL 服务的启动类型设置为"手动"。具体操作方法为:在如图 1-23 所示的界面中,右击"MySQL83"服务并在弹出的快捷菜单中选择"属性"命令,在弹出的对话框中设置"启动类型"为"手动",如图 1-24 所示。

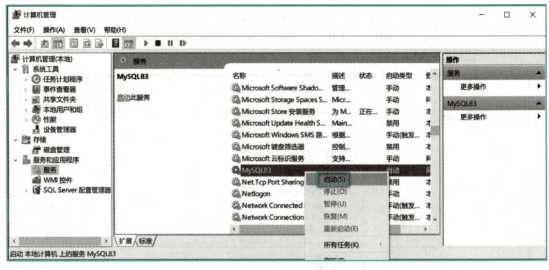

图 1-23　在服务中找到 MySQL83

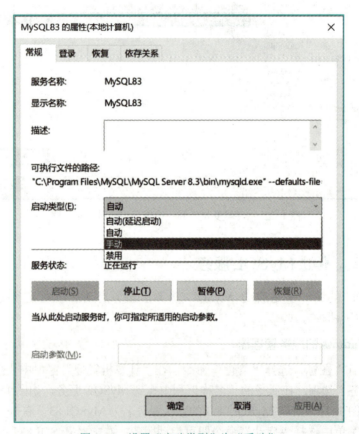

图 1-24　设置"启动类型"为"手动"

2. 使用 net 命令

启动服务：以管理员身份运行 cmd，在窗口中输入"net start 服务器名称"。
停止服务：以管理员身份运行 cmd，在窗口中输入"net stop 服务器名称"。
MySQL 8.3 的默认服务名为 MySQL83，操作如图 1-25 和图 1-26 所示。

图 1-25 使用 net 命令启动服务

图 1-26 使用 net 命令停止服务

1.2.3 客户端连接服务器

1. 连接服务器

MySQL 服务启动后，即可在客户端连接服务器，开始使用。

方式 1：使用 MySQL Command Line Client 命令行客户端连接

启动 MySQL 服务后，打开"MySQL 8.3 Command Line Client"窗口，输入 root 密码连接服务器，如图 1-27 所示。

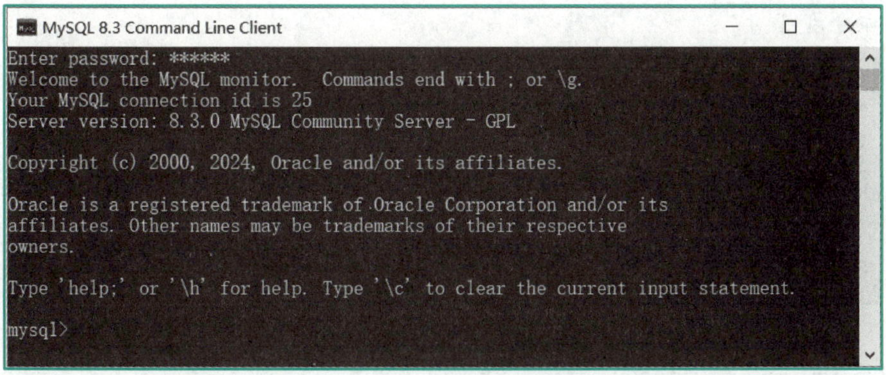

图 1-27 "MySQL 8.3 Command Line Client"窗口

root 是 MySQL 的超级管理员用户，root 密码的设置如图 1-14 所示。修改 root 密码或解决 root 密码丢失问题，在后续的任务 6.3 中介绍。

如果输入密码后窗口一闪退出，存在的问题可能有两种：第一种是 MySQL 服务没有启动；第二种是输入密码出错。这时需要先检查 MySQL 服务是否启动，确定服务启动后，再检查密码的正确性,注意字母的大小写和输入法状态。

退出客户端窗口可使用 exit 或 quit 命令,或者使用快捷命令\q。

问题解决——打开 MySQL 输入密码,一闪退出

方式 2:在 DOS 窗口中使用 mysql 程序命令连接

以管理员身份运行 cmd,在 DOS 窗口中输入如下 mysql 程序命令:

```
mysql -h 服务器所在地址 -u 用户名 -p
```

按〈Enter〉键后输入用户密码,如图 1-28 所示。若是连接本地服务,-h127.0.0.1 或者-hlocalhost 可以省略。

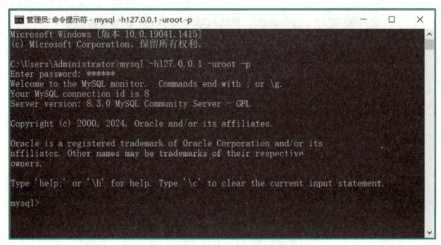

图 1-28 使用 mysql 程序命令连接服务器

退出客户端窗口可使用 exit 或 quit 命令,或者使用快捷命令\q。

【注意】如果使用 mysql 程序命令时提示错误"不是内部或外部命令……",如图 1-29 所示,是因为没有把 MySQL 安装目录下的 bin 文件夹路径添加到系统的环境变量中。先按照图 1-21 和图 1-22 配置环境变量,再重新以管理员身份运行 cmd,在窗口中输入 mysql 程序命令即可。

问题解决——mysql 命令不是内部或外部命令

图 1-29 提示错误"不是内部或外部命令……"

方式 3:使用图形化管理工具连接

图形化管理工具极大地方便了数据库的操作和管理,常用的客户端图形化管理工具有 MySQL Workbench、phpMyAdmin、Navicat、SQLyog 等。

MySQL Workbench 是 MySQL 自带的图形化管理工具。在使用 MSI 安装软件包安装 MySQL 时,如果安装类型选择"Complete"(完全),会同时安装 MySQL Workbench。也可以从 MySQL 官网上单独下载 MySQL Workbench 安装包进行安装。MySQL Workbench 通过可视化界面帮助数据库设计人员、数据库管理员和软件开发人员完成数据库设计，编辑和执行 SQL 语句，进行数据库的迁移、备份、导出、导入等操作。MySQL Workbench 连接 MySQL 服务的界面如图 1-30 所示。

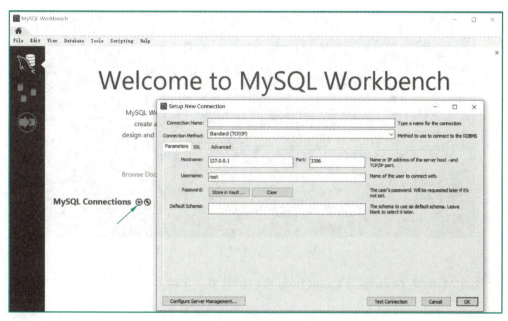

图 1-30　MySQL Workbench 连接 MySQL 服务的界面

Navicat 是目前开发者经常使用的一款图形化管理工具，简单易学，安装文件可以从 Navicat 的官网下载。Navicat 连接 MySQL 服务的界面如图 1-31 所示。

图 1-31　Navicat 连接 MySQL 服务的界面

2. 查看当前 MySQL 版本、端口号等信息

在"MySQL 8.3 Command Line Client"客户端窗口中输入"status"或者"\s"（快捷命令），如图 1-32 所示。

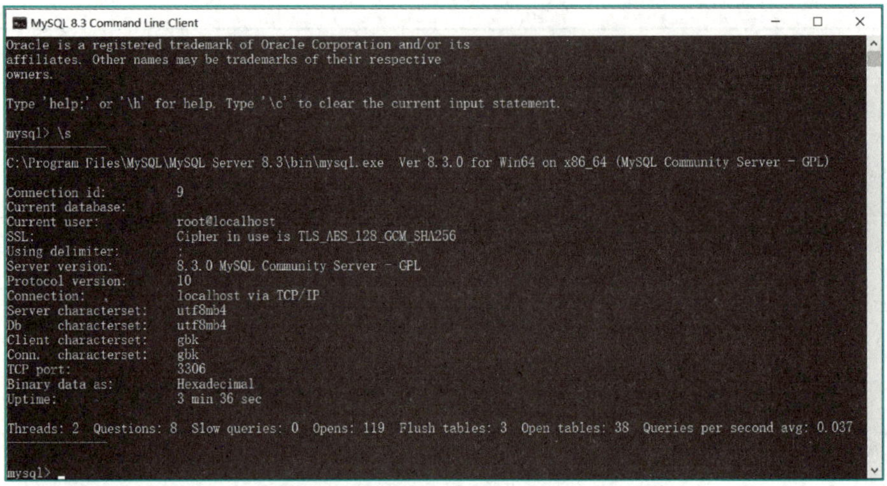

图 1-32 查看当前 MySQL 版本、端口号等信息

3. 修改 MySQL Command Line Client 窗口的背景、字体

"MySQL 8.3 Command Line Client"窗口的背景颜色默认为黑色，用户可以自行修改客户端窗口的背景颜色、字体、字体大小等。在客户端窗口的标题栏中右击，并在弹出的快捷菜单中选择"属性"命令，在打开的属性对话框中设置。黑色的 RGB 值为(0，0，0)，白色的 RGB 值为(255，255，255)。修改客户端窗口的背景颜色为白色的操作界面如图 1-33 所示。

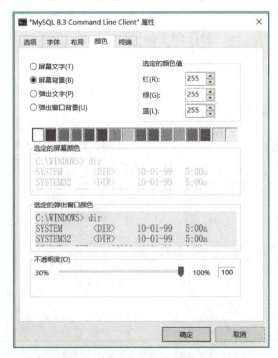

图 1-33 修改客户端窗口的背景颜色为白色

【任务实施】

【练习 1-1】 下载并安装 MySQL。
【练习 1-2】 通过 Windows 的服务管理器手动启动、停止 MySQL 服务。
【练习 1-3】 使用 net 命令启动、停止 MySQL 服务。
【练习 1-4】 使用 mysql 程序命令连接服务。
【练习 1-5】 查看当前 MySQL 版本、端口号等信息。

【任务总结】

MySQL 的安装和配置是一件相对比较简单的工作,但是在操作过程中可能会出现问题,需要多实践,多总结。

理论练习

一、选择题

1. 下面没有反映数据库优点的是（　　）。
   A．数据面向应用程序　　　　B．数据冗余度低
   C．数据独立性高　　　　　　D．数据共享性好
2. （　　）是位于用户与操作系统之间的数据管理软件,数据库在建立、使用和维护时由其统一管理、统一控制。
   A．DBMS　　　B．DB　　　C．DBS　　　D．DBA
3. （　　）是长期存储在计算机内有序的、可共享的数据集合。
   A．DATA　　　　　　　　　B．INFORMATION
   C．DB　　　　　　　　　　D．DBS
4. 文字、图形、图像、声音、学生的档案记录、货物的运输情况等,这些都是（　　）。
   A．DATA　　　　　　　　　B．INFORMATION
   C．DB　　　　　　　　　　D．其他
5. （　　）是数据库系统的核心组成部分,它的主要用途是利用计算机有效地组织数据、存储数据、获取和管理数据。
   A．数据库　　　　　　　　　B．数据
   C．数据库管理系统　　　　　D．数据库管理员
6. 在数据管理技术的发展过程中,经历了人工管理阶段、文件管理阶段和数据库管理阶段,在这几个阶段中,数据独立性最高的是（　　）阶段。
   A．人工管理　　　　　　　　B．文件管理
   C．数据库管理　　　　　　　D．数据项管理
7. DB 中存储的是（　　）。
   A．数据　　　　　　　　　　B．数据模型
   C．数据与数据间的联系　　　D．信息

8. DBS 的特点是（　　），数据独立、减少数据冗余、避免数据不一致和加强了数据保护。
   A．共享　　　　B．存储　　　　C．应用　　　　D．保密
9. 数据库（DB）、数据库系统（DBS）、数据库管理系统（DBMS）三者之间的关系是（　　）。
   A．DBS 包括 DB 和 DBMS　　　　B．DBMS 包括 DB 和 DBS
   C．DB 包括 DBS 和 DBMS　　　　D．DBS 就是 DB，也就是 DBMS
10. 以下指令能停止 MySQL 服务的是（　　）。
    A．net start 服务器名称　　　　B．net stop 服务器名称
    C．quit　　　　　　　　　　　　D．mysql
11. 数据库管理系统的简称为（　　）。
    A．DB　　　　B．DBMS　　　　C．DBA　　　　D．MDBS
12. 下列关于数据库的叙述中，错误的是（　　）。
    A．数据库中只保存数据
    B．数据库中的数据具有较高的数据独立性
    C．数据库按照一定的数据模型组织数据
    D．数据库是大量有组织、可共享数据的集合
13. 与文件管理阶段相比，关系数据库技术的数据管理方式具有许多特点，但不包括（　　）。
    A．支持面向对象的数据模型
    B．具有较高的数据和程序独立性
    C．数据结构化
    D．数据冗余小，实现了数据共享
14. 下列关于数据的描述中，错误的是（　　）。
    A．数据是描述事物的符号记录
    B．数据和它的语义是不可分的
    C．数据指的就是数字
    D．数据是数据库中存储的基本对象
15. 以下关于 MySQL 的叙述中，正确的是（　　）。
    A．MySQL 是一种开放源码的软件
    B．MySQL 只能运行在 Linux 平台上
    C．MySQL 是桌面数据库管理系统
    D．MySQL 是单用户数据库管理系统
16. 数据库应用系统是由数据库、（　　）、用户和应用程序组成。
    A．DBMS　　　　B．DB　　　　C．DBS　　　　D．DBA

二、填空题

1. 数据库是被长期存放在计算机内的、有组织的、可共享的相关（　　　　）的集合。
2. 数据库的发展过程经历了人工管理阶段、（　　　　）、（　　　　）三个阶段。
3. 数据库管理系统的英文缩写是（　　　　）。

4.（　　　　）是位于用户与操作系统之间的数据管理软件，它为用户或应用程序提供访问数据库的方法，数据库在建立、运行和维护时由其统一管理、统一控制。

三、简答题

1. 与文件管理相比，用数据库管理数据有哪些优点？
2. 简述数据、数据库、数据库系统、数据库管理系统的概念。
3. 数据库管理系统的主要功能有哪些？

项目 2　创建和管理数据库

数据库实施的第一步是创建数据库。本项目介绍关系数据库基本概念、设计学生信息管理系统数据库,以及使用 SQL 语句创建和管理数据库。学习目标具体如下。

【知识目标】
- 理解数据模型、关系数据库的基本概念;
- 理解 SQL 语言的组成及特点;
- 掌握创建和管理数据库的 SQL 语句。

【能力目标】
- 能够熟练在 MySQL 中编写 SQL 语句创建数据库;
- 能够熟练在 MySQL 中编写 SQL 语句管理数据库。

【素质目标】
- 关注数据安全,培养对数据应用的责任感;
- 注重数据规范性和可靠性,培养解决实际问题的能力和对数据应用的创造性思考。

任务 2.1　理解关系数据库的基本概念

【任务提出】

进行数据库的实施,必须先理解数据库中的数据存在哪里、以哪种方式存储,即需要先理解数据库的基本概念。

理解关系数据库的基本概念

【任务分析】

关系数据库基本概念包括数据模型、关系模型、关系数据库和关系的性质等。

【相关知识与技能】

2.1.1　数据模型

1. 数据模型概述

(1) 为什么要建立数据模型

用计算机处理现实世界中的具体事物,往往需要先用数据模型这个工具来抽象、表示现实世界中的数据和信息。

为什么要建立数据模型呢?首先,正如盖大楼的设计图一样,数据模型可使所有的项目参与者都有一个共同的数据标准；其次，数据模型可以避免出现问题再解决（边干边改的方式）；再次，数据模型的使用可以及早发现问题；最后，可以加快开发速度。

数据模型是连接客观信息世界和数据库系统数据逻辑组织的桥梁，也是数据库设计人员与用户之间进行交流的基础。

（2）数据模型的分类

数据模型分为两个不同的层次。

1）概念数据模型，简称概念模型，是面向数据库用户的现实世界的数据模型，主要用于描述现实世界的概念化结构，与具体的 DBMS 无关。概念数据模型必须转换成逻辑数据模型，才能在 DBMS 中实现。

2）逻辑数据模型，是用户从数据库中所看到的数据模型，是具体的 DBMS 所支持的数据模型，有层次模型、网状模型、关系模型、面向对象模型等。其中出现最早的是层次模型，而关系模型是目前最重要的一种模型。

（3）数据模型的三要素

数据模型的组成要素是数据结构、数据操作和数据完整性约束。

1）数据结构是对系统静态特性的描述，是对象类型的集合，包括与数据类型、内容、性质有关的对象，以及与数据之间联系有关的对象。

在数据库系统中，通常按照其数据结构的类型命名数据模型，如层次结构、网状结构和关系结构的数据模型分别称为层次模型、网状模型和关系模型。

2）数据操作是指对数据库中各种数据对象允许执行的操作的集合，包括操作及有关的规则。操作主要指检索和更新（插入、删除、修改）两类操作。

3）数据完整性约束是一组完整性规则的集合。完整性规则是在给定的数据模型中，数据及其联系所具有的制约和存储规则，用以限定符合数据模型的数据库的状态以及状态的变化，确保数据的正确、有效和相容。

2. 关系模型

关系模型是目前最重要的一种数据模型，也是目前主要采用的数据模型。该模型在 1970 年由美国 IBM 公司 San Jose 研究室的研究员 E.F.Codd 提出。

关系模型的三要素包括：

（1）关系数据结构

关系模型中数据的逻辑结构是一张二维表，称为关系，它由行和列组成。

（2）关系数据操作集合

操作主要包括查询、插入、删除、更新（修改）。数据操作是集合操作，操作对象和操作结果都是关系，即若干元组的集合。

（3）关系完整性约束

数据完整性约束包括实体完整性、参照完整性和用户自定义完整性。

2.1.2 关系数据库

1. 关系数据库的基本概念

（1）关系

一个关系对应一张二维表，这个二维表是指含有有限个不重复行的二维表，如图 2-1 所示。

	列			
学号	姓名	性别	出生日期	
202231010100101	倪骏	男	2005-7-5	行
202231010100102	陈国成	男	2005-7-18	
202231010100207	王康俊	女	2004-12-1	
202231010100208	叶毅	男	2005-1-20	
202231010100321	陈虹	女	2005-3-27	
202231010100322	江苹	女	2005-5-4	
202231010190118	张小芬	女	2005-5-24	
202231010190119	林芳	女	2004-9-8	

图 2-1 关系

（2）字段（属性）

二维表（关系）的每一列称为一个字段（或属性），每一列的标题称为字段名（属性名）。例如，图 2-1 所示的表中包含 4 个字段，其中字段名有学号、姓名、性别、出生日期。

（3）记录（元组）

二维表（关系）的每一行称为一条记录（元组），记录由若干个相关属性值组成。例如，图 2-1 所示的表中，第一条记录中各属性值为"202231010100101""倪骏""男""2005-7-5"。

（4）关系模式

关系模式是对关系的描述。一般表示为：关系名（属性名 1，属性名 2，…，属性名 n）。例如学生（学号，姓名，性别，出生日期）。

（5）关系数据库

关系数据库是数据以"关系"的形式（即表的形式）存储的数据库。在关系数据库中，信息存放在二维表中，一个关系数据库可包含多张表。

（6）RDBMS

关系数据库管理系统（Relational DataBase Management System，RDBMS），目前常用的数据库管理系统如 MySQL、SQL Server、Oracle 等。

2．关系的性质

（1）关系的每一个分量都必须是不能再分的数据项

满足此条件的关系称为规范化关系，否则称为非规范化关系。

例如，一个人的英文名字可以分为姓和名，因此经常看到如下学生信息，见表 2-1。

表 2-1 学生信息表

Sno	Name		Sex
	FirstName	LastName	
202231010100101	Jun	Ni	男
202231010100102	Guocheng	Chen	男
202231010100207	Kangjun	Wang	女

在表 2-1 中，Name 含有 FirstName 和 LastName 两项，出现了"表中有表"的现象，为非规范化关系，可将 Name 分成 FirstName 和 LastName 两列，规范化后的关系见表 2-2。

表 2-2　规范化后的学生信息表

Sno	FirstName	LastName	Sex
202231010100101	Jun	Ni	男
202231010100102	Guocheng	Chen	男
202231010100207	Kangjun	Wang	女

（2）关系中每一列中的值必须是同一类型的

如图 2-1 所示的关系中，"姓名"列的值都为字符类型，而"出生日期"列的值都为日期类型。

（3）不同列中的值可以是同一类型，但不同的列应有不同的字段名

在同一张表中，属性的属性名不能相同。

（4）列的顺序无所谓

在关系中，列的次序可以任意交换，列之间没有先后顺序。例如，可把表 2-2 中列的次序任意调换，见表 2-3。

表 2-3　关系（学生）

FirstName	LastName	Sno	Sex
Jun	Ni	202231010100101	男
Guocheng	Chen	202231010100102	男
Kangjun	Wang	202231010100207	女

（5）行的顺序无所谓

在关系中，行的次序也可以任意调换。

（6）任意两个元组不能完全相同

在关系中，任意两个元组不能完全相同。

【任务总结】

MySQL、SQL Server、Oracle 等都是目前常用的关系数据库管理系统。在关系数据库中，数据存放在二维表（关系）中，一个关系数据库可包含多张表。表的每一列称为一个字段（属性），表的每一行称为一条记录（元组）。

任务 2.2　设计学生信息管理系统数据库

【任务提出】

数据库的开发步骤是先进行数据库设计，然后根据设计结果进行数据库实施和维护管理。因为数据库设计是难度最高的一步，对于初学者来说，一般无从下手，所以在本任务中直接给出入门项目的数据库设计结果。读者只需了解数据库设计步骤，并阅读理解入门项目"学生信息管理系统"数据库的设计结果。

【任务分析】

数据库设计步骤主要包括：需求分析、设计概念模型、设计关系模型。需求分析简单而言就是分析用户的需求，然后在需求分析的基础上，针对系统中的数据进行抽取、分类和整合，建立概念模型。接下来根据概念模型设计数据库的关系模型，目前常用的逻辑数据模型是关系模型。

【相关知识与技能】

2.2.1 需求分析

学生信息管理是高校学生管理工作的重要组成部分，是一项十分繁杂的工作。随着计算机网络的发展和普及，学生信息管理系统化成为当今发展潮流。学生信息管理系统涉及学生从入学到毕业离校整个管理过程中的方方面面，主要包括学生成绩管理、学生住宿管理、学生助贷管理、学生任职管理、学生考勤管理、学生奖惩管理、学生就业管理等子系统。本书采用学生信息管理系统中的学生成绩管理子系统和学生住宿管理子系统。

学生成绩管理是学生信息管理的重要组成部分，也是学校教学工作的重要组成部分。学生成绩管理子系统的开发能极大减轻教务管理人员和教师的工作量，同时能使学生及时了解课程成绩。学生成绩管理子系统的主要功能包括学生信息管理、课程信息管理、成绩管理等，具体如下：

（1）完成数据的录入和修改

数据包括班级信息、学生信息、课程信息、学生成绩等。班级信息包括班级编号、班级名称、所在学院、所属专业、入学年份等。学生信息包括学生的学号、姓名、性别、出生日期、班级编号等。课程信息包括课程编号、课程名称、课程学分、课程学时等。各课程成绩包括各门课程的平时成绩、期末成绩等。

（2）实现基本信息的查询

学生成绩管理子系统的基本信息查询包括班级信息的查询、学生信息的查询、课程信息的查询和各课程成绩的查询等。

（3）实现信息的查询统计

学生成绩管理子系统的信息查询统计主要包括各班学生信息的统计、学生选修课程情况的统计、开设课程的统计、各课程成绩的统计、学生成绩的统计等。

学生住宿管理面对大量的数据信息，要简化烦琐的工作模式，使管理更趋于合理化和科学化，就必须运用计算机管理信息系统。学生住宿管理子系统的主要功能包括学生信息管理、宿舍管理、学生入住管理、宿舍卫生管理等。具体如下：

（1）完成数据的录入和修改

数据包括班级信息、学生信息、宿舍信息、入住信息、卫生检查信息等。班级信息包括班级编号、班级名称、所在学院、所属专业、入学年份等。学生信息包括学生的学号、姓名、性别、出生日期等。宿舍信息包括宿舍编号、楼栋、楼层、房间号、总床位数、宿舍类别、宿舍电话等。入住信息包括学号、宿舍编号、床位号、入住日期、离寝时间等。卫生检查信息包括宿舍编号、检查号、检查时间、检查人员、检查成绩、存在问题等。

（2）实现基本信息的查询

学生住宿管理子系统的基本信息查询包括班级信息的查询、学生信息的查询、宿舍信息的查询、入住信息的查询和宿舍卫生检查信息的查询等。

（3）实现信息的查询统计

学生住宿管理子系统的信息查询统计主要包括各班学生信息的统计、学生住宿情况的统计、各班宿舍情况统计、宿舍入住情况统计、宿舍卫生情况统计等。

2.2.2 设计概念模型

学生成绩管理子系统的概念模型如图 2-2 所示。

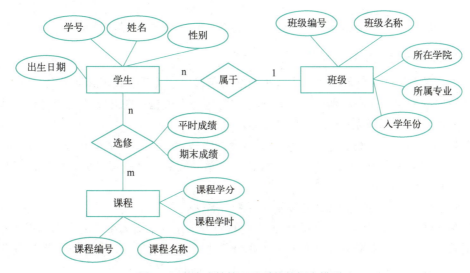

图 2-2 学生成绩管理子系统的概念模型

学生住宿管理子系统的概念模型如图 2-3 所示。

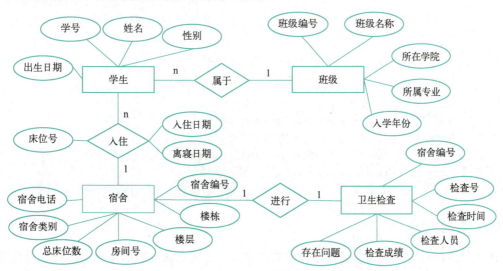

图 2-3 学生住宿管理子系统的概念模型

2.2.3 设计关系模型

1. 概念模型转换为关系

将概念模型转换为关系,得到学生信息管理系统数据库(School 数据库)有如下关系模式:

> 班级(班级编号,班级名称,所在学院,所属专业,入学年份)
> 学生(学号,姓名,性别,出生日期,班级编号)
> 课程(课程编号,课程名称,课程学分,课程学时)
> 选修(学号,课程编号,平时成绩,期末成绩)
> 宿舍(宿舍编号,楼栋,楼层,房间号,总床位数,宿舍类别,宿舍电话)
> 入住(学号,宿舍编号,床位号,入住日期,离寝日期)
> 卫生检查(检查号,宿舍编号,检查时间,检查人员,检查成绩,存在问题)

2. 根据命名规范确定表名和属性名

数据库各关系模式确定后,接下来根据命名规范确定各关系的表名和属性名。

表和属性的命名不能随心所欲,应规范命名。因为在数据库的开发和使用过程中涉及很多人员,如果随意命名,不易沟通而且容易出错。

表名和属性名只能由英文字母、数字、下画线组成,并以英文字母开头;不能和 MySQL 关键字同名,切忌使用中文汉字命名。建议采用表达其实际含义的英文单词或单词简写,各表之间相同意义的字段同名。

在实际应用中,常使用驼峰命名法或下画线命名法。

驼峰命名法(Camel Case),不同单词之间没有分隔符,采用大小写混合的方式区分不同单词。如果第一个单词首字母小写,称为小驼峰命名法,如 cityName;如果第一个单词首字母大写,称为大驼峰命名法,又称 Pascal 命名法,如 CityName。

下画线命名法(Snake Case),又称小蛇式,每个单词都是小写,用下画线分开,如 city_name。

本书入门和提高项目的命名规范采用大驼峰命名法,拓展项目的命名规范采用下画线命名法。

对 School 数据库的各关系进行规范命名,具体如下:

```
Class (ClassNo, ClassName, College, Specialty, EnterYear)
Student (Sno, Sname, Sex, Birth, ClassNo)
Course (Cno, Cname, Credit, CourseHour)
Score (Sno, Cno, Uscore, EndScore)
Dorm (DormNo, Build, Storey, RoomNo, BedsNum, DormType, Tel)
Live (Sno, DormNo, BedNo, InDate, OutDate)
CheckHealth (CheckNo, DormNo, CheckDate, CheckMan, CheckScore, Problem)
```

【任务总结】

在入门篇,能够根据设计结果进行数据库实施。在提高篇,能够根据实际需求进行数据库设计。

任务 2.3　创建和管理数据库

【任务提出】

创建和管理数据库

MySQL 数据库有系统数据库和用户数据库。创建数据库是用户进行数据库实施操作的第一步。

【任务分析】

SQL 语言中创建数据库的语句为 CREATE DATABASE。在创建数据库前需要先理解 SQL 语言及 CREATE DATABASE 语句。

【相关知识与技能】

2.3.1　SQL 语言简介

1. SQL 概述

SQL（Structured Query Language，结构化查询语言）的主要功能是同各种数据库建立联系和进行沟通。SQL 语言是 1974 年提出的一种介于关系代数和关系演算之间的语言，1987 年被确定为关系数据库管理系统国际标准语言，即 SQL-86。随着其标准化的不断发展，相继出现了 SQL-89、SQL-92、SQL：1999、SQL：2003、SQL：2008、SQL：2011、SQL：2019 等。

目前，绝大多数流行的关系数据库管理系统，如 MySQL、SQL Server、Oracle 等都采用 SQL 语言标准。同时数据库厂家在 SQL 标准的基础上进行不同程度的扩充，形成各自数据库的检索语言。

2. SQL 的组成

SQL 语言之所以能够为用户和业界所接受并成为国际标准，是因为它是一个综合、通用、功能极强同时又简洁易学的语言。SQL 语从功能上分为如下 4 类。

（1）数据定义语言（DDL）

数据定义语言用于定义数据库、表、视图、索引等对象，包括这些对象的创建（CREATE）、修改（ALTER）和删除（DROP）。

（2）数据操纵语言（DML）

数据操纵语言分为数据查询和数据更新，查询（SELECT）是数据库中最常见的操作，更新分为插入（INSERT）、修改（UPDATE）和删除（DELETE）3 种操作。

（3）数据控制语言（DCL）

数据控制语言包括对表、视图等数据库对象的授权，语句有 GRANT、REVOKE 等。

（4）事务控制语言（TCL）

事务控制语言用于管理和控制数据库中的事务，以保证数据库操作的完整性和一致性。

3. SQL 的特点

（1）综合统一

SQL 集数据定义功能、数据操纵功能、数据控制功能、事务控制功能于一体，语言风格统一，可以独立完成数据库生命周期中的全部活动。

（2）高度非过程化

用 SQL 进行数据操作，用户只需提出"做什么"，而不必指明"怎么做"，存取路径的选择及 SQL 语句的操作过程由系统自动完成，这不但极大减轻了用户负担，而且有利于提高数据的独立性。

（3）面向集合的操作方式

采用集合操作方式，不仅查找结果可以是元组的集合，而且插入、删除、修改操作的对象也可以是元组的集合。

（4）以同一种语法结构提供两种使用方式

SQL 能够独立实现对数据库的操作，又能嵌入到高级语言程序中，供程序员设计程序时使用。而且在两种不同的使用方式下，SQL 语言的语法结构基本上是一致的。

（5）语言简洁，易学易用

SQL 十分简洁，并且语法简单，容易学习和使用。

2.3.2 创建数据库

1. 系统数据库

MySQL 自带 4 个系统数据库，分别是 information_schema、mysql、performance_schema 和 sys。

（1）information_schema

该数据库保存了 MySQL 服务器所有数据库的信息。如数据库名、数据库的表、访问权限、数据库表的数据类型，数据库索引的信息等。

（2）mysql

该数据库是 MySQL 的核心数据库，主要负责存储数据库的用户、权限设置、关键字等 MySQL 需要使用的控制和管理信息。例如，在 mysql.user 表中存储了 root 用户的密码。

（3）performance_schema

该数据库主要用于收集数据库服务器性能参数，可用于监控服务器在一个较低级别的运行过程中的资源消耗、资源等待等情况。

（4）sys

该数据库中所有的数据源来自 performance_schema。目标是降低 performance_schema 的复杂度，让数据库管理员更好地阅读这个库里的内容。

2. 创建用户数据库

创建用户数据库使用的 SQL 语句是 CREATE DATABASE 语句，其语句格式如下：

```
CREATE DATABASE 数据库名;
```

如果同名的数据库已经存在，则运行提示出错，可以先判断同名的数据库是否存在，如果存在，则不创建，不存在则创建该数据库。对应的语句格式如下：

```
CREATE DATABASE IF NOT EXISTS 数据库名;
```

数据库的命名不能随心所欲，必须是规范的，命名规则如下：
① 不能与其他数据库重名。
② 名称可以由任意字母、阿拉伯数字、下画线（_）和"$"组成，并可以使用上述任意字符开头，但不能使用单独的数字，否则会造成它与数值相混淆。
③ 不能使用 MySQL 关键字作为数据库名。
④ 默认情况下，在 Windows 环境中，数据库名、表名的字母大小写是不敏感的，而在 Linux 环境中，字母大小写是敏感的。为了便于数据库在平台间进行移植，建议采用小写字母来定义数据库名。

【说明】 反引号（`）一般在〈Esc〉键下方，是为了区分 MySQL 的关键字与用户自己定义的标识符（数据库名、表名、字段名、视图名、索引名、约束名等）而引入的符号。如果用户定义的标识符不规范，与某个关键字相同，这时必须加上反引号，否则出错。

【例 2-1】 为学生信息管理系统创建数据库，数据库名为 School。

```
CREATE DATABASE School;
```

3. 数据库物理文件存储位置

MySQL 的每个数据库都对应存放在一个与数据库同名的文件夹中，MySQL 的数据库文件包括 MySQL 创建的数据库文件和 MySQL 所用存储引擎创建的数据库文件。

查看 MySQL 数据库文件物理存放位置的语句如下：

```
SHOW GLOBAL VARIABLES LIKE "%datadir%";
```

若使用 MSI 安装软件包安装 MySQL 8.3，数据库的默认存储路径为 C:\ProgramData\MySQL\MySQL Server 8.3\Data\。

4. 指定数据库编码

MySQL 不同版本中出现的默认编码有 latin1、gbk、utf8、utf8mb4。查看 MySQL 全局编码设置的语句如下：

```
SHOW VARIABLES LIKE '%char%';
```

MySQL 8.3 的默认编码如图 2-4 所示。

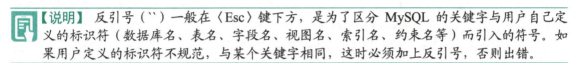

图 2-4　MySQL 8.3 的默认编码

其中 latin1 不支持中文，gbk 是在 GB2312 编码基础上扩容后兼容 GB2312 编码的标准，专门用来解决中文编码，不论中英文都是双字节的。utf8 编码是一种多字节编码，它对英文使用 8 位（1 字节），对中文使用 24 位（3 字节）来编码。网页数据一般采用 utf8 编码，设置数据库编码方式为 utf8 可以避免编码不统一造成的乱码问题，遵循的标准是：数据库、表、字段和页面的编码要统一。

由于 utf8 只支持最长 3 字节的 UTF-8 字符，MySQL 在 5.5.3 版本之后增加 utf8mb4 编码，mb4 即 most bytes 4 的意思，专门用来兼容 4 字节的 Unicode。例如，可以用 utf8mb4 字符编码直接存储 emoj 表情，而不是存储表情的替换字符。为了获取更好的兼容性，建议使用 utf8mb4 而非 utf8。

MySQL 8.0 及之后的版本默认的数据库编码为 utf8mb4，用户不用额外设置编码。若是低版本 MySQL，创建数据库时一定要注意数据库的默认编码，若不是 utf8mb4，则设置数据库的编码方式为utf8mb4，避免编码不统一造成的乱码问题。

创建数据库时指定数据库编码为 utf8mb4 的语句格式如下：

```
CREATE DATABASE 数据库名 CHARACTER SET utf8mb4;
```

修改指定数据库的编码为 utf8mb4 的语句格式如下：

```
ALTER DATABASE 数据库名 CHARACTER SET utf8mb4;
```

【注意】 由于 MySQL 中的数据编码格式已经精确到字段，因此只要在创建数据库时指定数据库编码格式，那么在这之后所建的表和字段的编码格式都会以此格式为默认编码格式。但若创建数据库时没有指定编码，在创建部分表之后再更改数据库编码，必须在更改数据库编码后，再逐一更改之前所建的所有表和字段的编码格式。

5．MySQL 的三种注释方式

在编写 SQL 语句时，可以用以下 3 种方式对 SQL 语句进行注释说明，增加代码的可读性。
- #注释文本：单行注释。
- -- 注释文本：单行注释（--后要有空格）。
- /*注释文本*/：多行注释，又称块注释。

2.3.3 管理数据库

管理数据库常用的语句见表 2-4。

表 2-4 管理数据库常用的语句

语句	功能
USE 数据库名;	选择数据库为当前数据库
ALTER DATABASE 数据库名 CHARACTER SET utf8mb4;	修改指定数据库的编码为 utf8mb4
DROP DATABASE 数据库名;	删除该数据库
DROP DATABASE IF EXISTS 数据库名;	如果存在该数据库，则删除
SELECT DATABASE();	查看当前数据库的名称
SHOW DATABASES;	显示当前服务中所有数据库的名称
SHOW CREATE DATABASE 数据库名;	显示创建该数据库的 CREATE DATABASE 语句

【例 2-2】 显示当前服务中所有数据库的名称。

```
SHOW DATABASES;
```

【例 2-3】显示创建 School 数据库的 CREATE DATABASE 语句。

```
SHOW CREATE DATABASE School;
```

【例 2-4】选择 School 数据库为当前数据库。

```
USE School;
```

【任务总结】

创建数据库是数据库实施操作的第一步。若是低版本 MySQL，创建数据库时一定要注意数据库的默认编码，若不是 utf8mb4，则设置数据库的编码方式为 utf8mb4，避免编码不统一造成的乱码问题。

使用 DROP DATABASE 命令时要非常谨慎，在执行该命令时，MySQL 不会给出任何提示确认消息。

理论练习

一、选择题

1. 数据模型的三个组成要素中，不包括（   ）。
   A．数据完整性约束　　　　　　B．数据结构
   C．数据操作　　　　　　　　　D．并发控制
2. 关系模型的三个要素是（   ）。
   A．关系数据结构、关系操作集合和关系规范化理论
   B．关系数据结构、关系规范化理论和关系完整性约束
   C．关系规范化理论、关系操作集合和关系完整性约束
   D．关系数据结构、关系操作集合和关系完整性约束
3. MySQL 是一个（   ）的数据库管理系统。
   A．关系型　　　B．网状型　　　C．层次型　　　D．以上都不是
4. 二维表由行和列组成，每一列表示关系的一个（   ）。
   A．属性　　　　B．元组　　　　C．集合　　　　D．记录
5. 二维表由行和列组成，每一行表示关系的一个（   ）。
   A．属性　　　　B．字段　　　　C．集合　　　　D．记录
6. 在关系数据库中，一个关系对应（   ）。
   A．一张表　　　　　　　　　　B．一个数据库
   C．一张报表　　　　　　　　　D．一个模块
7. 用二维表格形式来表示实体及实体间联系的数据模型称为（   ）。
   A．面向对象数据模型　　　　　B．关系模型
   C．层次模型　　　　　　　　　D．网状模型
8. 关系数据库管理系统的标准语言是（   ）。

A. HTML　　　　B. SQL　　　　C. XML　　　　D. Visual Basic

9. SQL 语言通常称为（　　）。
   A. 结构化查询语言　　　　　　B. 结构化控制语言
   C. 结构化定义语言　　　　　　D. 结构化操纵语言

10. 下列关于 SQL 语言的叙述中，错误的是（　　）。
    A. SQL 语言是一种面向单个值操作的语言
    B. SQL 语言具有灵活强大的查询功能
    C. SQL 语言是一种非过程化的语言
    D. SQL 语言功能强，简洁易学

11. MySQL 提供的单行注释语句是使用（　　）开始的一行内容。
    A. /*　　　　B. #　　　　C. {　　　　D. /

12. 标准 SQL 语言本身不提供的功能是（　　）。
    A. 数据定义　　B. 查询　　C. 修改、删除　　D. 绑定到数据库

13. 若要创建一个数据库，应该使用的语句是（　　）。
    A. CREATE DATABASE　　　　B. CREATE TABLE
    C. CREATE INDEX　　　　　　D. CREATE VIEW

14. 数据库管理系统的数据操纵语言（DML）所实现的操作一般包括（　　）。
    A. 建立、授权、修改　　　　　B. 建立、授权、删除
    C. 建立、插入、修改、排序　　D. 查询、插入、修改、删除

15. 关系数据库模型是以（　　）方式组织数据结构的。
    A. 树状　　　B. 网状　　　C. 文本　　　D. 二维表

16. 数据库管理系统能实现对数据库中数据的查询、插入、修改和删除等操作。这种功能称为（　　）。
    A. 数据定义功能　　　　　　B. 数据管理功能
    C. 数据操纵功能　　　　　　D. 数据控制功能

17. 下列不属于逻辑数据模型的是（　　）。
    A. 关系模型　　B. 网状模型　　C. 概念模型　　D. 层次模型

18. 在关系模型中，同一个关系中的不同属性的数据类型（　　）。
    A. 可以相同　　　　　　　　B. 不能相同
    C. 可以相同，但数据类型不同　D. 必须相同

19. 在关系模型中，同一个关系中的不同属性，其属性名（　　）。
    A. 可以相同　　　　　　　　B. 不能相同
    C. 可以相同，但数据类型不同　D. 必须相同

20. 修改数据库的命令为（　　）。
    A. CREATE DATABASE　　　　B. USE DATABASE
    C. ALTER DATABASE　　　　 D. DROP DATABASE

21. 使用数据库的命令为（　　）。
    A. CREATE　　B. USE　　C. ALTER　　D. DROP

22. 下列关于 SQL 的叙述中，正确的是（　　）。
    A. SQL 是专供 MySQL 使用的结构化查询语言

B. SQL 是一种过程化的语言

C. SQL 是关系数据库管理系统国际标准语言

D. SQL 只能以交互方式对数据库进行操作

23．MySQL 数据库的数据模型是（　　）。

　　A．关系模型　　B．层次模型　　C．物理模型　　D．网状模型

24．按功能对 SQL 语言分类，对数据库各种对象进行创建、删除、修改的操作属于（　　）。

　　A．DDL　　　　B．DM　　　　C．DCL　　　　D．DLL

25．当使用 CREATE DATABASE 命令在 MySQL 中创建数据库时，为避免因数据库同名而出现的错误，通常可在该命令中加入（　　）。

　　A．IF NOT EXISTS　　　　B．NOT EXISTS

　　C．NOT EXIST　　　　　　D．NOT EXIST IN

26．数据库中的数据完整性，不包括（　　）。

　　A．数据删除、更新完整性　　B．参照完整性

　　C．用户自定义完整性　　　　D．实体完整性

27．在下列关于"关系"的描述中，不正确的是（　　）。

　　A．行的顺序是有意义的，其次序不可以任意调换

　　B．列是同质的，即每一列中的分量是同一类型的数据

　　C．任意两个元组不能完全相同

　　D．列的顺序无所谓，即列的次序可以任意调换

28．假设当前用户正在操作数据库 db1，现该用户要求跳转到另一个数据库 db2，下列可使用的 SQL 语句是（　　）。

　　A．USE db2;　　　　　　　B．JUMP db2;

　　C．GO db2;　　　　　　　　D．FROM db1 TO db2;

二、填空题

1．数据定义语言用来创建、修改和删除各种对象，对应的命令语句是（　　）、（　　）和（　　）。

2．数据库的数据模型包含（　　）、（　　）和（　　）三个要素。

3．SQL、DCL 和 DML 缩写词的意义是（　　）语言、（　　）语言和（　　）语言。

4．数据定义语言的缩写词为（　　）。

5．数据操纵语言是指用来查询、添加、修改和删除数据库中数据的语句，这些语句包括 SELECT、（　　）、（　　）和（　　）。

6．SQL 语言中，创建数据库使用的语句是（　　）。

三、简答题

1．简述数据模型的三要素。

2．简述 SQL 语言的组成及特点。

项目 3　创建和管理表

在数据库中，表是实际存储数据的地方，其他数据库对象（如索引、视图等）是依附于表对象而存在的。所以，创建和管理表是最基本、最重要的操作。

本项目完成入门项目"学生信息管理系统"数据库 School 中各表的创建和管理、表约束的设置、表结构的修改、表中数据的添加、数据库的备份和恢复。学习目标具体如下。

【知识目标】
- 理解 MySQL 中常用数据类型；
- 掌握创建和管理表的 SQL 语句；
- 理解数据完整性、约束；
- 理解备份和恢复数据库的重要性。

【能力目标】
- 能够根据实际需求为各关系字段选取合适的数据类型；
- 能够在 MySQL 中熟练编写 SQL 语句完成表的创建、修改及管理；
- 能够灵活对表设置约束；
- 能够往表中添加测试数据；
- 能够在 MySQL 中熟练地备份和恢复数据库。

【素质目标】
- 关注数据的准确性和安全性，培养数据规范性和合规性的意识；
- 培养注重数据的可靠性和可持续性，培养对数据管理的创新性思考和对数据价值的理解与利用能力。

任务 3.1　选取字段数据类型

【任务提出】

数据类型决定了数据在计算机中的存储格式，代表不同的信息类型。要能根据实际采用的 DBMS 为各关系中的属性（字段）选取合适的数据类型，以保证数据能存储到各关系中并能灵活处理。

选取字段数据类型

【任务分析】

不同的 DBMS 所支持的数据类型并不完全相同，而且与标准的 SQL 也有一定差异。为字段选取数据类型需要先理解 MySQL 支持的常用数据类型，然后根据实际需求为各关系字段选取取合适的数据类型。

【相关知识与技能】

MySQL 支持的常用数据类型有数值型、字符型和日期时间型。

3.1.1 数值型数据类型

数值型数据包括整数类型、浮点数类型和定点数类型。定点数类型能精确指定小数点两边的位数，而浮点数类型只能近似表示。表 3-1～表 3-3 分别列出 MySQL 支持的整数类型、浮点数类型和定点数类型。

表 3-1　整数类型

数据类型名称	说明	存储需求
TINYINT	很小的整数	1 字节
SMALLINT	小的整数	2 字节
MEDIUMINT	中等大小的整数	3 字节
INT	普通大小的整数	4 字节
BIGINT	大的整数	8 字节

表 3-2　浮点数类型

数据类型名称	说明
FLOAT	单精度浮点类型
DOUBLE	双精度浮点类型

表 3-3　定点数类型

数据类型名称	说明
DECIMAL[(M,D)]	定点数类型，表示一共能存 M 位，其中小数点后占 D 位，M 和 D 称为精度和标度

在定义字段的数据类型为整数类型时，可以在后面带一个整数，如定义 EnterYear 字段的数据类型为 INT(4)，后面的数字 4 仅表示该字段值的显示宽度，与取值范围无关。如 INT(4) 和 INT(10) 的存储范围是一样的。如果字段值的位数小于指定宽度，左边用空格填充；如果输入的值位数大于指定宽度，只要不超过该类型整数的取值范围，该值就可以插入。

FLOAT、DOUBLE 存储的数据容易产生误差，存储的是近似值而非精确数据。而 DECIMAL 则以字符串的形式保存数值，存储的是精确数据。故精确数据要选择用 DECIMAL 类型。因为在 MySQL 中没有 MONEY 货币类型，所以与金钱有关的数据选择 DECIMAL。

3.1.2 字符型数据类型

表 3-4 列出 MySQL 支持的常用字符型数据类型。

表 3-4 字符型数据类型

数据类型名称	说明	优缺点
CHAR(n)	固定长度字符串类型。n 表示能存放的最多字符数，取值范围为 0~255。若存入字符数小于 n，则用空格补于其后，查询时再将空格去掉，会自动删除存入字符串的尾部空格	比较浪费空间，但是效率高。适用于电话号码、身份证号等值的长度基本一致的字段
VARCHAR(n)	可变长度字符串类型。n 表示能存放的最多字符数，取值范围为 0~65 535，不会删除存入字符串的尾部空格	比较节省空间，但效率比 CHAR 低。适用于数据长度变化较大的字段
TEXT	可存储 0~65 535 字节长文本数据	一般用来直接存储一个比较大的文本，例如一篇文章、一篇新闻等
BLOB	二进制字符串	主要存储图片、音频信息。使用较少，图片、视频一般都是存储在磁盘中的，把存储在磁盘里的路径存储在数据库中
ENUM(值1,值2,值3…)	又称为枚举类型。在创建表时，ENUM 类型的取值范围以列表的形式指定。ENUM（可能出现的元素列表）	事先将可能出现的结果都设计好，实际存储的数据必须是列表中的一个元素，例如 Sex ENUM('男','女')

3.1.3 日期时间型数据类型

表 3-5 列出 MySQL 支持的常用日期时间型数据类型。

表 3-5 日期时间型数据类型

数据类型名称	格式	说明
YEAR	yyyy	只存储年份
DATE	yyyy-mm-dd	存储年月日
TIME	hh:mm:ss	存储时分秒
DATETIME	yyyy-mm-dd hh:mm:ss	存储年月日时分秒，取值范围为 1000-01-01 00:00:00~9999-12-31 23:59:59
TIMESTAMP	yyyy-mm-dd hh:mm:ss	存储年月日时分秒，以 UTC（协调世界时）格式存储。当查询时，转换为本地时区后再显示。取值范围为 1970-01-01 00:00:01 UTC~2038-01-19 03:14:07 UTC

【任务实施】

为学生成绩管理子系统数据库中表的字段选取合适的数据类型。

【例 3-1】 为班级 Class 表中的字段选取合适的数据类型，结果见表 3-6。

```
Class (ClassNo, ClassName, College, Specialty, EnterYear)
```

表 3-6 Class 表字段数据类型

字段名	数据类型	字段说明
ClassNo	VARCHAR(50)	班级编号
ClassName	VARCHAR(50)	班级名称
College	VARCHAR(50)	所在学院
Specialty	VARCHAR(50)	所属专业
EnterYear	INT	入学年份

【例 3-2】 为学生 Student 表中的字段选取数据类型。结果见表 3-7。

```
Student (Sno, Sname, Sex, Birth, ClassNo)
```

表 3-7 Student 表字段数据类型

字段名	数据类型	字段说明
Sno	VARCHAR(50)	学号
Sname	VARCHAR(50)	姓名
Sex	VARCHAR(10)	性别
Birth	DATE	出生日期
ClassNo	VARCHAR(50)	班级编号

💡【注意】 ClassNo 字段的数据类型要与 Class 表中的 ClassNo 字段的数据类型一致，因为同一数据库中描述同一数据的存储格式须一致。

【练习 3-1】 为课程 Course 表中的字段选取数据类型。

> Course (Cno, Cname, Credit, CourseHour)

字段说明：课程编号，课程名称，课程学分，课程学时

【练习 3-2】 为选修 Score 表中的字段选取数据类型。

> Score (Sno, Cno, Uscore, EndScore)

字段说明：学号，课程编号，平时成绩，期末成绩

为学生住宿管理子系统数据库中的字段选取合适数据类型。

【练习 3-3】 为宿舍 Dorm 表中的字段选取数据类型。

> Dorm (DormNo, Build, Storey, RoomNo, BedsNum, DormType, Tel)

字段说明：宿舍编号，楼栋，楼层，房间号，总床位数，宿舍类别，宿舍电话

【练习 3-4】 为入住 Live 表中的字段选取数据类型。

> Live (Sno, DormNo, BedNo, InDate, OutDate)

字段说明：学号，宿舍编号，床位号，入住日期，离寝日期

【练习 3-5】 为卫生检查 CheckHealth 表中的字段选取数据类型。

> CheckHealth (CheckNo, DormNo, CheckDate, CheckMan, CheckScore, Problem)

字段说明：检查号，宿舍编号，检查时间，检查人员，检查结果，存在问题

【任务总结】

字段数据类型的选取非常关键，关系到实际使用中的数据能否存储到数据库表中，所以必须考虑全面，应遵循存储空间够用但不浪费的原则。

任务 3.2　创建和管理表

【任务提出】

数据库中包含很多对象，其中最重要、最基本、最核心的对象就是表。表是实际存储数据的地方，其他的数据库对象都是依附于表对象而存在的。在数据库中创建表是整个数据库应用

的开始，也是数据库应用中一项基础操作。

【任务分析】

本任务要求使用 CREATE TABLE 语句完成表的简单定义，包括字段名称、字段属性（字段数据类型、长度、是否允许为空、字段默认值、是否为自动编号）等。

【相关知识与技能】

3.2.1 创建表

创建表使用的 SQL 语句是 CREATE TABLE，其语句格式如下：

```
CREATE TABLE [IF NOT EXISTS] 表名
(列名1  列属性,
 列名2  列属性,
 …,
 列名n  列属性
);
```

创建表

列属性包括字段数据类型、长度、是否允许为空、字段默认值、是否为自动编号等。

【注意】

① [IF NOT EXISTS]：[ ]表示为可选关键字，作用是避免表已经存在时 MySQL 报告错误。

② 数据类型中，CHAR、VARCHAR 数据类型必须指明长度，如 VARCHAR(10)。而 INT 类型后面括号中的值并不会影响其存储值的范围，仅仅指示整数值的显示宽度。如 INT(8)和 INT(10)的存储范围是一样的。

③ DECIMAL(p,s)数据类型必须指明 p（精度）和 s（小数位数）。

④ NULL 表示允许为空，字段定义时默认允许为空，可以省略。NOT NULL 表示不允许为空。

⑤ 设置字段默认值：DEFAULT 默认值。

⑥ 在标准 SQL 中，字符型常量使用的是单引号，MySQL 对 SQL 的扩展允许使用单引号和双引号两种。

【例 3-3】 使用 CREATE TABLE 语句在 School 数据库中创建班级 Class 表。该表结构见表 3-8。

表 3-8 班级 Class 表

字段名	字段说明	数据类型	允许空值
ClassNo	班级编号	VARCHAR(50)	否
ClassName	班级名称	VARCHAR(50)	否
College	所在学院	VARCHAR(50)	否
Specialty	所属专业	VARCHAR(50)	否
EnterYear	入学年份	INT	是

```
USE School;
CREATE TABLE Class
(ClassNo VARCHAR(50) NOT NULL,
ClassName VARCHAR(50) NOT NULL,
College VARCHAR(50) NOT NULL,
Specialty VARCHAR(50) NOT NULL,
EnterYear INT);
```

【注意】

① 标点符号必须为英文标点符号，列与列之间的定义使用逗号分隔。

② 在对 MySQL 数据表进行操作之前，必须首先使用 USE 语句选择数据库，即在 CREATE TABLE 语句前使用语句：USE School;。

3.2.2 管理表

1. 存储引擎

MySQL 中的数据用各种不同的技术存储在文件或者内存中，不同的技术使用不同的存储机制、索引技巧和锁定水平，并且最终提供不同的功能。通过选择不同的技术，能够获得额外的速度或者功能，从而改善应用的整体功能。这些不同的技术以及配套的相关功能在 MySQL 中被称作存储引擎。

存储引擎是存储数据、建立索引、更新查询数据等技术的实现方式，它是基于表的，所以存储引擎也可称为表类型。Oracle、SQL Server 等数据库只有一种存储引擎，而 MySQL 提供插件式的存储引擎架构，所以 MySQL 存在多种存储引擎，用户可以根据不同的需求为数据表选择不同的存储引擎。

查看 MySQL 支持的存储引擎的语句为：

```
SHOW ENGINES;
```

在 MySQL 8.0 中查看得到的结果如图 3-1 所示。

图 3-1 MySQL 8.0 支持的存储引擎

MySQL 5.5 版本之前，MyISAM 是 MySQL 默认的存储引擎。从 MySQL 5.5 版本之后，InnoDB 成为 MySQL 默认的存储引擎。两种存储引擎各有优点，最大的区别是 InnoDB 支持事务、外键和行级锁。两者的简单比较见表 3-9。

表 3-9 MyISAM 和 InnoDB 存储引擎的比较

比较项	MyISAM 存储引擎	InnoDB 存储引擎
支持外键	不支持外键，如果增加外键，不会提示错误，只是外键不起作用	支持外键
支持事务	不支持事务	支持事务
行/表级锁	只支持表级锁，即用户在操作 MyISAM 表时，即使操作一条记录也会锁住整张表，并发性差	支持行级锁，操作时只锁住某一行，对其他行没有影响，可以支持更高的并发
缓存	只缓存索引，不缓存真实数据	不仅缓存索引而且缓存真实数据
表空间	小	大
使用场景	主要面向联机分析处理（OLAP）数据库应用	主要面向联机事务处理（OLTP）数据库应用

2．指定存储引擎

可以在创建表时指定存储引擎。MySQL 8.0 默认的存储引擎为 InnoDB，用户可以不用额外指定存储引擎。

创建表时指定存储引擎的语句格式如下：

```
CREATE TABLE 表名(
    …
) ENGINE =存储引擎；
```

3．设置编码统一

MySQL 8.0 默认的编码是 utf8mb4，在 MySQL 8.0 中创建数据库和创建表时可以不用指定编码。若 MySQL 低版本默认的编码不是 utf8mb4，建议在创建数据库时直接设置数据库的编码方式为 utf8mb4，之后该数据库中所建的表和字段的编码格式都会以此格式为默认编码格式。

若在创建数据库时没有直接设置数据库的编码方式，也可以在创建表时指定编码 utf8mb4 或修改表的编码，但对初学者来说容易出错，因为若在创建部分表之后再更改数据库编码，必须在更改数据库编码后，再逐一更改之前所建的所有表和字段的编码格式。

创建表时指定编码为 utf8mb4 的语句格式如下：

```
CREATE TABLE 表名 (
    …
)DEFAULT CHARSET=utf8mb4;
```

4．常用表操作语句

常用表操作语句见表 3-10。

表 3-10 常用表操作语句

语句	功能
SHOW TABLES;	显示当前数据库中所有表的表名
DESCRIBE 表名; 可简写成 DESC 表名; 或者使用 SHOW COLUMNS FROM 表名; SHOW FULL COLUMNS FROM 表名;	查看表基本结构 （FULL 为全面查看，包括字段编码）
SHOW CREATE TABLE 表名;	显示表的完整 CREATE TABLE 语句
SHOW CREATE TABLE 表名\G	\G 的作用是将结果旋转 90°变成纵向显示
DROP TABLE 表名;	删除表
RENAME TABLE 旧表名 TO 新表名;	重命名表

【例 3-4】 显示 School 数据库中所有表的表名，显示班级 Class 表的完整 CREATE TABLE 语句。

```
USE School;
SHOW TABLES;
SHOW CREATE TABLE Class;
```

【任务实施】

【练习 3-6】 在 School 数据库中创建 Student 表，其表结构见表 3-11。

表 3-11 学生 Student 表

字段名	字段说明	数据类型	允许空值
Sno	学号	VARCHAR(50)	否
Sname	姓名	VARCHAR(50)	否
Sex	性别	VARCHAR(10)	否
Birth	出生日期	DATE	是
ClassNo	班级编号	VARCHAR(50)	否

【练习 3-7】 在 School 数据库中创建 Course 表，其表结构见表 3-12。

表 3-12 课程 Course 表

字段名	字段说明	数据类型	允许空值
Cno	课程编号	VARCHAR(50)	否
Cname	课程名称	VARCHAR(50)	否
Credit	课程学分	DECIMAL(4,1)	是
CourseHour	课程学时	INT	是

【练习 3-8】 在 School 数据库中创建 Score 表，其表结构见表 3-13。

表 3-13 选修 Score 表

字段名	字段说明	数据类型	允许空值
Sno	学号	VARCHAR(50)	否
Cno	课程编号	VARCHAR(50)	否
Uscore	平时成绩	DECIMAL(4,1)	是
EndScore	期末成绩	DECIMAL(4,1)	是

【练习 3-9】 在 School 数据库中创建 Dorm 表，其表结构见表 3-14。

表 3-14 宿舍 Dorm 表

字段名	字段说明	数据类型	允许空值
DormNo	宿舍编号	VARCHAR(50)	否
Build	楼栋	VARCHAR(50)	否
Storey	楼层	VARCHAR(10)	否
RoomNo	房间号	VARCHAR(10)	否
BedsNum	总床位数	INT	是
DormType	宿舍类别	VARCHAR(10)	是
Tel	宿舍电话	VARCHAR(20)	是

【练习 3-10】 在 School 数据库中创建 Live 表，其表结构见表 3-15。

表 3-15 入住 Live 表

字段名	字段说明	数据类型	允许空值
Sno	学号	VARCHAR(50)	否
DormNo	宿舍编号	VARCHAR(50)	否
BedNo	床位号	VARCHAR(10)	否
InDate	入住日期	DATE	否
OutDate	离寝日期	DATE	是

【练习 3-11】 在 School 数据库中创建 CheckHealth 表，其表结构见表 3-16。

表 3-16 卫生检查 CheckHealth 表

字段名	字段说明	数据类型	允许空值	默认值
CheckNo	检查号	INT	否	
DormNo	宿舍编号	VARCHAR(50)	否	
CheckDate	检查时间	DATETIME	否	当前系统时间
CheckMan	检查人员	VARCHAR(50)	否	
CheckScore	检查成绩	DECIMAL(4,1)	否	
Problem	存在问题	VARCHAR(255)	是	

【提示】 在 MySQL 中，要设置字段默认值为当前系统时间，使用 DEFAULT CURRENT_TIMESTAMP 语句。

【任务总结】

通过本任务的学习，完成了使用 CREATE TABLE 语句创建简单表，包括定义表中各字段的名称、数据类型、长度、是否允许为空、字段默认值等。

任务 3.3 设置约束

【任务提出】

设置约束

数据库中的数据是从外界输入的，由于种种原因，会发生输入无效或错误数据的情况。数据完整性正是为了防止数据库中存在不符合语义规定的数据和防止因错误信息的输入/输出造成无效操作或错误信息而提出的。

【任务分析】

数据完整性是指数据的精确性和可靠性。数据完整性分为 3 类：实体完整性、参照完整性、用户自定义完整性。其中，实体完整性和参照完整性是任何关系表都必须满足的完整性约束条件。通过为表的字段设置约束来保证表中的数据完整性。MySQL 包括四大约束：主键（PRIMARY KEY）约束、唯一（UNIQUE）约束、外键（FOREIGN KEY）约束、检查（CHECK）约束。

【相关知识与技能】

3.3.1 主键约束

1. 主键和实体完整性

（1）主键

主键：主键又称为主码，能唯一标识表中每一行的属性或最小属性组。主键中的各个属性称为主属性，不包含在主键中的属性称为非主属性。

主键可以是单个属性，也可以是属性组。

例如，学生（学号，姓名，性别，出生日期，班级编号）的主键是学号。而一个学生要选修多门课程，一门课程有多个学生选修，所以关系：选修（学号，课程编号，平时成绩，期末成绩）的主键是学号+课程编号。

（2）实体完整性

实体完整性规则：若属性 A 是关系 R 的主属性，则属性 A 不能取空值。实体完整性用于保证关系数据库表中的每条记录都是唯一的，建立主键的目的就是为了实现实体完整性。

2. 设置主键约束

（1）使用 CREATE TABLE 语句创建表时设置主键约束

若主键由一个字段组成，可以在定义列的同时设置主键约束，语句格式如下：

```
字段名  数据类型  PRIMARY KEY
```

也可以在定义完所有列之后设置主键约束，语句格式如下：

```
[CONSTRAINT 约束名]  PRIMARY KEY(字段名)
```

其中，主键约束名的取名规则推荐采用：PK_表名。[CONSTRAINT 约束名]可以省略，如果省略，会采用系统默认生成的约束名。

【例 3-5】 在 School 数据库中设置 Class 表中的 ClassNo 字段为主键。

```
#方法1：在定义列的同时设置主键约束
USE School;
CREATE TABLE Class
(ClassNo VARCHAR(50) NOT NULL PRIMARY KEY,
ClassName VARCHAR(50) NOT NULL,
College VARCHAR(50) NOT NULL,
Specialty VARCHAR(50) NOT NULL,
EnterYear INT);
#方法2：在定义完所有列之后设置主键约束
CREATE TABLE Class
(ClassNo VARCHAR(50) NOT NULL,
ClassName VARCHAR(50) NOT NULL,
```

```
College VARCHAR(50) NOT NULL,
Specialty VARCHAR(50) NOT NULL,
EnterYear INT,
PRIMARY KEY(ClassNo)
);
```

【注意】 若主键由多个字段组成，则只能在定义完所有列之后设置主键约束，多个字段名之间使用逗号分隔。

【例 3-6】 在 School 数据库中设置 Score 表中的 Sno、Cno 字段为主键。

```
CREATE TABLE Score
(Sno VARCHAR(50) NOT NULL,
Cno VARCHAR(50) NOT NULL,
Uscore DECIMAL(4,1),
EndScore DECIMAL(4,1),
PRIMARY KEY(Sno,Cno)   #只能在定义完所有列之后设置主键约束
);
```

（2）使用 ALTER TABLE 语句修改表，添加主键约束

若表已经创建完成，但没有设置主键约束，不用删除旧表再创建一张新表，使用 ALTER TABLE 语句修改表添加约束即可。

语句格式如下：

```
ALTER TABLE 表名 ADD [CONSTRAINT 约束名] PRIMARY KEY(字段名);
```

【例 3-7】 在 School 数据库中设置 Student 表中的 Sno 字段为主键。

```
ALTER TABLE Student ADD PRIMARY KEY(Sno);
```

3．设置表的属性值自动增加

在数据库应用中，经常希望在每次插入新记录时，系统自动生成某字段的值。这可以通过为该字段添加 AUTO_INCREMENT 关键字来实现。在 MySQL 中，AUTO_INCREMENT 列的初始值默认为 1，每新增一条记录，字段值自动加 1。一张表只能有一个字段设置为 AUTO_INCREMENT，并且该字段必须为主键的一部分，设置为 AUTO_INCREMENT 字段的数据类型必须为整数类型。

设置表的属性值自动增加的语句格式如下：

```
字段名  整数数据类型  AUTO_INCREMENT  PRIMARY KEY
```

【例 3-8】 在 School 数据库中创建数据表 Teacher，字段包括 ID、TeacherName、College，指定 ID 字段的值自动递增。

```
USE School;
CREATE TABLE Teacher
(ID INT AUTO_INCREMENT PRIMARY KEY,
TeacherName VARCHAR(50),
College VARCHAR(50)
);
```

3.3.2 唯一约束

1. 唯一约束的作用

一张表中只能设置一个主键约束，如果要确保非主键列的值唯一，可以设置唯一约束（即 UNIQUE 约束）。

唯一约束应用于表中的非主键列，用于指定一个列的值或者多个列的组合值具有唯一性，以防止输入重复的值。例如，身份证号码列，由于所有身份证号码不可能出现重复，因此可以在此列上建立唯一约束，以确保不会输入重复的身份证号码。

唯一约束与主键约束的不同之处在于：

① 一张表可以设置多个唯一约束，而主键约束在一张表中只能有一个。

② 设置唯一约束的列值必须唯一，字段可以允许为空，可以有空值。而设置主键约束的列值必须唯一，而且不允许为空。

2. 设置唯一约束

（1）使用 CREATE TABLE 语句创建表时设置唯一约束

若唯一约束由一个字段组成，可以在定义列的同时设置唯一约束，语句格式如下：

> 字段名　数据类型　UNIQUE

也可以在定义完所有列之后设置唯一约束，语句格式如下：

> [CONSTRAINT　约束名]　UNIQUE(字段名)

其中，[CONSTRAINT 约束名]可以省略，如果省略，采用系统默认生成的约束名。

【例 3-9】 在 School 数据库中设置 Class 表中的 ClassName 字段值为唯一。

```
#方法1：在定义列的同时设置唯一约束
USE School;
CREATE TABLE Class
(ClassNo  VARCHAR(50)  NOT NULL PRIMARY KEY,
ClassName VARCHAR(50)  NOT NULL UNIQUE,
College  VARCHAR(50)  NOT NULL,
Specialty VARCHAR(50)  NOT NULL,
EnterYear INT);
#方法2：在定义完所有列之后设置唯一约束
CREATE TABLE Class
(ClassNo  VARCHAR(50)  NOT NULL PRIMARY KEY,
ClassName VARCHAR(50)  NOT NULL,
College  VARCHAR(50)  NOT NULL,
Specialty VARCHAR(50)  NOT NULL,
EnterYear INT,
UNIQUE(ClassName)
);
```

若唯一约束由多个字段组成，则只能在定义完所有列之后设置唯一约束。多个字段名之间使用逗号分隔。

（2）使用 ALTER TABLE 语句修改表，添加唯一约束
语句格式如下：

```
ALTER TABLE 表名 ADD [CONSTRAINT 约束名] UNIQUE(字段名);
```

【例 3-10】 在 School 数据库中设置 Course 表中的 Cname 字段值为唯一。

```
ALTER TABLE Course ADD UNIQUE(Cname);
```

3.3.3 检查约束

1. 检查约束的作用

检查约束也称为 CHECK 约束，该约束通过条件表达式判断输入值是否满足条件。作用是限制表中一列或多列的输入值，保证数据库中数据的用户自定义完整性。例如，限制成绩字段只能输入 0~100 之间的数据，性别字段的值只能为男或女。

在 MySQL 8.0.16 版本以前，CREATE TABLE 语句允许从语法层面定义检查约束，但实际是没有效果的。从 MySQL 8.0.16 版本开始，添加了针对所有存储引擎的检查约束的核心特性，可以在使用 CREATE TABLE 语句创建表的同时设置检查约束，也可以在使用 ALTER TABLE 语句修改表时添加检查约束。

2. 设置检查约束

（1）使用 CREATE TABLE 语句创建表时设置检查约束

若检查约束只涉及一个字段，可以在定义列的同时设置检查约束，语句格式如下：

```
字段名 数据类型 CHECK(条件表达式)
```

也可以在定义完所有列之后设置检查约束，语句格式如下：

```
[CONSTRAINT 约束名] CHECK(条件表达式)
```

其中，检查约束名的取名规则推荐采用：CK_字段名。[CONSTRAINT 约束名]可以省略，如果省略，会采用系统默认生成的约束名。

【例 3-11】 给 Student 表中的 Sex 字段设置检查约束，在输入值时只允许输入"男"或"女"。

```
#方法1：定义列的同时设置检查约束
USE School;
CREATE TABLE Student
(Sno VARCHAR(50) NOT NULL PRIMARY KEY,
Sname VARCHAR(50) NOT NULL,
Sex VARCHAR(10) NOT NULL CHECK(Sex='男' OR Sex='女'),
Birth DATE,
ClassNo VARCHAR(50) NOT NULL
);
#方法2：在定义完所有列之后设置检查约束
CREATE TABLE Student
(Sno VARCHAR(50) NOT NULL PRIMARY KEY,
Sname VARCHAR(50) NOT NULL,
```

```
    Sex    VARCHAR(10)   NOT   NULL,
    Birth   DATE,
    ClassNo  VARCHAR(50)   NOT   NULL,
    CHECK(Sex='男' OR Sex='女')
    );
```

若检查约束涉及表的多个字段，则只能在定义完所有列之后设置检查约束。

【例 3-12】 在 School 数据库中设置入住表 Live 的 OutDate 字段的值必须晚于 InDate 字段的值。

```
    USE   School;
    CREATE   TABLE  Live
    (Sno VARCHAR(50)  NOT   NULL,
    DormNo  VARCHAR(50)   NOT   NULL,
    BedNo  VARCHAR(10)   NOT   NULL,
    InDate  DATE  NOT   NULL,
    OutDate   DATE,
    PRIMARY   KEY(Sno,InDate),
    CHECK(InDate<OutDate)
    #涉及两个字段，只能在定义完所有列之后设置检查约束
    );
```

（2）使用 ALTER TABLE 语句修改表，添加检查约束

若表已经创建完成，但没有设置检查约束，不用删除旧表再创建一张新表，使用 ALTER TABLE 语句添加检查约束即可。

语句格式如下：

```
    ALTER  TABLE  表名  ADD  [CONSTRAINT   约束名]  CHECK(条件表达式);
```

【例 3-13】 设置检查约束使得 Score 表中 Uscore 字段、EndScore 字段的值在 0～100 之间。

```
    #方法1：分别给 Uscore、EndScore 字段设置检查约束
    ALTER  TABLE  Score
    ADD  CONSTRAINT   CK_Uscore CHECK(Uscore>=0 AND Uscore<=100),
    ADD  CONSTRAINT   CK_EndScore CHECK(EndScore>=0 AND EndScore<=100);
    #方法2：设置一个 CHECK 约束，该约束的条件表达式中包含 Uscore、EndScore 两个字段的条件限制表达式
    ALTER  TABLE  Score  ADD  CONSTRAINT   CK_Uscore_EndScore
    CHECK(Uscore>=0 AND Uscore<=100 AND EndScore>=0 AND EndScore<=100);
```

3.3.4 外键约束

1. 外键和参照完整性

（1）外键

编程实现外键约束设置

数据库中有多张表时，表与表之间会存在关系。例如：Student（Sno，Sname，Sex，Birth，ClassNo）和 Class（ClassNo，ClassName，College，Specialty，EnterYear），因为先有班级后有班级的学生，所以这两张表之间存在关系，Student 表中的

ClassNo 参照（引用）Class 表的主键 ClassNo。在向 Student 表中插入新行或修改其中的数据时，ClassNo 列的数据值必须在 Class 表中已经存在，否则将不能执行插入或者修改操作。

外键：外键又称为外码。表 A 中有列 X，该列不是所在表 A 的主键，但可以是主属性，它参照了另一张表 B 的主键或者具有唯一约束的字段 Y，则称列 X 为所在表 A 的外键。被参照的表 B 称为主表，表 A 称为从表。列 X 称为参照列，列 Y 称为被参照列。

例如，Student 表中的 ClassNo 参照 Class 表的主键 ClassNo，称 Student 表中的字段"ClassNo"为 Student 表的外键，Class 表称为主表，Student 表称为从表。

（2）参照完整性

参照完整性规则：参照完整性是基于外键的，如果表中存在外键，则外键的值必须与主表中某条记录的被参照列的值相同，如果外键列允许为空，则外键的值为空。

例如，Student 表中的 ClassNo 参照 Class 表的主键 ClassNo，则 Student 表中的 ClassNo 列的值必须与 Class 表中某条记录的主键 ClassNo 列的值相同。

参照完整性用于确保相关联表间的数据保持一致。当添加、删除或修改数据库表中的记录时，可以借助参照完整性来确保相关表间数据的一致性。

2. 设置外键约束

（1）使用 CREATE TABLE 语句创建表时设置外键约束

在定义完所有列之后设置外键约束，语句格式如下：

```
[CONSTRAINT 约束名] FOREIGN KEY(外键字段名) REFERENCES 主表名(被参照字段名)
```

外键约束名的取名规则推荐采用：FK_从表名_主表名。

【注意】 在使用 CREATE TABLE 语句创建表时设置外键约束，只能在定义完所有列之后设置，不能在定义列的同时设置外键约束。

【例 3-14】 在 School 数据库中给 Student 表的 ClassNo 字段设置外键约束，使该字段的值参照 Class 表的主键 ClassNo。

```
USE School;
CREATE TABLE Student
(Sno VARCHAR(50) NOT NULL PRIMARY KEY,
Sname VARCHAR(50) NOT NULL,
Sex VARCHAR(10) NOT NULL CHECK(Sex='男' OR Sex='女'),
Birth DATE,
ClassNo VARCHAR(50) NOT NULL,
FOREIGN KEY(ClassNo) REFERENCES Class(ClassNo)
#设置外键约束，使该字段的值参照 Class 表的主键 ClassNo
);
```

【注意】 外键列必须参照另外一张表的主键或者唯一约束字段；外键列的数据类型要和被参照列的数据类型一致；外键列的字段名可以和被参照列的字段名不同。

（2）使用 ALTER TABLE 语句修改表，添加外键约束

语句格式如下：

```
ALTER TABLE 表名 ADD [CONSTRAINT 约束名] FOREIGN KEY(外键名) REFERENCES 主表名(被参照字段名);
```

【例3-15】 在 School 数据库中给 Score 表的 Sno 字段设置外键约束，使该字段的值参照 Student 表的主键 Sno，外键约束名为 FK_Score_Student。

```
ALTER TABLE Score ADD CONSTRAINT FK_Score_Student FOREIGN KEY(Sno) REFERENCES Student(Sno);
```

若设置外键约束时提示如图 3-2 所示的错误，原因是外键参照的字段没有设置主键约束或唯一约束；若提示如图 3-3 所示的错误，原因是外键的数据类型和被参照字段的数据类型不一致。

```
ERROR 1822 (HY000): Failed to add the foreign key constraint. Missing index for constraint 'FK_Score_Student' in the referenced table 'student'
```

图 3-2　设置外键约束出错——被参照字段没有设置主键约束或唯一约束

```
ERROR 3780 (HY000): Referencing column 'Sno' and referenced column 'Sno' in foreign key constraint 'FK_Score_Student' are incompatible.
```

图 3-3　设置外键约束出错——外键和被参照字段的数据类型不一致

【任务实施】

在 School 数据库中设置以下约束。

【练习 3-12】 设置 Class 表中的 ClassNo 字段为主键。

【练习 3-13】 设置 Student 表中的 Sno 字段为主键。

【练习 3-14】 设置 Course 表中的 Cno 字段为主键。

【练习 3-15】 设置 Score 表中的 Sno 和 Cno 字段为主键。

【练习 3-16】 设置宿舍 Dorm 表的 DormNo 字段为主键。

【练习 3-17】 设置入住 Live 表的 Sno、InDate 字段为主键。

【练习 3-18】 设置卫生检查 CheckHealth 表的 CheckNo 字段为主键。

【练习 3-19】 设置约束使得 Student 表中 Sex 字段的值只能输入"男"或"女"。

【练习 3-20】 设置约束使得 Course 表中的 Credit 字段、CourseHour 字段的值都必须大于 0。

【练习 3-21】 设置约束使得 Score 表中 Uscore 字段、Endscore 字段的值在 0～100 之间。

【练习 3-22】 设置约束使得入住 Live 表的 OutDate 字段的值必须晚于 InDate 字段的值，约束名为"CK_OutDate"。

【练习 3-23】 设置约束使得卫生检查表 CheckHealth 的 CheckScore 字段的值在 0～100 之间，约束名为"CK_Score"。

【练习 3-24】 给 Student 表的 ClassNo 字段设置外键约束，使该字段的值参照 Class 表的主键 ClassNo，外键约束名为"FK_Student_Class"。

【练习 3-25】 给 Score 表的 Sno 字段设置外键约束，使该字段的值参照 Student 表的主键 Sno，外键约束名为"FK_Score_Student"。

【练习 3-26】 给 Score 表的 Cno 字段设置外键约束，使该字段的值参照 Course 表的主键 Cno，外键约束名为"FK_Score_Course"。

【练习 3-27】 设置入住表 Live 的 Sno 字段参照 Student 表的主键 Sno。

【练习 3-28】 设置入住表 Live 的 DormNo 字段参照 Dorm 表的主键 DormNo。

【练习 3-29】 删除 School 数据库中原有的 CheckHealth 表，根据表 3-17 的要求重新创建该表。

表 3-17 新的 CheckHealth 表结构

字段名	字段说明	数据类型	是否允许为空	约束
CheckNo	检查号	INT	否	主键，自动增长
DormNo	宿舍编号	VARCHAR(50)	否	外键（参照 Dorm 表的主键 DormNo）
CheckDate	检查时间	DATETIME	否	默认值为当前系统时间
CheckMan	检查人员	VARCHAR(50)	否	
CheckScore	检查成绩	DECIMAL(4,1)	否	值在 0～100 之间
Problem	存在问题	VARCHAR(255)	是	

【任务总结】

主键约束用于满足实体完整性。主键列的值必须唯一，并且不允许为空。一张表只能设置一个主键约束。

设置唯一约束的列的值必须唯一，允许为空，可以有空值。一张表可以设置多个唯一约束。

检查约束用于满足自定义完整性。通过表达式限定字段输入值的范围。

外键约束用于满足参照完整性。外键不能是所在表的主键，但可以是主属性。外键参照的主表列必须是主键或是设置唯一约束的字段。

任务 3.4 使用 ALTER TABLE 语句修改表结构

【任务提出】

使用 ALTER TABLE 语句修改表结构

使用 CREATE TABLE 语句创建表后，经常会根据实际需要进一步对已存在的表做一些必要的修改操作，如增加新的字段、修改字段属性、删除字段、修改表名等。另外，为保证表中数据的完整性和数据库内数据的一致性，需要给表添加约束。

【任务分析】

修改表的 SQL 语句是 ALTER TABLE。本任务使用 ALTER TABLE 语句进行表结构的修改和约束的设置。

【相关知识与技能】

3.4.1 修改表的存储引擎和编码

1. 修改表的存储引擎

语句格式如下：

```
ALTER TABLE 表名 ENGINE=更改后的存储引擎名；
```

2．修改表的编码

MySQL 中的数据编码格式已经精确到字段，修改表的编码还要注意表中字段的编码是否修改。

修改表及表中字段的编码的语句格式如下：

```
ALTER TABLE 表名 CONVERT TO CHARACTER SET 编码；
```

3.4.2　添加、修改和删除字段

1．添加新字段

语句格式如下：

```
ALTER TABLE 表名 ADD 新字段名 数据类型；
```

可以在表的指定列之后添加一个字段，如在字段名2后添加新字段，语句格式如下：

```
ALTER TABLE 表名 ADD 新字段名 数据类型 AFTER 字段名2；
```

【例 3-16】 在 School 数据库中的班级 Class 表中新增加 ID 字段，其类型为 INT。

```
USE School;
ALTER TABLE Class ADD ID INT;
```

2．修改已有字段的数据类型

语句格式如下：

```
ALTER TABLE 表名 MODIFY 字段名 新数据类型；
```

【例 3-17】 修改 School 数据库的 Class 表中的 ClassName 字段的长度为 40。

```
ALTER TABLE Class MODIFY ClassName VARCHAR(40);
```

3．修改已有字段名和数据类型

语句格式如下：

```
ALTER TABLE 表名 CHANGE 旧字段名 新字段名 数据类型；
```

4．删除已有字段

语句格式如下：

```
ALTER TABLE 表名 DROP 字段名；
```

【例 3-18】 删除 School 数据库的班级 Class 表中的 ID 字段的操作。

```
ALTER TABLE Class DROP ID;
```

3.4.3　添加和删除默认值

1．添加默认值

语句格式如下：

```
ALTER TABLE 表名 ALTER COLUMN 字段名 SET DEFAULT 默认值；
```

【例3-19】 在School数据库中添加Class表中的College字段的默认值为'信息工程学院'。

```
ALTER TABLE Class
ALTER COLUMN College SET DEFAULT '信息工程学院';
```

2. 删除默认值

语句格式如下：

```
ALTER TABLE 表名 ALTER COLUMN 字段名 DROP DEFAULT;
```

【例3-20】 在School数据库中删除Class表中的College字段的默认值。

```
ALTER TABLE Class ALTER COLUMN College DROP DEFAULT;
```

3.4.4 添加和删除约束

1. 添加约束

（1）添加主键约束

语句格式如下：

```
ALTER TABLE 表名
ADD [CONSTRAINT 约束名] PRIMARY KEY(主键名);
```

【例3-21】 在School数据库中设置Class表中的ClassNo字段为主键。

```
ALTER TABLE Class
ADD CONSTRAINT PK_Class PRIMARY KEY(ClassNo);
```

（2）添加外键约束

语句格式如下：

```
ALTER TABLE 表名
ADD [CONSTRAINT 约束名] FOREIGN KEY(外键名) REFERENCES 主表(主键名);
```

【例3-22】 给School数据库的Student表的ClassNo字段设置外键约束，使该字段的值参照Class表的主键ClassNo，外键约束名为"FK_Student_Class"。

```
ALTER TABLE Student
ADD CONSTRAINT FK_Student_Class FOREIGN KEY(ClassNo) REFERENCES Class(ClassNo);
```

（3）添加唯一约束

语句格式如下：

```
ALTER TABLE 表名
ADD [CONSTRAINT 约束名] UNIQUE(字段名);
```

【例3-23】 给School数据库的Class表的ClassName字段设置唯一约束，约束名为"UQ_ClassName"。

```
ALTER TABLE Class
ADD CONSTRAINT UQ_ClassName UNIQUE(ClassName);
```

（4）添加检查约束

语句格式如下：

```
ALTER  TABLE  表名
ADD  [CONSTRAIN 约束名]  CHECK(条件表达式);
```

【例3-24】 添加约束使得 Student 表中 Sex 字段的值只能输入"男"或"女"。约束名为 "CK_Sex"。

```
ALTER  TABLE  Student
ADD  CONSTRAINT  CK_Sex  CHECK(Sex='男'  OR  Sex='女');
```

2. 删除约束

（1）删除主键约束

语句格式如下：

问题解决——
删除主键约束时
出错

```
ALTER  TABLE  表名 DROP  PRIMARY  KEY;
```

【例3-25】 在 School 数据库中删除 Class 表中的主键约束。

```
ALTER  TABLE  Class  DROP  PRIMARY  KEY;
```

若删除该主键约束时提示如图 3-4 所示的错误，原因是 Class 表的主键 ClassNo 目前有被外键参照，必须先删除参照它的外键约束，才能删除该主键约束。

```
mysql> ALTER TABLE Class
    ->     DROP  PRIMARY KEY;
ERROR 1553 (HY000): Cannot drop index 'PRIMARY': needed in a foreign key constraint
```

图 3-4 删除主键约束时提示出错

（2）删除外键约束

语句格式如下：

```
ALTER  TABLE  表名  DROP  FOREIGN  KEY  外键约束名;
```

【例3-26】 在 School 数据库中删除 Student 表的 ClassNo 字段上的外键约束。

```
#先通过查看表的完整 CREATE TABLE 语句，得到外键约束名
SHOW  CREATE  TABLE  Student;
#然后删除该外键约束
ALTER  TABLE  Student  DROP  FOREIGN  KEY 外键约束名;
```

具体操作如图 3-5 所示。

```
mysql> SHOW CREATE TABLE Student\G
*************************** 1. row ***************************
       Table: Student
Create Table: CREATE TABLE `student` (
  `Sno` varchar(50) NOT NULL,
  `Sname` varchar(50) NOT NULL,
  `Sex` varchar(10) NOT NULL,
  `Birth` date DEFAULT NULL,
  `ClassNo` varchar(50) NOT NULL,
  PRIMARY KEY (`Sno`),
  KEY `ClassNo` (`ClassNo`),
  CONSTRAINT `student_ibfk_1` FOREIGN KEY (`ClassNo`) REFERENCES `class` (`ClassNo`)
) ENGINE=InnoDB DEFAULT CHARSET=utf8mb4 COLLATE=utf8mb4_0900_ai_ci
1 row in set (0.00 sec)

mysql> ALTER TABLE Student
    -> DROP  FOREIGN  KEY  `student_ibfk_1`;
Query OK, 0 rows affected (0.02 sec)
Records: 0  Duplicates: 0  Warnings: 0
```

图 3-5 删除外键约束

(3) 删除唯一约束

语句格式如下：

```
ALTER TABLE 表名 DROP INDEX 唯一约束名；
```

【例 3-27】 在 School 数据库中删除 Class 表的 ClassName 字段中的唯一约束，约束名为 "UQ_ClassName"。

```
ALTER TABLE Class DROP INDEX UQ_ClassName;
```

(4) 删除检查约束

语句格式如下：

```
ALTER TABLE 表名 DROP CONSTRAINT 检查约束名；
```

【例 3-28】 在 School 数据库中删除 Student 表 Sex 字段的检查约束，约束名为 "CK_Sex"。

```
ALTER TABLE Student DROP CONSTRAINT CK_Sex;
```

【任务实施】

在 School 数据库中实现以下操作。

【练习 3-30】 在 Class 表中新增加 ID 字段，数据类型为 INT。
【练习 3-31】 删除 Class 表中的 ID 字段。
【练习 3-32】 修改 Class 表中的 ClassName 字段的长度为 40。
【练习 3-33】 添加唯一约束，给 Class 表的 ClassName 字段设置唯一约束。
【练习 3-34】 添加默认值，添加 Class 表中的 College 字段的默认值为 "信息工程学院"。
【练习 3-35】 在 Class 表中新增加 ID 字段，其类型为 INT，设置为自动编号。

【提示】 一张表只能有一个字段设置为 AUTO_INCREMENT，且该字段必须为主键的一部分，所以需要先删除 Class 表中原有的主键约束。在删除主键约束时出错，提示 "needed in a foreign key constraint"，原因是该主键有外键参照，需要先删除参照的外键关系，才能删除该主键约束。

【任务总结】

使用 CREATE TABLE 语句创建表后，若需要修改表结构，不用删除旧表再创建一张新表，使用 ALTER TABLE 语句修改表结构即可。

任务 3.5　往表中添加数据、备份恢复数据库

【任务提出】

往表中添加数据、备份恢复数据库

表创建好后，就可以往表中添加数据，将数据保存到表中。使用 INSERT 语句往表中添加新的记录，也可以从外部文件导入数据。

【任务分析】

添加数据指往表中插入一条记录或多条记录。从外部文件中导入数据常用的是从外部文本文件中导入。

【相关知识与技能】

3.5.1 添加记录

往表中添加记录使用的是 INSERT 语句，语句格式如下：

```
INSERT INTO 表名[(列名1,列名2,…,列名n)]
VALUES(常量1,…,常量n);
```

其功能是将 VALUES 后面的常量插入到表中新记录的对应列中。其中常量1插入到表新记录的列名1中，常量2插入到列名2中，……，常量n插入到列名n中。即表名后面列名的顺序与 VALUES 后面常量的顺序须逐一对应。

【例 3-29】 往 School 数据库的 Class 表中插入以下记录（见表3-18）。

表 3-18 例 3-29 插入的记录

ClassNo	ClassName	College	Specialty	EnterYear
202301001	计算机231	信息工程学院	计算机应用技术	2023

```
USE School;
INSERT INTO Class(ClassNo,ClassName,College,Specialty,EnterYear)
VALUES('202301001','计算机231','信息工程学院','计算机应用技术',2023);
```

【注意】 字符型常量和日期时间型常量用单引号或双引号括起来，数值型常量则不需要。

执行结果如图 3-6 所示。

```
mysql> USE School;
Database changed
mysql> INSERT INTO Class(ClassNo,ClassName,College,Specialty,EnterYear)
    -> VALUES('202301001','计算机231','信息工程学院','计算机应用技术',2023);
Query OK, 1 row affected (0.01 sec)

mysql> SELECT * FROM Class;   #查询出Class中的记录
+-----------+-----------+--------------+-----------------+-----------+
| ClassNo   | ClassName | College      | Specialty       | EnterYear |
+-----------+-----------+--------------+-----------------+-----------+
| 202301001 | 计算机231 | 信息工程学院 | 计算机应用技术  | 2023      |
+-----------+-----------+--------------+-----------------+-----------+
1 row in set (0.00 sec)
```

图 3-6 例 3-29 执行结果

【例 3-30】 往 School 数据库的 Student 表中插入以下记录（见表 3-19）。

表 3-19 例 3-30 插入的记录

Sno	Sname	Sex	ClassNo
202331010100101	陈红	女	202301001

```
INSERT INTO Student (Sno,Sname,Sex,ClassNo)
```

```
            VALUES('2023310101001O1','陈红','女','202301001');
```

该记录的 Birth 字段值没有给出，因为 Birth 字段允许为空，所以添加记录时可以不添加该字段的值，该记录中的 Birth 列值为空值，显示 NULL。

【注意】 表中不允许空（NOT NULL）的列，必须有相应的值插入。

执行结果如图 3-7 所示。

```
mysql> INSERT INTO Student (Sno,Sname,Sex,ClassNo)
    -> VALUES('202331010100101','陈红','女','202301001');
Query OK, 1 row affected (0.00 sec)

mysql> SELECT * FROM Student; #查询出Student中的记录
+-----------------+-------+-----+-------+-----------+
| Sno             | Sname | Sex | Birth | ClassNo   |
+-----------------+-------+-----+-------+-----------+
| 202331010100101 | 陈红  | 女  | NULL  | 202301001 |
+-----------------+-------+-----+-------+-----------+
1 row in set (0.00 sec)
```

图 3-7　例 3-30 执行结果

【例 3-31】 往 School 数据库的 Student 表中插入以下记录（见表 3-20）。

表 3-20　例 3-31 插入的记录

Sno	Sname	Sex	Birth	ClassNo
202331010100102	伍飞扬	男	2006-8-2	202301001

```
            INSERT INTO Student (Sno,Sname,Sex,Birth,ClassNo)
            VALUES('202331010100102','伍飞扬','男','2006-8-2', '202301001');
```

若往表中所有列插入数据，而且插入数据的顺序与表中列的顺序一致，INSERT 语句中表名后面的列名可以省略。可以将例 3-31 的 INSERT 语句简化为如下语句：

```
            INSERT INTO Student
            VALUES('202331010100102','伍飞扬','男','2006-8-2', '202301001');
```

【注意】 INSERT 语句插入数据的顺序必须与表中列的顺序完全一致，否则不能省略表名后面的列名。

3.5.2　备份数据库

在系统运行过程中，可能会遭遇硬件故障、黑客攻击、操作失误等意外情况，数据库会遭受破坏，需要按时对数据库进行备份，因此备份操作非常重要。

备份数据库常用的方法是使用 MySQL 自带的可执行程序命令 mysqldump。该命令将数据库中的数据备份成一个脚本文件或文本文件。表的结构和表中的数据将存储在生成的脚本文件或文本文件中。

语句格式如下：

```
            mysqldump -uroot -p --databases 数据库名>路径和备份文件名
```

如果密码在 -p 后直接给出，密码就以明文显示。为保护用户密码，可以先不输入密码而继续输入语句的后续内容，输入完毕后按〈Enter〉键，再输入用户密码。

选项--databases 可以省略，但是省略后会导致备份文件中没有 CREATE DATABASE 和 USE 语句。

mysqldump 是 MySQL 自带的可执行程序命令，在 MySQL 安装目录下的 bin 文件夹中。该程序命令在 DOS 窗口中使用，如果在 DOS 窗口中使用该命令时提示错误"不是内部或外部命令……"，有以下两种解决方法。

① 将 MySQL 安装目录下的 bin 文件夹路径添加到 Windows 的"环境变量"→"系统变量"→"Path"中。再重新打开 DOS 窗口并输入 mysqldump 命令。

② 在 DOS 窗口中，使用 cd 命令切换到 bin 目录下，如"CD C:\Program Files\MySQL\MySQL Server 8.3\bin"，然后输入 mysqldump 命令。

【例 3-32】 备份 School 数据库到 D:\schoolbak.sql。

```
mysqldump -uroot -p --databases School>D:\schoolbak.sql
```

执行界面如图 3-8 所示。

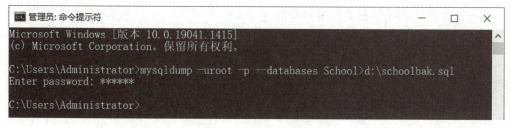

图 3-8 备份 School 数据库

3.5.3 恢复数据库

使用 MySQL 的 source 命令执行备份文件，命令如下：

```
source  路径/备份文件名
```

或者使用快捷命令：

```
\.  路径/备份文件名
```

【注意】
① \.后面必须要有空格。
② 若通过 mysqldump 备份时没有使用--databases 选项，则备份文件中不包含 CREATE DATABASE 和 USE 语句，那么在恢复时必须先执行这两个语句，否则提示"No database selected"。

【例 3-33】 通过备份文件 D:\schoolbak.sql 恢复 School 数据库。

```
source D:/schoolbak.sql
```

【注意】 若已存在 School 数据库，务必先执行语句"DROP DATABASE School;"删除原有 School 数据库，再执行 source 命令。

【任务总结】

没有数据，就没有一切，数据库备份是一种防患于未然的强力手段。

理论练习

一、选择题

1. 现有一个关系：借阅（书号，书名，库存数，读者号，借期，还期），假如同一本书允许一个读者多次借阅，但不能同时对一种书借多本，则该关系模式的主键是（   ）。
   A．书号   B．读者号
   C．书号，读者号   D．书号，读者号，借期

2. 使用 ALTER TABLE 修改表时，如果要修改表的名称，可以使用（   ）子句。
   A．CHANGE NAME   B．SET NAME
   C．RENAME   D．NEW NAME

3. MySQL 的字符型数据类型主要包括（   ）。
   A．INT、MONEY、CHAR   B．DATETIME、BINARY、INT
   C．CHAR、VARCHAR、TEXT   D．CHAR、VARCHAR、INT

4. 在书店的图书表中，定义了书号、书名、作者号、出版社号、价格等属性，其主键应是（   ）。
   A．书号   B．作者号   C．出版社号   D．书号，作者号

5. 在 SQL 语言中，修改表中数据的语句是（   ）。
   A．UPDATE   B．ALTER   C．SELECT   D．DELETE

6. 关系数据库中表和数据库的关系是（   ）。
   A．一个数据库可以包含多张表   B．一张表只能包含两个数据库
   C．一张表可以包含多个数据库   D．一个数据库只能包含一张表

7. 创建表时，不允许某列为空可以使用（   ）。
   A．NOT NULL   B．NO NULL
   C．NOT BLANK   D．NO BLANK

8. 设有关系模式 EMP（职工号，姓名，年龄，技能），假设职工号唯一，每个职工有多项技能，则 EMP 表的主键是（   ）。
   A．职工号   B．姓名，技能
   C．技能   D．职工号，技能

9. 在 SQL 语言中，若要修改某张表的结构，应该使用的语句是（   ）。
   A．ALTER DATABASE   B．CREATE DATABASE
   C．CREATE TABLE   D．ALTER TABLE

10. 以下关于关系数据库表的性质说法错误的是（   ）。
    A．数据项不可再分   B．同一列数据项要有相同的数据类型
    C．记录的顺序可以任意排列   D．字段的顺序不可以任意排列

11. 现有一个关系：选修（学号，姓名，课程号，课程名，平时成绩，期末成绩，学期成绩），其中一个学生可以选修多门课程，而一门课程可以被多个学生选修，则该关系的主键是（   ）。

A．学号 B．课程号
C．学号，课程号 D．课程号，学期成绩

12. 支持主外键、索引及事务的存储引擎是（　　）。
    A．MyISAM B．InnoDB
    C．MEMORY D．CHARACTER

13. 表中某一字段设为主键后，则该字段值（　　）。
    A．必须是有序的 B．可取值相同
    C．不能取值相同 D．可为空

14. 要快速完全清空一张表，可以使用（　　）语句。
    A．TRUNCATE TABLE B．DELETE TABLE
    C．DROP TABLE D．CLEAR TABLE

15. 不可以在（　　）数据类型的字段中创建主键。
    A．TEXT B．CHAR
    C．SMALLINT D．DATETIME

16. 选课表中"学号，课程号"设为主键后，则该组字段值（　　）。
    A．都可为空
    B．学号不能为空，课程号可为空
    C．课程号不能为空，学号可为空
    D．两个字段值皆不能为空

17. 语句"ALTER TABLE 表名 ADD 列名 列的描述"可以向表中（　　）。
    A．删除一个列 B．添加一个列
    C．修改一个列 D．添加一张表

18. 下面有关主键的叙述中正确的是（　　）。
    A．表必须定义主键
    B．一张表中的主键可以是一个或多个字段
    C．在一张表中主键只可以是一个字段
    D．表中的主键的数据类型可以是任何类型

19. 语句 DROP TABLE 可以（　　）。
    A．删除一张表 B．删除一个视图
    C．删除一个索引 D．删除一个游标

20. 参照完整性的作用是（　　）控制。
    A．字段数据的输入
    B．记录中相关字段之间的数据有效性
    C．表中数据的完整性
    D．相关表之间的数据一致性

21. 数据库的完整性是指数据的（　　）。
    A．正确性和相容性 B．合法性和不被恶意破坏
    C．正确性和不被非法存取 D．合法性和相容性

22. 在 SQL 语言中，删除表的对应命令是（　　）。
    A．DELETE B．CREATE C．DROP D．ALTER

23．学号字段中含有'1'、'2'、'3'……等值，该字段可以设置成数值类型，也可以设置为（　　）类型。

  A．MONEY B．CHAR C．DATE D．DATETIME

24．以下关于外键和相应的主键之间的关系，正确的是（　　）。

  A．外键并不一定要与相应的主键同名

  B．外键一定要与相应的主键同名

  C．外键一定要与相应的主键同名而且唯一

  D．外键一定要与相应的主键同名，但并不一定唯一

25．主键的组成（　　）。

  A．只有一个属性 B．不能多于 3 个属性

  C．必须是多个属性 D．可以是一个或多个属性

26．创建表的命令为（　　）。

  A．CREATE　TABLE B．RENAME　TABLE

  C．ALTER　TABLE D．DROP　TABLE

27．删除表的命令为（　　）。

  A．CREATE　TABLE B．RENAME　TABLE

  C．ALTER　TABLE D．DROP　TABLE

28．在 MySQL 中图片以（　　）格式存储。

  A．DATE B．TIMESTAMP

  C．BLOB D．BOOL

29．查看表 xs 的表结构应该用以下命令中的（　　）。

  A．SHOW　TABLES　xs

  B．DESC　xs

  C．SHOW　DATABASES　xs

  D．DESC　xs　学号

30．在 MySQL 中，使用关键字 AUTO_INCREMENT 设置自增属性时，该属性的数据类型可以是（　　）。

  A．INT B．DATETIME

  C．VARCHAR D．DOUBLE

31．以下关于 PRIMARY KEY 约束和 UNIQUE 约束的描述中，错误的是（　　）。

  A．UNIQUE 约束只能定义在表的单个列上

  B．一张表上可以定义多个 UNIQUE 约束，只能定义一个 PRIMARY KEY 约束

  C．在空值列上允许定义 UNIQUE 约束，不能定义 PRIMARY KEY 约束

  D．PRIMARY KEY 约束和 UNIQUE 约束都可以约束属性值的唯一性

32．在 MySQL 中，下列有关 CHAR 和 VARCHAR 的比较中，不正确的是（　　）。

  A．CHAR 是固定长度的字符类型，VARCHAR 则是可变长度的字符类型

  B．由于长度固定，CHAR 字符类型在处理速度上要比 VARCHAR 字符类型快，但是会占用更多存储空间

  C．CHAR 字符类型和 VARCHAR 字符类型的最大长度都是 255

  D．使用 CHAR 字符类型时，将自动删除字符串末尾的空格

33. 为字段设定默认值，需要使用的关键字是（   ）。
    A. NULL   B. TEMPORARY
    C. EXIST   D. DEFAULT
34. 下列关于 AUTO_INCREMENT 的描述中，不正确的是（   ）。
    A. 一张表只能有一个 AUTO_INCREMENT 属性
    B. 该属性必须定义为主键的一部分
    C. 在默认情况下，AUTO_INCREMENT 的开始值是 1，每条新记录递增 1
    D. 只有 INT 类型的字段能够定义为 AUTO_INCREMENT
35. 参照完整性的作用是（   ）。
    A. 字段数据的输入
    B. 记录中相关字段之间的数据有效性
    C. 表中数据的完整性
    D. 相关表之间的数据一致性
36. 向 Student 表增加入学时间 indate 列，其数据类型为日期时间型，正确的 SQL 命令是（   ）。
    A. ALTER TABLE Student ADD indate Date;
    B. ADD indate Date ALTER TABLE Student;
    C. ADD indate Date TO TABLE Student;
    D. ALTER TABLE Student ADD Date indate;
37. 执行如下创建表的 SQL 语句时出现错误，需要修改的命令行是（   ）。

```
CREATE  TABLE  tb_test
  (Sno  CHAR(10)  AUTO_INCREMENT,
  Sname  VARCHAR(20)  NOT  NULL,
  Sex  CHAR(1),
  Scome  DATE,
  PRIMARY  KEY(Sno)
  ENGINE=InnoDB);
```

    A. 第 2 行和第 7 行   B. 第 4 行和第 7 行
    C. 第 2 行、第 4 行和第 6 行   D. 第 4 行、第 5 行和第 7 行
38. 部门表 tb_dept 的定义如下：

```
CREATE  TABLE  tb_dept
  (deptno  CHAR(2)  PRIMARY  KEY,
  dname  CHAR(20)  NOT  NULL,
  Manager  CHAR(12),
  Telephone  CHAR(15)
  );
```

下列说法中正确的是（   ）。
    A. deptno 的取值不允许为空，不允许重复
    B. dname 的取值允许为空，不允许重复
    C. deptno 的取值允许为空，不允许重复
    D. dname 的取值不允许为空，不允许重复

二、填空题

1．完整性约束包括（　　　　）完整性、（　　　　）完整性和用户自定义完整性。
2．SQL 语言中，删除表中数据的命令是（　　　　）。
3．修改表结构时，应使用的命令是（　　　　）。
4．（　　　　）用于保证数据库中数据表的每一个特定实体的记录都是唯一的。
5．关系数据模型的逻辑结构是（　　　　），关系中的列称为（　　　　），行称为（　　　　）。
6．创建、修改和删除表的命令分别是（　　　　）TABLE、（　　　　）TABLE 和（　　　　）TABLE。
7．（　　　　）是指在插入记录时没有指定字段值的情况下自动使用的值。
8．SQL 语言中，创建表使用的语句是（　　　　）。

三、简答题

1．简述主键和实体完整性。
2．简述外键和参照完整性。
3．简述 UNIQUE 约束与 PRIMARY KEY 约束的不同之处。

实践阶段测试

在规定时间内完成"网上商城系统"数据库的创建。具体如下。
1．创建 eshop 数据库。
2．在 eshop 数据库中创建以下 9 张表。设置约束可以在创建表的同时进行，也可以在创建表后使用 ALTER TABLE 语句修改表以添加约束。各表结构见表 3-21～表 3-29。

表 3-21　UserInfo 表结构

字段名	字段说明	数据类型	允许空值	约束
UserID	用户 ID	INT	否	主键，自动增长
UserName	用户登录名	VARCHAR(50)	否	
UserPass	用户密码	VARCHAR(50)	否	
Question	密码提示问题	VARCHAR(50)	是	
Answer	密码提示问题答案	VARCHAR(50)	是	
Acount	账户金额	DECIMAL(18,2)	否	
Sex	性别	VARCHAR(10)	否	
Address	地址	VARCHAR(50)	否	
Email	电子邮件	VARCHAR(50)	否	
Zipcode	邮编	VARCHAR(10)	是	

表 3-22　Category 表结构

字段名	字段说明	数据类型	允许空值	约束
CategoryID	商品分类 ID	INT	否	主键
CategoryName	分类名称	VARCHAR(50)	否	

表 3-23　ProductInfo 表结构

字段名	字段说明	数据类型	允许空值	约束
ProductID	商品编号	INT	否	主键，自动增长
ProductName	商品名称	VARCHAR(50)	否	
ProductPrice	商品价格	DECIMAL(18,2)	否	
Intro	商品介绍	VARCHAR(255)	是	
CategoryID	商品分类 ID	INT	否	外键，参照 Category 表
ClickCount	单击数	INT	是	

表 3-24　ShoppingCart 表结构

字段名	字段说明	数据类型	允许空值	约束
RecordID	购物记录号	INT	否	主键，自动增长
CartID	购物车编号	VARCHAR(50)	否	
ProductID	商品编号	INT	否	外键，参照 ProductInfo 表
CreatedDate	购物日期	DATETIME	否	默认为当前系统时间
Quantity	购买数量	INT	否	

表 3-25　Orders 表结构

字段名	字段说明	数据类型	允许空值	约束
OrderID	订单号	INT	否	主键，自动增长
UserID	用户 ID	INT	否	外键，参照 UserInfo 表
OrderDate	订单日期	DATETIME	否	默认为当前系统时间

表 3-26　OrderItems 表结构

字段名	字段说明	数据类型	允许空值	约束
OrderID	订单号	INT	否	主属性外键，参照 Orders 表
ProductID	商品编号	INT	否	主属性外键，参照 ProductInfo 表
Quantity	购买数量	INT	否	
UnitCost	商品购买单价	DECIMAL(18,2)	否	

表 3-27　AdminRole 表结构

字段名	字段说明	数据类型	允许空值	约束
RoleID	管理员角色 ID	INT	否	主键，自动增长
RoleName	权限	VARCHAR(50)	否	

表 3-28　Admins 表结构

字段名	字段说明	数据类型	允许空值	约束
AdminID	管理员 ID	INT	否	主键
LoginName	管理员登录名	VARCHAR(50)	否	
LoginPwd	管理员密码	VARCHAR(50)	否	
RoleID	管理员角色 ID	INT	否	外键，参照 AdminRole 表

表 3-29 AdminAction 表结构

字段名	字段说明	数据类型	允许空值	约束
ActionID	日志 ID	INT	否	主键
Action	操作日志	VARCHAR(50)	否	
ActionDate	日志时间	DATETIME	否	
AdminID	管理员 ID	INT	否	外键，参照 Admins 表

3．往每张表中添加 1～3 条测试数据。

4．备份 eshop 数据库。

项目 4　查询和更新数据

项目 2 和项目 3 已经完成学生信息管理系统数据库 School 的创建，接下来的工作是对数据进行操作，包括查询数据、汇总统计数据、插入数据、修改数据和删除数据等。数据操作是数据库工程师和数据库相关岗位人员日常工作中必做的也是最频繁的工作。

School 数据库各表结构及表中记录见【项目资源】，请先下载备份文件并还原 School 数据库，再执行数据操作。

本项目根据实际需求完成数据查询统计和更新。学习目标具体如下。

【知识目标】

- 掌握数据查询、添加、修改、删除对应的 SQL 语句；
- 理解 SELECT、INSERT、UPDATE、DELETE 语句的语句格式；
- 进一步理解表间关系。

【能力目标】

- 能够根据实际需求熟练编写 SELECT 语句对单表或多表进行数据查询；
- 能够根据实际需求熟练编写 SELECT 语句对数据进行汇总计算、分组筛选；
- 能够熟练使用 SQL 语句对数据进行更新。

【素质目标】

- 培养信息安全意识；
- 培养注重数据的有效管理和价值挖掘，以及对数据应用的创造性思考意识。

任务 4.1　单表查询

单表查询

【任务提出】

创建好数据库和数据表后，接下来的工作是对数据进行操作，包括查询数据、插入数据、修改数据和删除数据等。

【任务分析】

数据库中最常见的操作是数据查询，可以说，数据查询是数据库的核心操作。可以对单表进行查询，也可以完成复杂的连接查询和嵌套查询，其中，对单表进行查询是最简单的数据查询操作，下面先从单表查询入手学习数据查询操作。

实现数据查询操作必须使用 SQL 语言中的 SELECT 语句。本任务先学习和理解 SELECT 语句，然后针对实际需求对表进行查询。

【相关知识与技能】

4.1.1 选择表中的若干列

1. 查询部分列

语句格式如下:

```
SELECT  列名[,…n]
FROM  表名;
```

【说明】 SELECT 后面跟要查询的列名,FROM 后面跟查询涉及的表名。如果要查询多个列,SELECT 后面跟多个列名,列名与列名之间使用逗号分隔,注意标点符号必须为英文标点符号。

【例 4-1】 在 School 数据库中查询所有学生的学号和姓名。查询结果如图 4-1 所示。

```
mysql> USE School;
Database changed
mysql> SELECT  Sno,Sname
    -> FROM  Student;
+------------------+----------+
| Sno              | Sname    |
+------------------+----------+
| 202231010100101  | 倪骏     |
| 202231010100102  | 陈国成   |
| 202231010100207  | 王康俊   |
| 202231010100208  | 叶毅     |
| 202231010100321  | 陈虹     |
| 202231010100322  | 江苹     |
| 202231010190118  | 张小芬   |
| 202231010190119  | 林芳     |
+------------------+----------+
8 rows in set (0.00 sec)
```

图 4-1 例 4-1 查询结果

```
USE  School;
SELECT  Sno,Sname
FROM  Student;
```

【提示】 在编写 SQL 语句时,可以对 SQL 语句进行注释说明,以增加代码的可读性。可用行内注释"#注释文本"或者"-- 注释文本",以及块注释"/* 注释文本 */"。

2. 查询全部列

语句格式如下:

```
SELECT  *
FROM  表名;
```

【例 4-2】 在 School 数据库中查询全体学生的详细信息。

```
SELECT  *
FROM  Student;
```

查询结果如图 4-2 所示。

```
mysql> SELECT  *
    -> FROM  Student;
+-------------------+--------+-----+------------+-----------+
| Sno               | Sname  | Sex | Birth      | ClassNo   |
+-------------------+--------+-----+------------+-----------+
| 202231010100101   | 倪骏   | 男  | 2005-07-05 | 202201001 |
| 202231010100102   | 陈国成 | 男  | 2005-07-18 | 202201001 |
| 202231010100207   | 王康俊 | 女  | 2004-12-01 | 202201002 |
| 202231010100208   | 叶毅   | 男  | 2005-01-20 | 202201002 |
| 202231010100321   | 陈虹   | 女  | 2005-03-27 | 202201003 |
| 202231010100322   | 江苹   | 女  | 2005-05-04 | 202201003 |
| 202231010190118   | 张小芬 | 女  | 2005-05-24 | 202201901 |
| 202231010190119   | 林芳   | 女  | 2004-09-08 | 202201901 |
+-------------------+--------+-----+------------+-----------+
8 rows in set (0.00 sec)
```

图 4-2　例 4-2 查询结果

3．为查询结果集内的列指定别名

语句格式如下：

```
SELECT   原列名   AS   列别名[,…n]
FROM   表名;
```

或者

```
SELECT   原列名   列别名[,…n]
FROM   表名;
```

【例 4-3】 在 School 数据库中查询所有学生的学号和姓名，并指定别名为"学生学号"和"学生姓名"。

```
SELECT   Sno   学生学号,Sname   学生姓名
FROM   Student;
```

查询结果如图 4-3 所示。

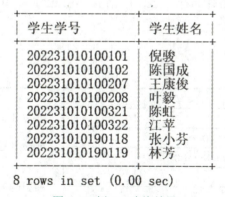

图 4-3　例 4-3 查询结果

4．查询经过计算的列

语句格式如下：

```
SELECT    计算表达式或列名
FROM    表名;
```

【例 4-4】 在 School 数据库中查询所有学生的学号、姓名和出生年份。

【提示】根据出生日期计算出生年份。求日期的年份可使用函数：YEAR(日期)。

```
SELECT  Sno,Sname,YEAR(Birth)  出生年份
FROM  Student;
```

查询结果如图 4-4 所示。

```
+-----------------+--------+----------+
| Sno             | Sname  | 出生年份  |
+-----------------+--------+----------+
| 202231010100101 | 倪骏   | 2005     |
| 202231010100102 | 陈国成 | 2005     |
| 202231010100207 | 王康俊 | 2004     |
| 202231010100208 | 叶毅   | 2005     |
| 202231010100321 | 陈虹   | 2005     |
| 202231010100322 | 江苹   | 2005     |
| 202231010190118 | 张小芬 | 2005     |
| 202231010190119 | 林芳   | 2004     |
+-----------------+--------+----------+
8 rows in set (0.00 sec)
```

图 4-4　例 4-4 查询结果

4.1.2　选择表中的若干行

要选择表中的若干行，可以通过在 FROM 子句后添加 WHERE 子句实现。语句格式如下：

```
SELECT  目标列表达式
FROM  表名
WHERE  行条件表达式；
```

【说明】整个 SELECT 语句的含义是，根据 WHERE 子句的行条件表达式，从 FROM 子句指定的表中找出满足条件的行（记录），再按 SELECT 子句中的列名或表达式选出记录中的字段值形成查询结果。

查询条件中常用的运算符见表 4-1。

表 4-1　常用运算符

运算符分类	运算符	作用
比较运算符	>、>=、=、<、<=、<>、!=、!>、!<	比较大小
范围运算符	BETWEEN…AND	判断列值是否在指定范围内
	NOT BETWEEN…AND	
列表运算符	IN	判断列值是否为列表中的指定值
	NOT IN	
模式匹配符	LIKE	判断列值是否与指定的字符格式相符
	NOT LIKE	
空值判断符	IS NULL	判断列值是否为空
	IS NOT NULL	
逻辑运算符	AND	用于多条件的逻辑连接
	OR	
	NOT	

1. 比较大小

【例 4-5】 在 School 数据库中查询所有女生的学号和姓名。

```
SELECT  Sno,Sname
FROM  Student
WHERE  Sex='女';
```

【注意】 WHERE 子句中的字符型常量必须用单引号括起来，标点符号必须为英文标点符号。在标准 SQL 中，字符型常量使用的是单引号。在 MySQL 中，允许使用单引号和双引号两种。

查询结果如图 4-5 所示。

2. 确定范围

范围运算符 BETWEEN…AND…和 NOT BETWEEN…AND…可以用来查找属性值在和不在指定范围内的记录，一般用于数值型数据。其中，在 BETWEEN 后指定范围的下限值，在 AND 后指定范围的上限值。其语句格式如下：

```
列名或计算表达式 [NOT] BETWEEN 下限值 AND 上限值
```

BETWEEN…AND…的含义是：如果列或表达式的值在下限值和上限值之间（包括上限值和下限值），则结果为 TRUE，表明此记录符合查询条件。NOT BETWEEN…AND…的含义则与之相反。

【例 4-6】 在 School 数据库中查询平时成绩在 90～100 之间（包含 90 和 100）的学号和课程编号。

```
SELECT  Sno,Cno
FROM  Score
WHERE  Uscore>=90 AND Uscore<=100;
```

或者使用范围运算符 BETWEEN…AND…：

```
SELECT  Sno,Cno
FROM  Score
WHERE  Uscore BETWEEN 90 AND 100;
```

查询结果如图 4-6 所示。

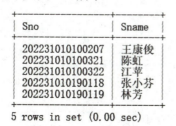

图 4-5 例 4-5 查询结果

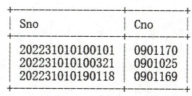

图 4-6 例 4-6 查询结果

【注意】 90<=Uscore<=100 这个条件表达式是错误的。

3. 确定集合

列表运算符 IN 可以用来查询属性值是否属于指定集合的记录，一般用于字符型数据和数值

型数据。其语句格式如下:

```
列名或表达式 [NOT] IN (常量1,常量2,…,常量n)
```

IN 的含义是:当列或者表达式的值与 IN 中集合的某个常量值相等时,结果为 True,表明此记录符合查询条件。NOT IN 的含义则与之相反。

【例 4-7】 在 School 数据库中查询课程学时为 30 或 60 的课程的课程编号和课程名称。

```
SELECT *
FROM Course
WHERE CourseHour=30 OR CourseHour=60;
```

或者使用列表运算符 IN:

```
SELECT *
FROM Course
WHERE CourseHour IN(30,60);
```

查询结果如图 4-7 所示。

图 4-7 例 4-7 查询结果

4. 涉及空值

空值判断符 IS NULL 用来查询指定列的属性值为空值的记录。IS NOT NULL 则用来查询指定列的属性值不为空值的记录。其语句格式如下:

```
列名 IS [NOT] NULL
```

【注意】 空值不是零,也不是空格,它不占用任何存储空间。

【例 4-8】 在 School 数据库中查询期末成绩为空的学生的学号和课程编号。

```
SELECT Sno,Cno
FROM Score
WHERE EndScore IS NULL;
```

查询结果如图 4-8 所示。

5. 字符匹配

模式匹配符 LIKE 用于查询指定列中与匹配符常量相匹配的记录。其语句格式如下:

```
列名 [NOT] LIKE '<匹配串>'
```

<匹配串>可以包含普通字符也可以包含通配符,通配符可以表示任意的字符或字符串。在实际应用中,如果需要从数据库中检索记录,但不能给出精确的字符查询条件,则可运用 LIKE 与通配符来实现模糊查询。

<匹配串>中包含的常用通配符如下。
- _（下画线）：匹配任意单个字符。
- %（百分号）：匹配任意长度（长度可以为 0）的字符串。

【例 4-9】 在 School 数据库中查询所有姓陈的学生的学号和姓名。

```
SELECT  Sno,Sname
FROM  Student
WHERE  Sname LIKE '陈%';
```

查询结果如图 4-9 所示。

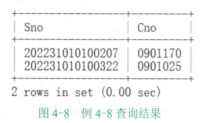

图 4-8　例 4-8 查询结果　　　　　　图 4-9　例 4-9 查询结果

6. 使用正则表达式

在 MySQL 中，对字符数据类型字段进行字符匹配时，除了可以使用 LIKE 以外，还可以使用正则表达式。正则表达式的用法和 LIKE 比较相似，但是它比 LIKE 功能更强大，能够实现一些特殊的规则匹配。

正则表达式通常被用来检索或替换符合某个模式的文本内容，根据指定的匹配模式匹配文本中符合要求的特殊字符串。例如，从一个文本文件中提取电话号码，查找一篇文章中重复的单词或替换用户输入的某些敏感词语等。

MySQL 中使用"REGEXP 关键字"指定正则表达式的字符匹配模式，表 4-2 是正则表达式中常用字符匹配列表。

表 4-2　正则表达式中常用字符匹配列表

选项	说明	例子	匹配值示例
^	匹配文本的开始字符	'^b'：匹配以 b 开头的字符串	book，big
$	匹配文本的结束字符	'st$'：匹配以 st 结尾的字符串	test，persist
.	匹配任意单个字符，包括回车符、换行符等	'b.t'：匹配 b 和 t 之间有任意一个字符的字符串	bit，bat，but，bite
*	匹配零个或多个在它前面的字符，且在它之前必须有字符	'f*n'：匹配 n 前有任意个 f 的字符串	fn，fan，faan，abcn
+	匹配前面的字符一次或多次，且在它之前必须有字符	'ba+'：匹配以 b 开头，后面紧跟一个 a 或多个 a 的字符串	ba，bay，bare，battle
<字符串>	匹配包含指定的字符串的文本	'fa'：匹配包含 fa 的字符串	fan，afa，faad
[字符集合]	匹配字符集合中的任何一个字符	'[xz]'：匹配包含 x 或者 z 的字符串 'A-Za-z0-9'：匹配包含英文字母或数字的字符串	dizzy，zebra，x-ray，extra Hello，第 2 个
[^]	匹配不包含字符集合中的任何一个字符的字符串	'[^abc]'：匹配不包含 a、b、c 的字符串 '[^A-Za-z]'：匹配不包含英文字母的字符串	desk，fox，f8ke 123，第 2 个
字符串 {n}	匹配前面的字符串至少 n 次	'b{2}'：匹配连续 2 个或更多个 b 的字符串	bbb，bb12
字符串 {n,m}	匹配前面的字符串至少 n 次，至多 m 次。如果 n 为 0，此参数为可选参数	'b{2,4}'：匹配包含连续至少 2 个、至多 4 个 b 的字符串	bb，bbb，bbbb
|	或者	'p1|p2|p3'：匹配包含 p1 或 p2 或 p3 的字符串	p1，Opp2

【例 4-10】 在 School 数据库中查询课程名称中包含"数据库"的课程基本信息。

```
USE School;
SELECT *
FROM Course
WHERE Cname REGEXP '数据库';
```

查询结果如图 4-10 所示。

```
+---------+------------------+--------+------------+
| Cno     | Cname            | Credit | CourseHour |
+---------+------------------+--------+------------+
| 0901169 | 数据库技术与应用1 |  4.0   |     56     |
| 0901170 | 数据库技术与应用2 |  4.0   |     56     |
| 4102018 | 数据库课程设计B   |  1.5   |     30     |
+---------+------------------+--------+------------+
3 rows in set (0.00 sec)
```

图 4-10 例 4-10 查询结果

【例 4-11】 在 School 数据库中查询姓陈、姓王和姓叶的学生的基本信息。

```
SELECT *
FROM Student
WHERE Sname REGEXP '^陈|王|叶';
```

查询结果如图 4-11 所示。

```
+-----------------+--------+-----+------------+-----------+
| Sno             | Sname  | Sex | Birth      | ClassNo   |
+-----------------+--------+-----+------------+-----------+
| 202231010100102 | 陈国成 | 男  | 2005-07-18 | 202201001 |
| 202231010100207 | 王康俊 | 女  | 2004-12-01 | 202201002 |
| 202231010100208 | 叶毅   | 男  | 2005-01-20 | 202201002 |
| 202231010100321 | 陈虹   | 女  | 2005-03-27 | 202201003 |
+-----------------+--------+-----+------------+-----------+
4 rows in set (0.00 sec)
```

图 4-11 例 4-11 查询结果

【例 4-12】 在 School 数据库中查询 CheckHealth 表的 Problem 字段值出现"乱"至少 1 次的记录。

```
SELECT *
FROM CheckHealth
WHERE Problem REGEXP '乱{1}';
```

查询结果如图 4-12 所示。

```
+---------+-----------+---------------------+---------+-------+----------------------+
| CheckNo | DormNo    | CheckDate           | CheckMan| Score | Problem              |
+---------+-----------+---------------------+---------+-------+----------------------+
|    1    | LCB04N101 | 2022-11-19 00:00:00 | 余伟    | 80.0  | 床上较凌乱           |
|    2    | LCB04N101 | 2022-10-20 00:00:00 | 余伟    | 60.0  | 地面脏乱             |
|    3    | LCB04N421 | 2022-12-02 00:00:00 | 余伟    | 50.0  | 地面脏乱、有大功率电器 |
|    5    | LCN04B310 | 2022-10-20 00:00:00 | 周轩    | 75.0  | 床上较凌乱           |
|    6    | XSY01111  | 2022-11-19 00:00:00 | 徐璐璐  | 83.0  | 地面不够整洁、桌上较乱 |
|    7    | XSY01111  | 2022-10-20 00:00:00 | 徐璐璐  | 70.0  | 地面脏乱             |
+---------+-----------+---------------------+---------+-------+----------------------+
6 rows in set (0.00 sec)
```

图 4-12 例 4-12 查询结果

【例 4-13】 查询宿舍编号中有"N""B",且"N""B"之间至多有 2 个字符的宿舍基本信息。

```
SELECT *
FROM Dorm
WHERE DormNo REGEXP 'N.{0,2}B';
```

查询结果如图 4-13 所示。

```
+-----------+--------------+--------+--------+---------+----------+-------------+
| DormNo    | Build        | Storey | RoomNo | BedsNum | DormType | Tel         |
+-----------+--------------+--------+--------+---------+----------+-------------+
| LCN02B206 | 龙川南苑02北 | 2      | 206    | 6       | 男       | 15954962783 |
| LCN02B313 | 龙川南苑02北 | 3      | 313    | 6       | 男       | 15954962783 |
| LCN04B310 | 龙川南苑04北 | 3      | 310    | 6       | 女       | NULL        |
| LCN04B408 | 龙川南苑04北 | 4      | 408    | 6       | 女       | 15958969333 |
+-----------+--------------+--------+--------+---------+----------+-------------+
4 rows in set (0.00 sec)
```

图 4-13　例 4-13 查询结果

【例 4-14】 查询楼栋（Build）字段值以"龙川"开头、以"北"结尾的楼栋的宿舍基本信息。

```
SELECT *
FROM Dorm
WHERE Build REGEXP '^(龙川).*北$';
```

查询结果如图 4-14 所示。

```
+-----------+--------------+--------+--------+---------+----------+-------------+
| DormNo    | Build        | Storey | RoomNo | BedsNum | DormType | Tel         |
+-----------+--------------+--------+--------+---------+----------+-------------+
| LCN02B206 | 龙川南苑02北 | 2      | 206    | 6       | 男       | 15954962783 |
| LCN02B313 | 龙川南苑02北 | 3      | 313    | 6       | 男       | 15954962783 |
| LCN04B310 | 龙川南苑04北 | 3      | 310    | 6       | 女       | NULL        |
| LCN04B408 | 龙川南苑04北 | 4      | 408    | 6       | 女       | 15958969333 |
+-----------+--------------+--------+--------+---------+----------+-------------+
4 rows in set (0.00 sec)
```

图 4-14　例 4-14 查询结果

4.1.3　去掉查询结果中重复的行

在实际应用中，如果查询结果中包含重复的行，则必须去掉这些重复的行。去掉查询结果中的重复行，在 SELECT 语句中加上 DISTINCT 短语即可。

去掉查询结果中重复的行和对查询结果排序

其语句格式如下：

```
SELECT DISTINCT 目标列表达式
FROM 表名;
```

【例 4-15】 在 School 数据库中查询期末成绩有不及格的学生的学号。

```
SELECT Sno
FROM Score
WHERE EndScore<60;
```

查询结果如图 4-15 所示。

从查询结果中看到如果某学生有多门课程不及格，则出现完全相同的行。如学号为 202231010100102 的学生因有两门课程不及格，所以出现了重复行。必须去掉查询结果中的重复行，只显示一行。

修改例 4-15 的 SELECT 语句，查询期末成绩有不及格的学生的学号。

```
SELECT DISTINCT Sno
FROM Score
WHERE EndScore<60;
```

查询结果如图 4-16 所示。

图 4-15 例 4-15 查询结果

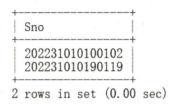

图 4-16 例 4-15 修改后的查询结果

4.1.4 对查询结果排序

1. ORDER BY 子句

如果没有指定查询结果的显示顺序，DBMS 按照记录在表中的先后顺序输出查询结果。可通过 ORDER BY 子句改变查询结果集中记录的显示顺序。其语句格式如下：

```
ORDER BY 排序列名 ASC|DESC
```

ASC 表示按升序排列，DESC 表示按降序排列，其中升序 ASC 为默认值。

ORDER BY 后面可以跟多个排序列名，先按写在前面的列排序，当前面的列值相同时，再按后面的列排序。其语句格式如下：

```
ORDER BY 排序列名1 ASC|DESC,排序列名2 ASC|DESC
```

【例 4-16】在 School 数据库中查询所有学生的详细信息，查询结果按照出生日期降序排列。

```
SELECT *
FROM Student
ORDER BY Birth DESC;
```

查询结果如图 4-17 所示。

```
+-----------------+----------+-----+------------+-----------+
| Sno             | Sname    | Sex | Birth      | ClassNo   |
+-----------------+----------+-----+------------+-----------+
| 202231010100102 | 陈国成   | 男  | 2005-07-18 | 202201001 |
| 202231010100101 | 倪骏     | 男  | 2005-07-05 | 202201001 |
| 202231010190118 | 张小芬   | 女  | 2005-05-24 | 202201901 |
| 202231010100322 | 江苹     | 女  | 2005-05-04 | 202201003 |
| 202231010100321 | 陈虹     | 女  | 2005-03-27 | 202201003 |
| 202231010100208 | 叶毅     | 男  | 2005-01-20 | 202201002 |
| 202231010100207 | 王康俊   | 女  | 2004-12-01 | 202201002 |
| 202231010190119 | 林芳     | 女  | 2004-09-08 | 202201901 |
+-----------------+----------+-----+------------+-----------+
8 rows in set (0.00 sec)
```

图 4-17 例 4-16 查询结果

2. 限制返回行数

若要限制查询结果的行数，可使用 LIMIT 子句。其语句格式如下：

```
LIMIT [位置偏移值,] 行数;
```

位置偏移值可选，表示从哪一行开始显示，若不指定，默认从第一条记录开始，第一条记录的位置偏移值为 0。行数表示返回的记录条数。

例如使用 LIMIT 10，则显示查询结果中最前面的 10 条记录。LIMIT 5,3，则显示从第 6 条记录开始的 3 条记录。

【例 4-17】 在 School 数据库中查询 Student 表中的最前面 2 条记录作为样本数据显示。

```
SELECT *
FROM Student
LIMIT 2;
```

查询结果如图 4-18 所示。

```
+-----------------+--------+-----+------------+-----------+
| Sno             | Sname  | Sex | Birth      | ClassNo   |
+-----------------+--------+-----+------------+-----------+
| 202231010100101 | 倪骏   | 男  | 2005-07-05 | 202201001 |
| 202231010100102 | 陈国成 | 男  | 2005-07-18 | 202201001 |
+-----------------+--------+-----+------------+-----------+
2 rows in set (0.00 sec)
```

图 4-18 例 4-17 查询结果

在实际应用中，LIMIT 子句一般与 ORDER BY 子句结合使用，实现某个值最高或最低的若干条记录的查询。例如网上商城中销量排行前 10 的商品，运动会中比赛成绩前三的记录等。

【例 4-18】 在 School 数据库中查询年龄最大的两名学生的基本信息。

【分析】年龄最大即出生日期最小，表中没有年龄字段，所以按照出生日期（Birth）字段升序排序，返回最前面 2 条记录即可。

```
SELECT *
FROM Student
ORDER BY Birth ASC
LIMIT 2;
```

查询结果如图 4-19 所示。

```
+-----------------+--------+-----+------------+-----------+
| Sno             | Sname  | Sex | Birth      | ClassNo   |
+-----------------+--------+-----+------------+-----------+
| 202231010190119 | 林芳   | 女  | 2004-09-08 | 202201901 |
| 202231010100207 | 王康俊 | 女  | 2004-12-01 | 202201002 |
+-----------------+--------+-----+------------+-----------+
2 rows in set (0.00 sec)
```

图 4-19 例 4-18 查询结果

【任务实施】

在 School 数据库中实现以下查询。

【练习 4-1】 查询所有课程的课程编号、课程名称和课程学分。查询结果如图 4-20 所示。

```
+---------+------------------+--------+
| Cno     | Cname            | Credit |
+---------+------------------+--------+
| 0901020 | 网页设计         | 4.0    |
| 0901025 | 操作系统         | 4.0    |
| 0901038 | 管理信息系统F    | 4.0    |
| 0901169 | 数据库技术与应用1 | 4.0    |
| 0901170 | 数据库技术与应用2 | 4.0    |
| 0901191 | 操作系统原理     | 1.5    |
| 2003001 | 思政概论         | 2.0    |
| 2003003 | 计算机文化基础   | 4.0    |
| 4102018 | 数据库课程设计B  | 1.5    |
+---------+------------------+--------+
9 rows in set (0.00 sec)
```

图 4-20　练习 4-1 查询结果

【练习 4-2】　查询所有班级的详细信息。查询结果如图 4-21 所示。

```
+-----------+-----------+--------------+------------------+-----------+
| ClassNo   | ClassName | College      | Specialty        | EnterYear |
+-----------+-----------+--------------+------------------+-----------+
| 202201001 | 计算机221 | 信息工程学院 | 计算机应用技术   | 2022      |
| 202201002 | 计算机222 | 信息工程学院 | 计算机应用技术   | 2022      |
| 202201003 | 计算机223 | 信息工程学院 | 计算机应用技术   | 2022      |
| 202201901 | 电商221   | 信息工程学院 | 电子商务         | 2022      |
| 202201902 | 电商222   | 信息工程学院 | 电子商务         | 2022      |
| 202205201 | 网络221   | 信息工程学院 | 计算机网络技术   | 2022      |
| 202205202 | 网络222   | 信息工程学院 | 计算机网络技术   | 2022      |
| 202207301 | 软件221   | 信息工程学院 | 软件技术         | 2022      |
+-----------+-----------+--------------+------------------+-----------+
8 rows in set (0.00 sec)
```

图 4-21　练习 4-2 查询结果

【练习 4-3】　查询所有班级的详细信息，并给查询结果各列指定中文别名。查询结果如图 4-22 所示。

```
+-----------+-----------+--------------+------------------+-----------+
| 班级编号  | 班级名称  | 所在学院     | 所属专业         | 入学年份  |
+-----------+-----------+--------------+------------------+-----------+
| 202201001 | 计算机221 | 信息工程学院 | 计算机应用技术   | 2022      |
| 202201002 | 计算机222 | 信息工程学院 | 计算机应用技术   | 2022      |
| 202201003 | 计算机223 | 信息工程学院 | 计算机应用技术   | 2022      |
| 202201901 | 电商221   | 信息工程学院 | 电子商务         | 2022      |
| 202201902 | 电商222   | 信息工程学院 | 电子商务         | 2022      |
| 202205201 | 网络221   | 信息工程学院 | 计算机网络技术   | 2022      |
| 202205202 | 网络222   | 信息工程学院 | 计算机网络技术   | 2022      |
| 202207301 | 软件221   | 信息工程学院 | 软件技术         | 2022      |
+-----------+-----------+--------------+------------------+-----------+
8 rows in set (0.00 sec)
```

图 4-22　练习 4-3 查询结果

【练习 4-4】　查询所有学生的学号、姓名和年龄。查询结果如图 4-23 所示。

```
+------------------+----------+--------+
| 学号             | 姓名     | 年龄   |
+------------------+----------+--------+
| 202231010100101  | 倪骏     | 18     |
| 202231010100102  | 陈国成   | 18     |
| 202231010100207  | 王康俊   | 19     |
| 202231010100208  | 叶毅     | 19     |
| 202231010100321  | 陈虹     | 19     |
| 202231010100322  | 江苹     | 18     |
| 202231010190118  | 张小芬   | 18     |
| 202231010190119  | 林芳     | 19     |
+------------------+----------+--------+
8 rows in set (0.01 sec)
```

图 4-23　练习 4-4 查询结果

【提示】 根据出生日期计算年龄。可使用以下日期和时间函数：返回当前日期的函数 CURRENT_DATE()、计算两个日期相隔年份的函数 TIMESTAMPDIFF(YEAR,smalldate, bigdate)。

计算年龄的表达式为：TIMESTAMPDIFF(YEAR,Birth,CURRENT_DATE())。

【练习 4-5】 查询课程学时超过 50 学时的课程号和课程名称。查询结果如图 4-24 所示。

```
+---------+--------------------+
| Cno     | Cname              |
+---------+--------------------+
| 0901020 | 网页设计           |
| 0901025 | 操作系统           |
| 0901038 | 管理信息系统F      |
| 0901169 | 数据库技术与应用1  |
| 0901170 | 数据库技术与应用2  |
| 2003003 | 计算机文化基础     |
+---------+--------------------+
6 rows in set (0.00 sec)
```

图 4-24　练习 4-5 查询结果

【练习 4-6】 查询所有在 2005 年 5 月 10 日之后（包含 2005 年 5 月 10 日）出生的学生的详细信息。查询结果如图 4-25 所示。

```
+-----------------+--------+------+------------+-----------+
| Sno             | Sname  | Sex  | Birth      | ClassNo   |
+-----------------+--------+------+------------+-----------+
| 202231010100101 | 倪骏   | 男   | 2005-07-05 | 202201001 |
| 202231010100102 | 陈国成 | 男   | 2005-07-18 | 202201001 |
| 202231010190118 | 张小芬 | 女   | 2005-05-24 | 202201901 |
+-----------------+--------+------+------------+-----------+
```

图 4-25　练习 4-6 查询结果

【提示】 DATE 型常量、DATETIME 型常量必须使用单引号或双引号括起来，DATE 型常量常用的表示格式有：'2005-05-10'、'2005/05/10'、'20050510'，切忌写成'2005 年 5 月 10 日'。

【练习 4-7】 查询在 2005 年出生的学生的学号、姓名和出生日期。查询结果如图 4-26 所示。

【练习 4-8】 查询出生日期在 2005 年 1 月 1 日至 2005 年 5 月 30 日之间的学生的学号和姓名。查询结果如图 4-27 所示。

```
+-----------------+--------+------------+
| Sno             | Sname  | Birth      |
+-----------------+--------+------------+
| 202231010100101 | 倪骏   | 2005-07-05 |
| 202231010100102 | 陈国成 | 2005-07-18 |
| 202231010100208 | 叶毅   | 2005-01-20 |
| 202231010100321 | 陈虹   | 2005-03-27 |
| 202231010100322 | 江苹   | 2005-05-04 |
| 202231010190118 | 张小芬 | 2005-05-24 |
+-----------------+--------+------------+
6 rows in set (0.00 sec)
```

图 4-26　练习 4-7 查询结果

```
+-----------------+--------+
| Sno             | Sname  |
+-----------------+--------+
| 202231010100208 | 叶毅   |
| 202231010100321 | 陈虹   |
| 202231010100322 | 江苹   |
| 202231010190118 | 张小芬 |
+-----------------+--------+
4 rows in set (0.00 sec)
```

图 4-27　练习 4-8 查询结果

【练习 4-9】 查询所属专业为"计算机应用技术"和"软件技术"的班级的班级编号、班级名称及入学年份。查询结果如图 4-28 所示。

【练习 4-10】 查询所有姓"陈"且名为单个字的学生的学号和姓名。查询结果如图 4-29 所示。

```
+-----------+------------+-----------+
| ClassNo   | ClassName  | EnterYear |
+-----------+------------+-----------+
| 202201001 | 计算机221  | 2022      |
| 202201002 | 计算机222  | 2022      |
| 202201003 | 计算机223  | 2022      |
| 202207301 | 软件221    | 2022      |
+-----------+------------+-----------+
4 rows in set (0.00 sec)
```

图 4-28　练习 4-9 查询结果

```
+-----------------+--------+
| Sno             | Sname  |
+-----------------+--------+
| 202231010100321 | 陈虹   |
+-----------------+--------+
1 row in set (0.00 sec)
```

图 4-29　练习 4-10 查询结果

【练习 4-11】查询所有课程名称中含有"数据库"的课程的课程编号、课程名称。查询结果如图 4-30 所示。

【练习 4-12】查询所有有选课记录的学生的学号。查询结果如图 4-31 所示。

图 4-30　练习 4-11 查询结果

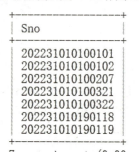

图 4-31　练习 4-12 查询结果

【练习 4-13】查询选修课程编号为"0901170"的课程的学生的学号及其平时成绩，查询结果按照平时成绩升序排列。查询结果如图 4-32 所示。

```
+-----------------+--------+
| Sno             | Uscore |
+-----------------+--------+
| 202231010100102 | 67.0   |
| 202231010100207 | 82.0   |
| 202231010100101 | 95.0   |
+-----------------+--------+
3 rows in set (0.00 sec)
```

图 4-32　练习 4-13 查询结果

【练习 4-14】查询所有学生的详细信息，查询结果按照班级编号升序排列，对同一个班的学生按照学号升序排列。查询结果如图 4-33 所示。

```
+-----------------+--------+-----+------------+-----------+
| Sno             | Sname  | Sex | Birth      | ClassNo   |
+-----------------+--------+-----+------------+-----------+
| 202231010100101 | 倪骏   | 男  | 2005-07-05 | 202201001 |
| 202231010100102 | 陈国成 | 男  | 2005-07-18 | 202201001 |
| 202231010100207 | 王康俊 | 女  | 2004-12-01 | 202201002 |
| 202231010100208 | 叶毅   | 男  | 2005-01-20 | 202201002 |
| 202231010100321 | 陈虹   | 女  | 2005-03-27 | 202201003 |
| 202231010100322 | 江苹   | 女  | 2005-05-04 | 202201003 |
| 202231010190118 | 张小芬 | 女  | 2005-05-24 | 202201901 |
| 202231010190119 | 林芳   | 女  | 2004-09-08 | 202201901 |
+-----------------+--------+-----+------------+-----------+
8 rows in set (0.00 sec)
```

图 4-33　练习 4-14 查询结果

【练习 4-15】 查询所有学生中年龄最大的学生的学号和姓名。查询结果如图 4-34 所示。

【提示】 年龄最大即出生日期最小。

【练习 4-16】 查询课程的平时成绩或期末成绩超过 90 分的学生的学号和课程编号，查询结果按照学号升序排列，学号相同的按照课程编号降序排列。查询结果如图 4-35 所示。

```
+-----------------+--------+
| Sno             | Sname  |
+-----------------+--------+
| 202231010190119 | 林芳   |
+-----------------+--------+
1 row in set (0.00 sec)
```

图 4-34　练习 4-15 查询结果

```
+-----------------+---------+
| Sno             | Cno     |
+-----------------+---------+
| 202231010100101 | 0901170 |
| 202231010100321 | 0901025 |
| 202231010190118 | 0901169 |
+-----------------+---------+
3 rows in set (0.00 sec)
```

图 4-35　练习 4-16 查询结果

【练习 4-17】 查询姓张的女生的详细信息。查询结果如图 4-36 所示。

```
+-----------------+--------+-----+------------+-----------+
| Sno             | Sname  | Sex | Birth      | ClassNo   |
+-----------------+--------+-----+------------+-----------+
| 202231010190118 | 张小芬 | 女  | 2005-05-24 | 202201901 |
+-----------------+--------+-----+------------+-----------+
1 row in set (0.00 sec)
```

图 4-36　练习 4-17 查询结果

【拓展练习】

在 School 数据库中实现以下查询。

【拓展练习 4-1】 从 Dorm 表中查询所有宿舍的详细信息。查询结果如图 4-37 所示。

```
+-----------+--------------+--------+--------+---------+----------+-------------+
| DormNo    | Build        | Storey | RoomNo | BedsNum | DormType | Tel         |
+-----------+--------------+--------+--------+---------+----------+-------------+
| LCB04N101 | 龙川北苑04南 | 1      | 101    | 6       | 男       | 15067078589 |
| LCB04N421 | 龙川北苑04南 | 4      | 421    | 6       | 男       | 13750985609 |
| LCN02B206 | 龙川南苑02北 | 2      | 206    | 6       | 男       | 15954962783 |
| LCN02B313 | 龙川南苑02北 | 3      | 313    | 6       | 男       | 15954962783 |
| LCN04B310 | 龙川南苑04北 | 3      | 310    | 6       | 女       | NULL        |
| LCN04B408 | 龙川南苑04北 | 4      | 408    | 6       | 女       | 15958969333 |
| XSY01111  | 学士苑01     | 1      | 111    | 6       | 女       | 15218761131 |
+-----------+--------------+--------+--------+---------+----------+-------------+
7 rows in set (0.00 sec)
```

图 4-37　拓展练习 4-1 查询结果

【拓展练习 4-2】 从 Live 表中查询学号为'202231010100101'的学生的住宿信息，包含宿舍编号 DormNo、床位号 BedNo 和入住日期 InDate。查询结果如图 4-38 所示。

```
+-----------+-------+------------+
| DormNo    | BedNo | InDate     |
+-----------+-------+------------+
| LCB04N101 | 1     | 2022-09-10 |
+-----------+-------+------------+
1 row in set (0.00 sec)
```

图 4-38　拓展练习 4-2 查询结果

【拓展练习 4-3】 从 Dorm 表中查询所有男生宿舍（宿舍类别 DormType 为'男'）的详细信

息，结果按照楼栋 Build 升序排列，楼栋相同的按照宿舍编号 DormNo 升序排列。查询结果如图 4-39 所示。

```
+-----------+-----------+--------+--------+---------+----------+-------------+
| DormNo    | Build     | Storey | RoomNo | BedsNum | DormType | Tel         |
+-----------+-----------+--------+--------+---------+----------+-------------+
| LCB04N101 | 龙川北苑04南 | 1      | 101    | 6       | 男       | 15067078589 |
| LCB04N421 | 龙川北苑04南 | 4      | 421    | 6       | 男       | 13750985609 |
| LCN02B206 | 龙川南苑02北 | 2      | 206    | 6       | 男       | 15954962783 |
| LCN02B313 | 龙川南苑02北 | 3      | 313    | 6       | 男       | 15954962783 |
+-----------+-----------+--------+--------+---------+----------+-------------+
4 rows in set (0.00 sec)
```

图 4-39　拓展练习 4-3 查询结果

【拓展练习 4-4】 从 Live 表中查询在 2022 年 9 月份入住宿舍的学生的学号 Sno、宿舍编号 DormNo 和床位号 BedNo。查询结果如图 4-40 所示。

```
+-----------------+-----------+-------+
| Sno             | DormNo    | BedNo |
+-----------------+-----------+-------+
| 202231010100101 | LCB04N101 | 1     |
| 202231010100102 | LCB04N101 | 2     |
| 202231010100207 | LCN04B310 | 4     |
| 202231010100208 | LCB04N421 | 2     |
| 202231010100321 | LCN04B408 | 4     |
| 202231010100322 | LCN04B408 | 5     |
| 202231010190118 | XSY01111  | 3     |
| 202231010190119 | XSY01111  | 6     |
+-----------------+-----------+-------+
8 rows in set (0.00 sec)
```

图 4-40　拓展练习 4-4 查询结果

【提示】 入住日期 InDate 字段的数据类型为 DATE，"2022 年 9 月份"这个条件可使用以下任一表达式：
- YEAR(InDate)=2022 AND MONTH(InDate)=9
- InDate>='2022-9-1' AND InDate<='2022-9-30'
- InDate BETWEEN '2022-9-1' AND '2022-9-30'
- InDate>='2022-9-1' AND InDate<'2022-10-1'

【拓展练习 4-5】 从 CheckHealth 表中查询宿舍编号 DormNo 为'LCB04N101'的宿舍在 2022 年 10 月份的卫生检查情况，结果包含检查时间 CheckDate、检查人员 CheckMan、检查成绩 CheckScore 和存在问题 Problem。查询结果如图 4-41 所示。

```
+---------------------+----------+------------+----------+
| CheckDate           | CheckMan | CheckScore | Problem  |
+---------------------+----------+------------+----------+
| 2022-10-20 00:00:00 | 余伟     | 60.0       | 地面脏乱 |
+---------------------+----------+------------+----------+
1 row in set (0.00 sec)
```

图 4-41　拓展练习 4-5 查询结果

【提示】 检查时间 CheckDate 字段的数据类型为 DATETIME，DATE 型常量和 DATETIME 数据类型的字段值比较时，要注意时间部分。

以下两个表达式是错误的：CheckDate>='2022-10-1' AND CheckDate <='2022-10-31'，CheckDate BETWEEN '2022-10-1' AND '2022-10-31'，原因是 CheckDate<='2022-10-31'指的是

CheckDate<='2022-10-31 00:00:00'，没有包括 2022-10-31 这一天的记录。

正确的表达式有：
- YEAR(CheckDate)=2022　AND　MONTH(CheckDate)=10
- DATE(CheckDate)　BETWEEN　'2022-10-1'　AND　'2022-10-31'
- CheckDate>='2022-10-1'　AND　CheckDate <'2022-11-1'

【拓展练习 4-6】 从 CheckHealth 表中查询在 2022 年 10 月 1 日至 2022 年 11 月 30 日之间宿舍卫生检查成绩 CheckScore 在 70~80 分（包含 70 分和 80 分）之间的宿舍编号 DormNo、检查时间 CheckDate 和存在问题 Problem。查询结果如图 4-42 所示。

```
+-----------+---------------------+------------+
| DormNo    | CheckDate           | Problem    |
+-----------+---------------------+------------+
| LCB04N101 | 2022-11-19 00:00:00 | 床上较凌乱 |
| LCN04B310 | 2022-10-20 00:00:00 | 床上较凌乱 |
| XSY01111  | 2022-10-20 00:00:00 | 地面脏乱   |
+-----------+---------------------+------------+
3 rows in set (0.00 sec)
```

图 4-42　拓展练习 4-6 查询结果

【提示】 检查时间 CheckDate 字段的数据类型为 DATETIME，CheckDate<='2022-11-30'指的是 CheckDate<='2022-11-30 00:00:00'。

正确的表达式有：
- CheckDate>='2022-10-1'　AND　CheckDate <'2022-12-1'
- DATE(CheckDate)　BETWEEN　'2022-10-1'　AND　'2022-11-30'

【拓展练习 4-7】 从 Dorm 表中查询在"龙川南苑"的宿舍详细信息。（在"龙川南苑"指楼栋 Build 包含'龙川南苑'）。查询结果如图 4-43 所示。

```
+-----------+------------+--------+--------+---------+----------+-------------+
| DormNo    | Build      | Storey | RoomNo | BedsNum | DormType | Tel         |
+-----------+------------+--------+--------+---------+----------+-------------+
| LCN02B206 | 龙川南苑02北 | 2      | 206    | 6       | 男       | 15954962783 |
| LCN02B313 | 龙川南苑02北 | 3      | 313    | 6       | 男       | 15954962783 |
| LCN04B310 | 龙川南苑04北 | 3      | 310    | 6       | 女       | NULL        |
| LCN04B408 | 龙川南苑04北 | 4      | 408    | 6       | 女       | 15958969333 |
+-----------+------------+--------+--------+---------+----------+-------------+
4 rows in set (0.00 sec)
```

图 4-43　拓展练习 4-7 查询结果

【拓展练习 4-8】 从 Dorm 表中查询宿舍电话 Tel 为空的宿舍的宿舍编号 DormNo、楼栋 Build、楼层 Storey 和房间号 RoomNo。查询结果如图 4-44 所示。

```
+-----------+------------+--------+--------+
| DormNo    | Build      | Storey | RoomNo |
+-----------+------------+--------+--------+
| LCN04B310 | 龙川南苑04北 | 3      | 310    |
+-----------+------------+--------+--------+
1 row in set (0.00 sec)
```

图 4-44　拓展练习 4-8 查询结果

【拓展练习 4-9】 从 Student 表中查询所有学生的学号 Sno、姓名 Sname 和年龄，查询结果按照年龄降序排列。查询结果如图 4-45 所示。

【拓展练习 4-10】 从 CheckHealth 表中查询 2022 年 10 月卫生检查成绩 CheckScore 最高的宿舍的宿舍编号 DormNo 和检查时间 CheckDate。查询结果如图 4-46 所示。

```
+---------------------+--------+--------+
| 学号                | 姓名   | 年龄   |
+---------------------+--------+--------+
| 202231010190119     | 林芳   | 19     |
| 202231010100207     | 王康俊 | 19     |
| 202231010100208     | 叶毅   | 19     |
| 202231010100321     | 陈虹   | 19     |
| 202231010100322     | 江苹   | 18     |
| 202231010190118     | 张小芬 | 18     |
| 202231010100101     | 倪骏   | 18     |
| 202231010100102     | 陈国成 | 18     |
+---------------------+--------+--------+
8 rows in set (0.00 sec)
```

图 4-45　拓展练习 4-9 查询结果

```
+-----------+---------------------+
| DormNo    | CheckDate           |
+-----------+---------------------+
| LCN04B310 | 2022-10-20 00:00:00 |
+-----------+---------------------+
1 row in set (0.00 sec)
```

图 4-46　拓展练习 4-10 查询结果

【任务总结】

整个 SELECT 语句的含义是：从 FROM 子句指定的表中，根据 WHERE 子句的行条件表达式找出满足条件的行（记录），再按 SELECT 子句中的列名或表达式选出记录中的字段值形成查询结果。如果有 ORDER BY 子句，则查询结果按照指定列的值进行升序或降序排列。如果有 LIMIT 子句，按照 LIMIT 限制的行数显示结果。

其语句格式如下：

```
SELECT  [ALL|DISTINCT]  目标列表达式
FROM    表名
[WHERE   行条件表达式]
[ORDER BY  列  [ASC|DESC]]
[LIMIT  [位置偏移值,]  行数];
```

任务 4.2　数据汇总统计

【任务提出】

在对数据表进行查询中，经常会对数据进行统计计算，如统计个数、计算平均值、求最大/最小值、计算总和等操作。另外，还会根据需要对数据进行分组统计汇总，如统计各个班级的人数等操作。

数据汇总统计

【任务分析】

SQL 提供了许多集函数用于对数据进行各种统计计算，其中，GROUP BY 子句能够实现数据分组统计计算。

【相关知识与技能】

4.2.1　使用集函数统计数据

1. 集函数

集函数又称为聚集函数或聚合函数，其作用是对一组值进行计算并返回一条汇总记录。

表 4-3 列出了常用集函数及其功能。

表 4-3　常用集函数

集函数	函数功能
COUNT(*)	统计表中元组的个数
COUNT(列名)	统计该列中非空值的个数（忽略 NULL 值）
COUNT(DISTINCT 列名)	统计该列中去除重复值之后的非空值的个数（忽略 NULL 值）
SUM(列名)	计算该列中值的总和（必须为数值型列，忽略 NULL 值）
AVG(列名)	计算该列中值的平均值（必须为数值型列，忽略 NULL 值）
MAX(列名)	计算该列中值的最大值（忽略 NULL 值）
MIN(列名)	计算该列中值的最小值（忽略 NULL 值）

【注意】
① 以上函数中除 COUNT(*) 外，其他函数在计算过程中都忽略空值 NULL。
② 函数除了对表中现有列进行统计外，也可以对计算表达式的值进行统计计算。

2. 使用集函数汇总数据

【例 4-19】 在 School 数据库中统计 Student 表中学生的记录数。

```
SELECT  COUNT(*)  学生记录数
FROM  Student;
```

查询结果如图 4-47 所示。

【例 4-20】 在 School 数据库中统计出信息工程学院的专业个数。

```
SELECT  COUNT(DISTINCT  Specialty)  信息工程学院专业个数
FROM  Class
WHERE  College='信息工程学院';
```

查询结果如图 4-48 所示。

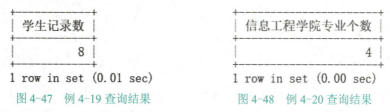

图 4-47　例 4-19 查询结果　　图 4-48　例 4-20 查询结果

4.2.2　分组统计

有时用户需要先将表中的数据分组，再对每个组进行统计计算，而不是对整张表进行计算，如统计各个班级的人数、每门课程的选课人数等计算就需要对数据分组。这就要用到分组子句 GROUP BY。GROUP BY 子句按照指定的列，对查询结果进行分组统计，每一组返回一条统计记录。

GROUP BY 子句的格式如下：

```
GROUP BY 分组列名
```

【例 4-21】 在 School 数据库中统计各班级学生人数。

分析该查询任务，要分班级统计人数，而不能对表记录进行整体统计，所以必须对 Student 表记录进行分组，根据班级编号 ClassNo 进行分组，每一组（即每一个班）返回一条记录。

```
SELECT ClassNo,COUNT(Sno) 班级人数
FROM Student
GROUP BY ClassNo;
```

查询结果如图 4-49 所示。

```
+-----------+----------+
| ClassNo   | 班级人数 |
+-----------+----------+
| 202201001 |        2 |
| 202201002 |        2 |
| 202201003 |        2 |
| 202201901 |        2 |
+-----------+----------+
4 rows in set (0.00 sec)
```

图 4-49　例 4-21 查询结果

【例 4-22】 在 School 数据库中统计各门课程学生的平时成绩平均分、期末成绩平均分。

```
SELECT Cno 课程号,AVG(Uscore) 平时成绩平均分,AVG(EndScore) 期末成绩平均分
FROM Score
GROUP BY Cno;
```

查询结果如图 4-50 所示。

```
+---------+----------------+----------------+
| 课程号  | 平时成绩平均分 | 期末成绩平均分 |
+---------+----------------+----------------+
| 0901025 |       96.00000 |       88.50000 |
| 0901169 |       82.50000 |       68.75000 |
| 0901170 |       81.33333 |       68.50000 |
| 2003003 |       75.00000 |       66.33333 |
+---------+----------------+----------------+
4 rows in set (0.00 sec)
```

图 4-50　例 4-22 查询结果

4.2.3　对组筛选

如果在对查询数据分组后还要对这些组按条件进行筛选，输出满足条件的组，则要用到组筛选子句 HAVING。HAVING 子句一定在 GROUP BY 子句后面。

HAVING 子句的格式如下：

```
HAVING 组筛选条件表达式
```

在 SELECT 语句中，要区分 HAVING 子句和 WHERE 子句。HAVING 子句是对 GROUP BY 分组后的组进行筛选，选择出满足条件的组；而 WHERE 子句是对表中记录进行筛选，选择出满足条件的行。HAVING 子句中可以使用集函数，一般 HAVING 子句中的组筛选条件就有集函数，而 WHERE 子句中绝对不能出现集函数。

【例 4-23】 在 School 数据库中查询出课程选课人数超过 2 的课程编号。

分析该查询任务，判断课程选课人数是否超过 2，首先需要知道各门课程的选课人数，所以先按课程编号 Cno 对 Score 表进行分组。分组统计人数后再选择出满足选课人数超过 2

的组。

```
SELECT Cno
FROM Score
GROUP BY Cno
HAVING COUNT(Sno)>2;
```

查询结果如图 4-51 所示。

【注意】 该查询任务实施前须分析清楚，先进行分组，然后使用 HAVING 子句进行筛选，而不是使用 WHERE 子句，在 WHERE 子句中绝对不能出现集函数。

【例 4-24】 在 School 数据库中查询出所有选修课程的平均期末成绩小于 50 分的学生学号。

```
SELECT Sno
FROM Score
GROUP BY Sno
HAVING AVG(EndScore)<50;
```

查询结果如图 4-52 所示。

图 4-51　例 4-23 查询结果　　　　图 4-52　例 4-24 查询结果

【任务实施】

在 School 数据库中实现以下查询。

【练习 4-18】 查询课程编号为'2003003'的课程的学生期末成绩的最高分和最低分。查询结果如图 4-53 所示。

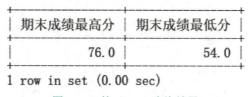

图 4-53　练习 4-18 查询结果

【练习 4-19】 查询学号为'202231010100101'的学生的所有选修课程的平时成绩的总分和平均分。查询结果如图 4-54 所示。

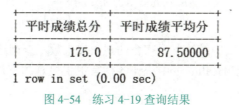

图 4-54　练习 4-19 查询结果

【练习 4-20】 统计各门课程的选课人数。查询结果如图 4-55 所示。

【练习 4-21】 从 Dorm 表中查询所有男宿舍的总床位数。男宿舍指宿舍类别 DormType 值为'男'。查询结果如图 4-56 所示。

图 4-55　练习 4-20 查询结果

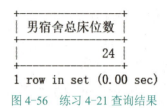

图 4-56　练习 4-21 查询结果

【练习 4-22】 从 CheckHealth 表中查询宿舍编号为'LCB04N101'的宿舍被检查的次数。查询结果如图 4-57 所示。

【练习 4-23】 从 CheckHealth 表中查询 2022 年 11 月份所有被检查宿舍的检查成绩的平均值。查询结果如图 4-58 所示。

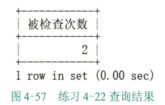

图 4-57　练习 4-22 查询结果

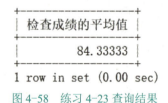

图 4-58　练习 4-23 查询结果

【练习 4-24】 从 Student 表中查询男生的人数。查询结果如图 4-59 所示。

【练习 4-25】 从 Student 表中查询男女生的人数。查询结果如图 4-60 所示。

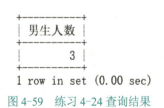

图 4-59　练习 4-24 查询结果

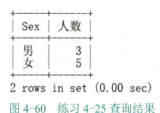

图 4-60　练习 4-25 查询结果

【练习 4-26】 从 Dorm 表中查询出各楼栋的房间数。查询结果如图 4-61 所示。

```
+----------------+------------------+
| Build          | 该楼栋的房间数   |
+----------------+------------------+
| 龙川北苑04南   |                2 |
| 龙川南苑02北   |                2 |
| 龙川南苑04北   |                2 |
| 学士苑01       |                1 |
+----------------+------------------+
4 rows in set (0.00 sec)
```

图 4-61　练习 4-26 查询结果

【练习 4-27】 从 Live 表中统计各个宿舍的现入住人数。查询结果如图 4-62 所示。

【练习 4-28】 从 CheckHealth 表中统计各宿舍卫生检查的平均成绩。查询结果如图 4-63 所示。

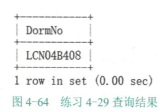

图 4-62 练习 4-27 查询结果

图 4-63 练习 4-28 查询结果

【练习 4-29】 从 CheckHealth 表中查询出 2022 年卫生检查平均成绩超过 90 分的宿舍编号。查询结果如图 4-64 所示。

【练习 4-30】 从 CheckHealth 表中查询出在 2022 年被检查次数超过 1 次的宿舍编号。查询结果如图 4-65 所示。

图 4-64 练习 4-29 查询结果

图 4-65 练习 4-30 查询结果

【任务总结】

若要对数据表的中数据进行统计计算，可使用集函数。若要对数据进行分组统计计算，使用 GROUP BY 子句。若对表中数据分组后还要对这些组按条件进行筛选，输出满足条件的组，则使用 HAVING 子句。SELECT 语句格式如下：

```
SELECT   [ALL|DISTINCT]   目标列表达式
FROM   表名
[WHERE   行条件表达式]
[GROUP   BY   分组列名]
[HAVING   组筛选条件表达式]
[ORDER   BY   排序列名   [ASC|DESC]];
```

任务 4.3 多表连接查询

【任务提出】

在实际应用中，查询往往是针对多张表进行的，可能涉及两张或更多张表。

多表连接查询

【任务分析】

在关系数据库中，将这种涉及两张或两张以上表的查询，称为多表连接查询。多表连接查询是关系数据库中最重要的查询。

连接查询根据返回的连接记录情况，分为"内连接"和"外连接"查询。

【相关知识与技能】

4.3.1 内连接

1. 连接条件

操作演示内连接查询

内连接查询是返回多张表中满足连接条件的记录。根据连接条件中运算符的不同，分为等值连接查询和非等值连接查询。

连接条件是用来连接两张表的条件，指明两张表按照什么条件进行连接，其一般格式如下：

    <表名1.列名1> <比较运算符> <表名2.列名2>

其中比较运算符主要有=、>、>=、<、<=、!=。当比较运算符为"="时，称为等值连接。而用其他运算符的连接，称为非等值连接。其中等值连接是实际应用中最常见的。

【例 4-25】 Student 表和 Score 表的连接条件。

连接条件为 Student 表的主键 Sno 列等于 Score 表的外键 Sno 列。

    Student.Sno=Score.Sno

连接条件的指定可在 FROM 子句或 WHERE 子句中。在旧式的 SQL 语句中，连接条件是在 WHERE 子句中指定的。其一般格式如下：

    FROM 表名1,表名2 WHERE <连接条件>

在 ANSI SQL-92（即 1992 年发布的 SQL 国际标准）中，连接条件是在 FROM 子句中指定的。其一般格式如下：

    FROM 表名1 [INNER] JOIN 表名2 ON <连接条件>

其中 INNER 可以省略。为了将连接条件与 WHERE 子句中可能存在的行选择条件分开，并且确保不会忘记连接条件，建议在 FROM 子句中指定连接条件。

【例 4-26】 在 School 数据库中连接 Student 表和 Score 表，返回两张表中 Sno 相同的记录。

    SELECT *
    FROM Student JOIN Score ON Student.Sno=Score.Sno;

对于在查询引用的多张表中重名的列必须指定表名，即"表名.列名"。如果某个列名在查询引用的多张表中只出现一次，则该列名前可以不指定表名。

查询结果如图 4-66 所示。

Sno	Sname	Sex	Birth	ClassNo	Sno	Cno	Uscore	EndScore
202231010100101	倪骏	男	2005-07-05	202201001	202231010100101	0901170	95.0	92.0
202231010100101	倪骏	男	2005-07-05	202201001	202231010100101	2003003	80.0	76.0
202231010100102	陈国成	男	2005-07-18	202201001	202231010100102	0901170	67.0	45.0
202231010100102	陈国成	男	2005-07-18	202201001	202231010100102	2003003	60.0	54.0
202231010100207	王康俊	女	2004-12-01	202201002	202231010100207	0901170	82.0	NULL
202231010100207	王康俊	女	2004-12-01	202201002	202231010100207	2003003	85.0	69.0
202231010100321	陈虹	女	2005-03-27	202201003	202231010100321	0901025	96.0	88.5
202231010100322	江苹	女	2005-05-04	202201003	202231010100322	0901025	NULL	NULL
202231010190118	张小芬	女	2005-05-24	202201901	202231010190118	0901169	95.0	86.0
202231010190119	林芳	女	2004-09-08	202201901	202231010190119	0901169	70.0	51.5

10 rows in set (0.05 sec)

图 4-66 内连接 Student 表和 Score 表的查询结果

2. 自然连接

上述例 4-26 内部连接 Student 表和 Score 表，连接结果保留两张表中的所有列。从查询结果中可以看出 Sno 列出现了两次，只要保留一个即可。

【例 4-27】 在 School 数据库中查询所有学生的详细信息及选课信息，查询结果包含两张表中的所有列，但去除重复列。

```
SELECT  Student.*,Cno,UScore,EndScore
FROM Student JOIN Score ON Student.Sno=Score.Sno;
```

查询结果如图 4-67 所示。

```
+------------------+--------+-----+------------+-----------+---------+--------+----------+
| Sno              | Sname  | Sex | Birth      | ClassNo   | Cno     | UScore | EndScore |
+------------------+--------+-----+------------+-----------+---------+--------+----------+
| 202231010100101  | 倪骏   | 男  | 2005-07-05 | 202201001 | 0901170 | 95.0   | 92.0     |
| 202231010100101  | 倪骏   | 男  | 2005-07-05 | 202201001 | 2003003 | 80.0   | 76.0     |
| 202231010100102  | 陈国成 | 男  | 2005-07-18 | 202201001 | 0901170 | 67.0   | 45.0     |
| 202231010100102  | 陈国成 | 男  | 2005-07-18 | 202201001 | 2003003 | 60.0   | 54.0     |
| 202231010100207  | 王康俊 | 女  | 2004-12-01 | 202201002 | 0901170 | 82.0   | NULL     |
| 202231010100207  | 王康俊 | 女  | 2004-12-01 | 202201002 | 2003003 | 85.0   | 69.0     |
| 202231010100321  | 陈虹   | 女  | 2005-03-27 | 202201003 | 0901025 | 96.0   | 88.5     |
| 202231010100322  | 江苹   | 女  | 2005-05-04 | 202201003 | 0901025 | NULL   | NULL     |
| 202231010190118  | 张小芬 | 女  | 2005-05-24 | 202201901 | 0901169 | 95.0   | 86.0     |
| 202231010190119  | 林芳   | 女  | 2004-09-08 | 202201901 | 0901169 | 70.0   | 51.5     |
+------------------+--------+-----+------------+-----------+---------+--------+----------+
10 rows in set (0.00 sec)
```

图 4-67 自然连接 Student 表和 Score 表的查询结果

如例 4-27 中的查询，按照两张表中的相同字段进行等值连接，且目标列中去掉了重复列，保留了所有不重复列，将这类等值连接称为自然连接。

3. 给表指定别名

在查询过程中，如果表名比较复杂，可以给表指定别名。指定别名后，该 SELECT 语句中出现该表名的地方就使用别名替代。FROM 子句的格式如下：

```
FROM 表名1 AS 表别名 JOIN 表名2 AS 表别名 ON <连接条件>
```

或者

```
FROM 表名1 表别名 JOIN 表名2 表别名 ON <连接条件>
```

【注意】 在为表取别名时，要保证别名不与数据库中其他表的表名相同。

给例 4-27 中的 Student 表指定表名，语句修改如下：

```
SELECT  s.*,Cno,UScore,EndScore
FROM Student s JOIN Score ON s.Sno=Score.Sno;
```

4. 三张表或更多表的连接

多表连接可能涉及三张表或更多表的连接。连接实现的步骤是：先将两张表进行连接形成虚表 1，然后虚表 1 与第三张表进行连接形成虚表 2，然后虚表 2 与第四张表进行连接形成虚表 3，…，最后对虚表 n 进行查询得出查询结果。连接语句的格式如下：

```
FROM 表名1 [INNER] JOIN 表名2 ON <连接条件> [INNER] JOIN 表名3 ON <连接条件> [INNER] JOIN 表名4 ON <连接条件> …
```

【例 4-28】 在 School 数据库中查询所有学生的学号、姓名、班级名称、选修的课程编号及平时成绩。

实现该查询，可按照以下步骤进行分析逐步实现。

步骤 1：分析查询涉及的表，包括查询条件和查询结果涉及的表。

步骤 2：如果涉及多张表，分析确定表与表之间的连接条件，先将两张表进行连接，然后与第三张表进行连接。

步骤 3：分析查询是针对所有记录还是部分行。如果选择部分行，则确定行选择条件。

步骤 4：分析确定查询目标列表达式。

```
SELECT  Student.Sno,Sname,ClassName,Cno,Uscore
FROM  Class  JOIN  Student  ON  Class.ClassNo = Student.ClassNo
JOIN  Score  ON  Student.Sno=Score.Sno;
```

查询结果如图 4-68 所示。

```
+-----------------+---------+-----------+---------+--------+
| Sno             | Sname   | ClassName | Cno     | Uscore |
+-----------------+---------+-----------+---------+--------+
| 202231010100101 | 倪骏    | 计算机221  | 0901170 | 95.0   |
| 202231010100101 | 倪骏    | 计算机221  | 2003003 | 80.0   |
| 202231010100102 | 陈国成  | 计算机221  | 0901170 | 67.0   |
| 202231010100102 | 陈国成  | 计算机221  | 2003003 | 60.0   |
| 202231010100207 | 王康俊  | 计算机222  | 0901170 | 82.0   |
| 202231010100207 | 王康俊  | 计算机222  | 2003003 | 85.0   |
| 202231010100321 | 陈虹    | 计算机223  | 0901025 | 96.0   |
| 202231010100322 | 江苹    | 计算机223  | 0901025 | NULL   |
| 202231010190118 | 张小芬  | 电商221    | 0901169 | 95.0   |
| 202231010190119 | 林芳    | 电商221    | 0901169 | 70.0   |
+-----------------+---------+-----------+---------+--------+
10 rows in set (0.00 sec)
```

图 4-68　例 4-28 查询结果

5. 自连接查询

如果在一个连接查询中涉及的两张表是同一张表，则这种查询称为自连接查询。在实现过程中，因需要多次使用相同的表，必须给表指定表别名。FROM 子句的格式如下：

```
FROM  表名1  别名1  JOIN  表名2  别名2  ON  <连接条件>
```

【例 4-29】 在 School 数据库中查询出与"陈国成"同班的学生详细信息。

```
SELECT  s2.*
FROM  Student  s1  JOIN  Student  s2  ON  s1.ClassNo=s2.ClassNo
WHERE  s1.Sname='陈国成';
```

4.3.2　外连接

在内连接查询中，只有满足连接条件的记录才能作为结果输出，但有时用户也希望输出不满足连接条件的记录信息，如例 4-27 的 Student 表和 Score 表的连接，查询结果中没有关于 202231010100208 学生的信息，原因在于他没有选课，在 Score 表中没有相应的记录。但是有时想以 Student 表为主体列出每个学生的详细信息及其课程成绩信息，若某个学生没有选课，则只输出他的详细信息，他的课程成绩信息为空值即可。这就需要使用外连接。

操作演示自连接查询和外连接查询

外连接查询是除返回内部连接的记录以外,还在查询结果中返回左表或右表中不满足条件的记录。根据连接时保留表中记录的侧重不同,外连接分为左外连接和右外连接。

两张表内连接、左外连接、右外连接的查询结果如图 4-69 所示。

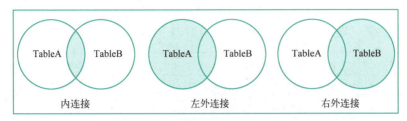

图 4-69　两张表内连接、左外连接、右外连接的查询结果

1. 左外连接

左外连接查询结果集中除返回内部连接的记录以外,还在查询结果中返回左表中不满足连接条件的记录,并在右表的相应列中填上 NULL。

左外连接的一般格式如下:

```
FROM 表名1 LEFT [OUTER] JOIN 表名2 ON <连接条件>
```

【例 4-30】　在 School 数据库中查询所有学生的详细信息及选课信息,如果学生没有选课,也显示其详细信息。

```
SELECT Student.*,Cno,UScore,EndScore
FROM Student LEFT JOIN Score ON Student.Sno=Score.Sno;
```

查询结果如图 4-70 所示。

```
+----------------+--------+-----+------------+-----------+---------+--------+----------+
| Sno            | Sname  | Sex | Birth      | ClassNo   | Cno     | UScore | EndScore |
+----------------+--------+-----+------------+-----------+---------+--------+----------+
| 202231010100101| 倪骏   | 男  | 2005-07-05 | 202201001 | 0901170 | 95.0   | 92.0     |
| 202231010100101| 倪骏   | 男  | 2005-07-05 | 202201001 | 2003003 | 80.0   | 76.0     |
| 202231010100102| 陈国成 | 男  | 2005-07-18 | 202201001 | 0901170 | 67.0   | 45.0     |
| 202231010100102| 陈国成 | 男  | 2005-07-18 | 202201001 | 2003003 | 60.0   | 54.0     |
| 202231010100207| 王康俊 | 女  | 2004-12-01 | 202201002 | 0901170 | 82.0   | NULL     |
| 202231010100207| 王康俊 | 女  | 2004-12-01 | 202201002 | 2003003 | 85.0   | 69.0     |
| 202231010100208| 叶毅   | 男  | 2005-01-20 | 202201002 | NULL    | NULL   | NULL     |
| 202231010100321| 陈虹   | 女  | 2005-03-27 | 202201003 | 0901025 | 96.0   | 88.5     |
| 202231010100322| 江苹   | 女  | 2005-05-04 | 202201003 | 0901025 | NULL   | NULL     |
| 202231010190118| 张小芬 | 女  | 2005-05-24 | 202201901 | 0901169 | 95.0   | 86.0     |
| 202231010190119| 林芳   | 女  | 2004-09-08 | 202201901 | 0901169 | 70.0   | 51.5     |
+----------------+--------+-----+------------+-----------+---------+--------+----------+
11 rows in set (0.00 sec)
```

图 4-70　例 4-30 查询结果

2. 右外连接

和左外连接类似,右外连接查询结果集中除返回内部连接的记录以外,还在查询结果中返回右表中不满足连接条件的记录,并在左表的相应列中填上 NULL。

右外连接的一般格式如下:

```
FROM 表名1 RIGHT [OUTER] JOIN 表名2 ON <连接条件>
```

可将上述例 4-30 的左外连接修改为右外连接来实现。

```
SELECT Student.*,Cno,UScore,EndScore
FROM Score RIGHT JOIN Student ON Student.Sno=Score.Sno;
```

【任务实施】

在 School 数据库中实现以下查询。

【练习 4-31】 查询所有学生选修课程的详细信息，结果包含学号、课程编号、课程名称、课程学分、平时成绩、期末成绩。查询结果如图 4-71 所示。

```
+----------------+---------+----------------+--------+--------+----------+
| Sno            | Cno     | Cname          | Credit | Uscore | EndScore |
+----------------+---------+----------------+--------+--------+----------+
| 202231010100101| 0901170 | 数据库技术与应用2|   4.0  |  95.0  |   92.0   |
| 202231010100101| 2003003 | 计算机文化基础  |   4.0  |  80.0  |   76.0   |
| 202231010100102| 0901170 | 数据库技术与应用2|   4.0  |  67.0  |   45.0   |
| 202231010100102| 2003003 | 计算机文化基础  |   4.0  |  60.0  |   54.0   |
| 202231010100207| 0901170 | 数据库技术与应用2|   4.0  |  82.0  |   NULL   |
| 202231010100207| 2003003 | 计算机文化基础  |   4.0  |  85.0  |   69.0   |
| 202231010100321| 0901025 | 操作系统        |   4.0  |  96.0  |   88.5   |
| 202231010100322| 0901025 | 操作系统        |   4.0  |  NULL  |   NULL   |
| 202231010190118| 0901169 | 数据库技术与应用1|   4.0  |  95.0  |   86.0   |
| 202231010190119| 0901169 | 数据库技术与应用1|   4.0  |  70.0  |   51.5   |
+----------------+---------+----------------+--------+--------+----------+
10 rows in set (0.00 sec)
```

图 4-71 练习 4-31 查询结果

【练习 4-32】 查询计算机 223 班学生的学号和姓名。查询结果如图 4-72 所示。

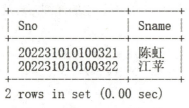

图 4-72 练习 4-32 查询结果

【练习 4-33】 查询课程名称中包含"数据库"的课程的学生成绩，结果包含学号、课程编号、课程名称、平时成绩、期末成绩。查询结果如图 4-73 所示。

```
+----------------+---------+----------------+--------+----------+
| Sno            | Cno     | Cname          | Uscore | EndScore |
+----------------+---------+----------------+--------+----------+
| 202231010190118| 0901169 | 数据库技术与应用1|  95.0  |   86.0   |
| 202231010190119| 0901169 | 数据库技术与应用1|  70.0  |   51.5   |
| 202231010100101| 0901170 | 数据库技术与应用2|  95.0  |   92.0   |
| 202231010100102| 0901170 | 数据库技术与应用2|  67.0  |   45.0   |
| 202231010100207| 0901170 | 数据库技术与应用2|  82.0  |   NULL   |
+----------------+---------+----------------+--------+----------+
5 rows in set (0.00 sec)
```

图 4-73 练习 4-33 查询结果

【练习 4-34】 查询所有课程的课程编号、课程名称和学生平时成绩，按照课程编号的升序排列，如果课程编号相同，按照平时成绩的降序排列。查询结果如图 4-74 所示。

【练习 4-35】 查询期末成绩有不及格的学生的信息，结果包含学号、姓名、班级编号。查询结果如图 4-75 所示。

【练习 4-36】 查询选修"数据库技术与应用 1"课程的学生的人数。查询结果如图 4-76 所示。

【练习 4-37】 统计各专业学生的人数，结果包含专业名称、该专业人数。查询结果如图 4-77 所示。

```
+---------+--------------------+--------+
| Cno     | Cname              | Uscore |
+---------+--------------------+--------+
| 0901025 | 操作系统           |   96.0 |
| 0901025 | 操作系统           |   NULL |
| 0901169 | 数据库技术与应用1  |   95.0 |
| 0901169 | 数据库技术与应用1  |   70.0 |
| 0901170 | 数据库技术与应用2  |   95.0 |
| 0901170 | 数据库技术与应用2  |   82.0 |
| 0901170 | 数据库技术与应用2  |   67.0 |
| 2003003 | 计算机文化基础     |   85.0 |
| 2003003 | 计算机文化基础     |   80.0 |
| 2003003 | 计算机文化基础     |   60.0 |
+---------+--------------------+--------+
10 rows in set (0.00 sec)
```

图 4-74　练习 4-34 查询结果

```
+----------------+--------+-----------+
| Sno            | Sname  | ClassNo   |
+----------------+--------+-----------+
| 202231010100102| 陈国成 | 202201001 |
| 202231010190119| 林芳   | 202201901 |
+----------------+--------+-----------+
2 rows in set (0.00 sec)
```

图 4-75　练习 4-35 查询结果

```
+----------+
| 选修人数 |
+----------+
|        2 |
+----------+
1 row in set (0.00 sec)
```

图 4-76　练习 4-36 查询结果

```
+----------------+------------+
| Specialty      | 该专业人数 |
+----------------+------------+
| 计算机应用技术 |          6 |
| 电子商务       |          2 |
+----------------+------------+
2 rows in set (0.00 sec)
```

图 4-77　练习 4-37 查询结果

【**练习 4-38**】　查询所有学生的学号、姓名、班级名称、选修的课程编号及平时成绩。查询结果如图 4-78 所示。

```
+-----------------+--------+-----------+---------+--------+
| Sno             | Sname  | ClassName | Cno     | Uscore |
+-----------------+--------+-----------+---------+--------+
| 202231010100101 | 倪骏   | 计算机221 | 0901170 |   95.0 |
| 202231010100101 | 倪骏   | 计算机221 | 2003003 |   80.0 |
| 202231010100102 | 陈国成 | 计算机221 | 0901170 |   67.0 |
| 202231010100102 | 陈国成 | 计算机221 | 2003003 |   60.0 |
| 202231010100207 | 王康俊 | 计算机222 | 0901170 |   82.0 |
| 202231010100207 | 王康俊 | 计算机222 | 2003003 |   85.0 |
| 202231010100321 | 陈虹   | 计算机223 | 0901025 |   96.0 |
| 202231010100322 | 江苹   | 计算机223 | 0901025 |   NULL |
| 202231010190118 | 张小芬 | 电商221   | 0901169 |   95.0 |
| 202231010190119 | 林芳   | 电商221   | 0901169 |   70.0 |
+-----------------+--------+-----------+---------+--------+
10 rows in set (0.00 sec)
```

图 4-78　练习 4-38 查询结果

【**练习 4-39**】　查询 202201001 班学生的基本信息及其选课信息，结果包含学号、姓名、性别、课程编号、课程名称。查询结果如图 4-79 所示。

```
+-----------------+--------+-----+---------+--------------------+
| Sno             | Sname  | Sex | Cno     | Cname              |
+-----------------+--------+-----+---------+--------------------+
| 202231010100101 | 倪骏   | 男  | 0901170 | 数据库技术与应用2  |
| 202231010100101 | 倪骏   | 男  | 2003003 | 计算机文化基础     |
| 202231010100102 | 陈国成 | 男  | 0901170 | 数据库技术与应用2  |
| 202231010100102 | 陈国成 | 男  | 2003003 | 计算机文化基础     |
+-----------------+--------+-----+---------+--------------------+
4 rows in set (0.00 sec)
```

图 4-79　练习 4-39 查询结果

【**练习 4-40**】　查询计算机 222 班学生的基本信息及其选课信息，结果包含学号、姓名、性别、课程编号、课程名称。查询结果如图 4-80 所示。

```
+----------------+--------+-----+---------+--------------------+
| Sno            | Sname  | Sex | Cno     | Cname              |
+----------------+--------+-----+---------+--------------------+
| 202231010100207| 王康俊 | 女  | 0901170 | 数据库技术与应用2  |
| 202231010100207| 王康俊 | 女  | 2003003 | 计算机文化基础     |
+----------------+--------+-----+---------+--------------------+
2 rows in set (0.00 sec)
```

图 4-80　练习 4-40 查询结果

【拓展练习】

在 School 数据库中实现以下查询。

【拓展练习 4-11】 从 Dorm 表和 Live 表中查询所有学生的详细住宿信息，结果包含学号 Sno、宿舍编号 DormNo、楼栋 Build、房间号 RoomNo、入住日期 InDate。查询结果如图 4-81 所示。

```
+----------------+-----------+--------------+---------+------------+
| Sno            | DormNo    | Build        | RoomNo  | InDate     |
+----------------+-----------+--------------+---------+------------+
| 202231010100101| LCB04N101 | 龙川北苑04南 | 101     | 2022-09-10 |
| 202231010100102| LCB04N101 | 龙川北苑04南 | 101     | 2022-09-10 |
| 202231010100208| LCB04N421 | 龙川北苑04南 | 421     | 2022-09-10 |
| 202231010100207| LCN04B310 | 龙川南苑04北 | 310     | 2022-09-10 |
| 202231010100321| LCN04B408 | 龙川南苑04北 | 408     | 2022-09-11 |
| 202231010100322| LCN04B408 | 龙川南苑04北 | 408     | 2022-09-20 |
| 202231010190118| XSY01111  | 学士苑01     | 111     | 2022-09-10 |
| 202231010190119| XSY01111  | 学士苑01     | 111     | 2022-09-10 |
+----------------+-----------+--------------+---------+------------+
8 rows in set (0.01 sec)
```

图 4-81　拓展练习 4-11 查询结果

【拓展练习 4-12】 从 Dorm 表和 Live 表中查询住在龙川北苑 04 南楼栋（即字段 Build 的值为'龙川北苑 04 南'）的学生的学号 Sno 和宿舍编号 DormNo。查询结果如图 4-82 所示。

```
+----------------+-----------+
| Sno            | DormNo    |
+----------------+-----------+
| 202231010100101| LCB04N101 |
| 202231010100102| LCB04N101 |
| 202231010100208| LCB04N421 |
+----------------+-----------+
3 rows in set (0.00 sec)
```

图 4-82　拓展练习 4-12 查询结果

【拓展练习 4-13】 从 Dorm 表和 CheckHealth 表中查询所有宿舍在 2022 年 10 月份的卫生检查情况，结果包含楼栋 Build、宿舍编号 DormNo、房间号 RoomNo、检查时间 CheckDate、检查人员 CheckMan、检查成绩 CheckScore、存在问题 Problem。查询结果如图 4-83 所示。

```
+--------------+-----------+--------+---------------------+---------+------------+------------+
| Build        | DormNo    | RoomNo | CheckDate           | CheckMan| CheckScore | Problem    |
+--------------+-----------+--------+---------------------+---------+------------+------------+
| 龙川北苑04南 | LCB04N101 | 101    | 2022-10-20 00:00:00 | 余伟    | 60.0       | 地面脏乱   |
| 龙川南苑04北 | LCN04B310 | 310    | 2022-10-20 00:00:00 | 周轩    | 75.0       | 床上较凌乱 |
| 学士苑01     | XSY01111  | 111    | 2022-10-20 00:00:00 | 徐璐璐  | 70.0       | 地面脏乱   |
+--------------+-----------+--------+---------------------+---------+------------+------------+
3 rows in set (0.00 sec)
```

图 4-83　拓展练习 4-13 查询结果

【拓展练习 4-14】 从 Dorm 表和 CheckHealth 表中查询龙川北苑 04 南楼栋各宿舍的卫生检查平均成绩，结果包含宿舍编号、卫生检查平均成绩。查询结果如图 4-84 所示。

```
+-----------+------------------+
| DormNo    | 卫生检查平均成绩 |
+-----------+------------------+
| LCB04N101 |         70.00000 |
| LCB04N421 |         50.00000 |
+-----------+------------------+
2 rows in set (0.00 sec)
```

图 4-84　拓展练习 4-14 查询结果

【拓展练习 4-15】 从 Dorm 表和 CheckHealth 表中查询龙川北苑 04 南楼栋的宿舍在 2022 年 10 月份的卫生检查情况，结果包含宿舍编号 DormNo、房间号 RoomNo、检查时间 CheckDate、检查人员 CheckMan、检查成绩 CheckScore、存在问题 Problem。查询结果如图 4-85 所示。

```
+-----------+--------+---------------------+---------+------------+----------+
| DormNo    | RoomNo | CheckDate           | CheckMan| CheckScore | Problem  |
+-----------+--------+---------------------+---------+------------+----------+
| LCB04N101 | 101    | 2022-10-20 00:00:00 | 余伟    |      60.0  | 地面脏乱 |
+-----------+--------+---------------------+---------+------------+----------+
1 row in set (0.00 sec)
```

图 4-85　拓展练习 4-15 查询结果

【拓展练习 4-16】 从 Dorm 表和 CheckHealth 表中查询龙川北苑 04 南楼栋的宿舍在 2022 年 12 月份的卫生检查成绩不及格的宿舍个数。查询结果如图 4-86 所示。

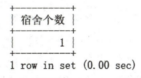

```
+----------+
| 宿舍个数 |
+----------+
|        1 |
+----------+
1 row in set (0.00 sec)
```

图 4-86　拓展练习 4-16 查询结果

【拓展练习 4-17】 从 Dorm 表、Live 表、Student 表中查询所有学生的基本信息及住宿信息，结果包含学号 Sno、姓名 Sname、性别 Sex、宿舍编号 DormNo、楼栋 Build、房间号 RoomNo、入住日期 InDate。查询结果如图 4-87 所示。

```
+-----------------+--------+-----+-----------+----------------+--------+------------+
| Sno             | Sname  | Sex | DormNo    | Build          | RoomNo | InDate     |
+-----------------+--------+-----+-----------+----------------+--------+------------+
| 202231010100101 | 倪骏   | 男  | LCB04N101 | 龙川北苑04南   | 101    | 2022-09-10 |
| 202231010100102 | 陈国成 | 男  | LCB04N101 | 龙川北苑04南   | 101    | 2022-09-10 |
| 202231010100208 | 叶毅   | 男  | LCB04N421 | 龙川北苑04南   | 421    | 2022-09-10 |
| 202231010100207 | 王康俊 | 女  | LCN04B310 | 龙川南苑04北   | 310    | 2022-09-10 |
| 202231010100321 | 陈虹   | 女  | LCN04B408 | 龙川南苑04北   | 408    | 2022-09-11 |
| 202231010100322 | 江苹   | 女  | LCN04B408 | 龙川南苑04北   | 408    | 2022-09-20 |
| 202231010190118 | 张小芬 | 女  | XSY01111  | 学士苑01        | 111    | 2022-09-10 |
| 202231010190119 | 林芳   | 女  | XSY01111  | 学士苑01        | 111    | 2022-09-10 |
+-----------------+--------+-----+-----------+----------------+--------+------------+
8 rows in set (0.00 sec)
```

图 4-87　拓展练习 4-17 查询结果

【拓展练习 4-18】 从 Dorm 表、Live 表、Student 表中学生王康俊的住宿信息，结果包含宿舍编号 DormNo、房间号 RoomNo、入住日期 InDate。查询结果如图 4-88 所示。

```
+-----------+--------+------------+
| DormNo    | RoomNo | InDate     |
+-----------+--------+------------+
| LCN04B310 | 310    | 2022-09-10 |
+-----------+--------+------------+
1 row in set (0.00 sec)
```

图 4-88　拓展练习 4-18 查询结果

【拓展练习 4-19】 从 Dorm 表、Live 表、Student 表、Class 表中查询所有学生的详细信息及住宿信息，结果包含学号 Sno、姓名 Sname、性别 Sex、班级编号 ClassNo、班级名称 ClassName、宿舍编号 DormNo、楼栋 Build、房间号 RoomNo、入住日期 InDate。查询结果如图 4-89 所示。

Sno	Sname	Sex	ClassNo	ClassName	DormNo	Build	RoomNo	InDate
202231010100101	倪骏	男	202201001	计算机221	LCB04N101	龙川北苑04南	101	2022-09-10
202231010100102	陈国成	男	202201001	计算机221	LCB04N101	龙川北苑04南	101	2022-09-10
202231010100208	叶毅	男	202201002	计算机222	LCB04N421	龙川北苑04南	421	2022-09-10
202231010100207	王康俊	女	202201002	计算机222	LCN04B310	龙川南苑04北	310	2022-09-10
202231010100321	陈虹	女	202201003	计算机223	LCN04B408	龙川南苑04北	408	2022-09-11
202231010100322	江苹	女	202201003	计算机223	LCN04B408	龙川南苑04北	408	2022-09-20
202231010190118	张小芬	女	202201901	电商221	XSY01111	学士苑01	111	2022-09-10
202231010190119	林芳	女	202201901	电商221	XSY01111	学士苑01	111	2022-09-10

8 rows in set (0.00 sec)

图 4-89　拓展练习 4-19 查询结果

【拓展练习 4-20】 从 Dorm 表、Live 表、Student 表、Class 表中查询计算机应用技术专业所有学生的入住信息，结果包含学号 Sno、姓名 Sname、性别 Sex、班级编号 ClassNo、班级名称 ClassName、宿舍编号 DormNo、楼栋 Build、房间号 RoomNo、入住日期 InDate。查询结果按照班级编号的升序排列，同班的学生按照学号的升序排列。查询结果如图 4-90 所示。

Sno	Sname	Sex	ClassNo	ClassName	DormNo	Build	RoomNo	InDate
202231010100101	倪骏	男	202201001	计算机221	LCB04N101	龙川北苑04南	101	2022-09-10
202231010100102	陈国成	男	202201001	计算机221	LCB04N101	龙川北苑04南	101	2022-09-10
202231010100207	王康俊	女	202201002	计算机222	LCN04B310	龙川南苑04北	310	2022-09-10
202231010100208	叶毅	男	202201002	计算机222	LCB04N421	龙川北苑04南	421	2022-09-10
202231010100321	陈虹	女	202201003	计算机223	LCN04B408	龙川南苑04北	408	2022-09-11
202231010100322	江苹	女	202201003	计算机223	LCN04B408	龙川南苑04北	408	2022-09-20

6 rows in set (0.00 sec)

图 4-90　拓展练习 4-20 查询结果

【任务总结】

多表连接查询是关系数据库中最重要的查询。连接查询分为内连接查询和外连接查询，其中内连接查询是实际应用中最常用的。

SELECT 语句的一般格式为：

```
SELECT [ALL|DISTINCT] 目标列表达式
FROM 表名1 [JOIN 表名2 ON 表名1.列名1=表名2.列名2]
[WHERE 行条件表达式]
[GROUP BY 分组列名]
[HAVING 组筛选条件表达式]
[ORDER BY 排序列名 [ASC|DESC]];
```

实施查询任务，可按照以下步骤进行分析逐步实现。

步骤 1：分析查询涉及的表，包括查询条件和查询结果涉及的表，确定是单表查询还是多表查询，确定 FROM 子句中的表名。

步骤 2：如果是多表连接查询，分析确定表与表之间的连接条件，即确定 FROM 子句中 ON 后面的连接条件。

步骤 3：分析查询是针对所有记录还是部分行。即对行是否有选择条件，如果是选择部分行,则使用 WHERE 子句,确定 WHERE 子句中的行条件表达式。

步骤 4:分析查询是否要进行分组统计计算。如果需要分组统计,则使用 GROUP BY 子句,确定分组所依据的列。然后分析分组后是否要对组进行筛选,如果需要筛选,则使用 HAVING 子句,确定组筛选条件。

步骤 5:确定查询目标列表达式,即确定查询结果包含的列名或列表达式,确定 SELECT 子句的目标列表达式。

步骤 6:分析是否要对查询结果进行排序,如果需要排序,则使用 ORDER BY 子句,确定排序的列名和排序方式。

任务 4.4　子查询

【任务提出】

当查询涉及多张表时,习惯的做法是使用连接查询,先将涉及的多张表连接起来。对于查询结果只涉及一张表而查询条件涉及其他一张或多张表的查询,除了使用多表连接查询外,还可以使用嵌套查询。

另外,部分查询的条件复杂,如查询选修 "2003003" 课程且平时成绩低于本课程平时成绩平均分的学生学号,查询选修了全部课程的学生姓名。这些查询无法使用多表连接查询实现,需要使用嵌套查询实现。

【任务分析】

在一个 SELECT 语句的 WHERE 子句中的行条件表达式或 HAVING 子句中的组筛选条件中,含有另一个 SEELCT 语句,这种查询称为嵌套查询。

根据内部查询的查询条件是否依赖于外部查询,可将嵌套查询分为相关子查询和不相关子查询。

① 不相关子查询:子查询的查询条件不依赖于父查询,子查询总共执行一次,优先于父查询先执行,执行完毕后将值传递给父查询。

② 相关子查询:带 EXISTS、NOT EXISTS 关键字。子查询不返回任何实际数据,它只产生逻辑真值(TRUE)或逻辑假值(FALSE)。先执行一次父查询,然后执行一次子查询;再执行一次父查询,然后再执行一次子查询……

【相关知识与技能】

4.4.1　不相关子查询

根据外部查询和内部查询连接的关键字,可将不相关子查询分为:
- 带比较运算符的子查询。
- 带 IN、NOT IN 关键字的子查询。

不相关子查询

- 带 ANY、ALL 关键字的子查询。

1. 带比较运算符的子查询

外层查询与内层查询之间可以用>、<、=、>=、<=、!=或<>等比较运算符进行连接。

【例4-31】 在 School 数据库中查询"数据库技术与应用 1"课程学生的选课信息。

```
SELECT *
FROM  Score
WHERE  Cno=(SELECT  Cno
            FROM  Course
            WHERE  Cname='数据库技术与应用1');
```

上述嵌套查询中，内层查询语句"SELECT Cno FROM Course WHERE Cname='数据库技术与应用 1'"是嵌套在外层查询"SELECT * FROM Score WHERE Cno"的 WHERE 条件中的。外层查询又称为父查询，内层查询又称为子查询。

在上述嵌套查询中，先求解出内层查询"SELECT Cno FROM Course WHERE Cname='数据库技术与应用 1'"的结果为"0901169"，然后再求解外层查询"SELECT * FROM Score WHERE Cno='0901169'"的结果。内层查询总共执行一次，执行完毕后将值传递给外层查询。

2. 带 IN、NOT IN 关键字的子查询

在嵌套查询中，子查询的结果往往是一个集合，父查询和子查询之间不能使用"="进行连接，需要使用 IN 关键字，IN 是嵌套查询中最经常使用的关键字。

【例4-32】 在 School 数据库中查询出选修了"0901169"课程的学生的姓名和班级编号。

```
SELECT  Sname,ClassNo
FROM  Student
WHERE  Sno  IN(SELECT  Sno
              FROM  Score
              WHERE  Cno='0901169');
```

【注意】 IN 前面必须有字段名，IN 前面的字段名必须与子查询中 SELECT 后面的字段名对应。

【例4-33】 在 School 数据库中查询出选修"数据库技术与应用 1"课程的学生的姓名和班级编号。

```
SELECT  Sname,ClassNo
FROM  Student
WHERE  Sno  IN(SELECT  Sno
              FROM  Score
              WHERE  Cno= (SELECT  Cno
                          FROM  Course
                          WHERE  Cname='数据库技术与应用1'));
```

【注意】 SQL 语言允许多层嵌套查询，即一个子查询中还可以嵌套其他子查询。需要特别指出的是，子查询的 SELECT 语句中不能使用 ORDER BY 子句，ORDER BY 子句永远只能对最终的查询结果进行排序。

【例4-34】 在 School 数据库中查询出选修"2003003"课程且平时成绩低于本课程平时成

绩平均分的学生的学号。

```
SELECT  Sno
FROM  Score
WHERE  Cno='2003003'  AND  Uscore<(SELECT AVG(Uscore)
                                   FROM  Score
                                   WHERE  Cno='2003003');
```

【例 4-35】 在 School 数据库中查询没有选修 "0901170" 课程的学生的学号和姓名。

```
SELECT  Student.Sno,Sname
FROM  Student  JOIN  Score  ON  Student.Sno=Score.Sno
WHERE  Cno<>'0901170';
```

【注意】以上结果会出错，原因是 WHERE 条件是对表逐行进行判断。判断第一条记录："202231010100101" 选修了 "0901170" 课程，不满足 "Cno<>'0901170'" 条件，舍弃；然后判断第二条记录："202231010100101" 选修了 "2003003" 课程，满足 "Cno<>'0901170'" 条件，"202231010100101" 放到结果集中，结果出错。因此必须使用嵌套查询，可使用带 NOT IN 的子查询。

```
SELECT  Sno,Sname
FROM  Student
WHERE  Sno  NOT  IN( SELECT  Sno
                     FROM  Score
                     WHERE  Cno='0901170');
```

3. 带 ANY、ALL 关键字的子查询

使用 ANY 或 ALL 关键字时必须同时使用比较运算符。相关含义见表 4-4。

表 4-4 关键字及含义

关键字	语义
>ANY	大于子查询结果中的某个值
>ALL	大于子查询结果中的所有值
<ANY	小于子查询结果中的某个值
<ALL	小于子查询结果中的所有值
<=ANY	小于等于子查询结果中的某个值
<=ALL	小于等于子查询结果中的所有值
>=ANY	大于等于子查询结果中的某个值
>=ALL	大于等于子查询结果中的所有值

【例 4-36】 在 School 数据库中查询男生中比任意一个女生年龄都小的男生的姓名和出生日期。

【分析】比任意一个女生年龄都小即出生年日期比任意一个女生都晚（大）。

```
SELECT  Sname,Birth
FROM  Student
WHERE  Sex='男'  AND  Birth>ANY(SELECT  Birth
                                 FROM  Student
                                 WHERE  Sex='女');
```

【例 4-37】 在 School 数据库中查询男生中比所有女生的年龄都小的男生的姓名和出生日期。

```
SELECT  Sname,Birth
FROM  Student
WHERE  Sex='男' AND Birth>ALL(SELECT  Birth
                              FROM  Student
                              WHERE  Sex='女');
```

4.4.2 相关子查询

1. 带 EXISTS、NOT EXISTS 关键字的子查询

【例 4-38】 在 School 数据库中查询选修了 "0901169" 课程的学生的姓名和班级编号。

相关子查询

```
SELECT  Sname,ClassNo
FROM  Student
WHERE  EXISTS(SELECT  *
              FROM  Score
              WHERE  Sno=Student.Sno AND Cno='0901169');
```

【注意】 EXISTS 前面没有字段名，子查询的 SELECT 后为*，子查询中的 WHERE 条件中必须有子查询表和父查询表的连接条件。

相关子查询的查询过程如下。

步骤 1：先检查外层查询中的 Student 表的第一条记录，根据它去判断内层查询结果是否为空，若内层查询结果非空，则 WHERE 子句返回值为 TRUE，将该条记录放入结果表；若内层查询结果为空，则 WHERE 子句返回值为 FALSE，不取该记录。

步骤 2：再依次检查 Student 表中的下一条记录，重复这一过程，直至 Student 表的全部记录检查完毕为止。

【例 4-39】 在 School 数据库中查询没有选修课程 "0901170" 的学生的学号和姓名。

```
SELECT  Sno,Sname
FROM  Student
WHERE  NOT EXISTS(SELECT  *
                  FROM  Score
                  WHERE  Sno=Student.Sno AND Cno='0901170');
```

【例 4-40】 在 School 数据库中查询选修了全部课程的学生姓名。

```
SELECT  Sname
FROM  Student
WHERE  NOT EXISTS (SELECT  *
                   FROM  Course
                   WHERE  NOT EXISTS (SELECT  *
                                      FROM  Score
                                      WHERE  Sno=Student.Sno AND Cno=Course.Cno));
```

2. 带 IN 与 EXISTS 的子查询的区别

IN 是子表，为驱动表，父表为被驱动表，故 IN 适用于子表查询结果集小而父表查询结果集大的情况。

EXISTS 是父表，为驱动表，子表为被驱动表，故 EXISTS 适用于父表查询结果集小而子表查询结果集大的情况。

NOT IN 不对 NULL 进行处理，NOT EXISTS 会对 NULL 值进行处理。当子查询结果中有空值时，即使使用 NOT IN 写了"正确"的脚本，返回的结果也是不正确的，必须使用 NOT EXISTS。

【例 4-41】 子查询结果中有空值时，若使用 NOT IN，则返回结果不正确。

```
DROP DATABASE IF EXISTS CeShi;
CREATE DATABASE CeShi;
USE CeShi;
CREATE TABLE t1(c1 INT,c2 INT);
CREATE TABLE t2(c1 INT,c2 INT);
INSERT INTO t1 VALUES(1,2);
INSERT INTO t1 VALUES(1,3);
INSERT INTO t2 VALUES(1,2);
INSERT INTO t2 VALUES(1,NULL);
#使用NOT IN时没有查询结果，原因是子查询中有空值
SELECT * FROM t1
WHERE c2 NOT IN (SELECT c2 FROM t2);
#使用NOT EXISTS时查询结果正确
SELECT * FROM t1
WHERE NOT EXISTS (SELECT * FROM t2 WHERE t2.c2=t1.c2);
```

【任务实施】

在 School 数据库中实现以下查询。

【练习 4-41】 查询出与陈国成同班的学生的详细信息。查询结果如图 4-91 所示。

```
+-----------------+--------+-----+------------+-----------+
| Sno             | Sname  | Sex | Birth      | ClassNo   |
+-----------------+--------+-----+------------+-----------+
| 202231010100101 | 倪骏   | 男  | 2005-07-05 | 202201001 |
| 202231010100102 | 陈国成 | 男  | 2005-07-18 | 202201001 |
+-----------------+--------+-----+------------+-----------+
2 rows in set (0.01 sec)
```

图 4-91 练习 4-41 查询结果

【练习 4-42】 查询计算机 223 班学生的学号和姓名。查询结果如图 4-92 所示。

```
+-----------------+-------+
| sno             | sname |
+-----------------+-------+
| 202231010100321 | 陈虹  |
| 202231010100322 | 江苹  |
+-----------------+-------+
2 rows in set (0.00 sec)
```

图 4-92 练习 4-42 查询结果

【练习 4-43】 查询期末成绩有不及格的学生的信息，结果包含学号、姓名、班级编号。查

询结果如图 4-93 所示。

【练习 4-44】查询选修了"数据库技术与应用 1"课程的学生的人数。查询结果如图 4-94 所示。

```
+-----------------+--------+-----------+
| sno             | sname  | classno   |
+-----------------+--------+-----------+
| 202231010100102 | 陈国成 | 202201001 |
| 202231010190119 | 林芳   | 202201901 |
+-----------------+--------+-----------+
2 rows in set (0.00 sec)
```

图 4-93　练习 4-43 查询结果

```
+----------+
| 选修人数 |
+----------+
|        2 |
+----------+
1 row in set (0.00 sec)
```

图 4-94　练习 4-44 查询结果

【练习 4-45】查询选修了课程名称中包含"数据库"的课程的学生成绩，结果包含学号、课程编号、平时成绩、期末成绩。查询结果如图 4-95 所示。

```
+-----------------+---------+--------+----------+
| Sno             | Cno     | Uscore | EndScore |
+-----------------+---------+--------+----------+
| 202231010190118 | 0901169 |   95.0 |     86.0 |
| 202231010190119 | 0901169 |   70.0 |     51.5 |
| 202231010100101 | 0901170 |   95.0 |     92.0 |
| 202231010100102 | 0901170 |   67.0 |     45.0 |
| 202231010100207 | 0901170 |   82.0 |     NULL |
+-----------------+---------+--------+----------+
5 rows in set (0.00 sec)
```

图 4-95　练习 4-45 查询结果

【练习 4-46】查询选课人数超过 2 的课程的课程名称、课程学分。查询结果如图 4-96 所示。

```
+------------------+--------+
| cname            | credit |
+------------------+--------+
| 数据库技术与应用2 |    4.0 |
| 计算机文化基础    |    4.0 |
+------------------+--------+
2 rows in set (0.00 sec)
```

图 4-96　练习 4-46 查询结果

【拓展练习】

xuesheng 数据库中的表结构如下。

学生表：Student（Sno，Sname，Ssex，Sbirthday，Sdept），Student 由学号（Sno）、姓名（Sname）、性别（Ssex）、出生日期（Sbirthday）、所在系（Sdept）五个属性组成，其中 Sno 为主键。

课程表：Course（Cno，Cname，Teacher），Course 由课程号（Cno）、课程名称（Cname）、任课教师（Teacher）三个属性组成，其中 Cno 为主键。

学生选课表：SC（Sno，Cno，Grade），SC 由学号（Sno）、课程号（Cno）、成绩（Grade）三个属性组成，主键为（Sno,Cno）。

创建数据库、创建表、添加记录的 SQL 语句如下：

```
DROP DATABASE IF EXISTS xuesheng;
CREATE DATABASE xuesheng;
```

```sql
USE xuesheng;
CREATE TABLE Student
(Sno VARCHAR(10) NOT NULL PRIMARY KEY,
Sname VARCHAR(10) NOT NULL,
Ssex CHAR(2) NOT NULL,
Sbirthday DATETIME NOT NULL,
Sdept VARCHAR(20)
);
CREATE TABLE Course
(Cno VARCHAR(10) NOT NULL PRIMARY KEY,
Cname VARCHAR(20) NOT NULL,
Teacher VARCHAR(20)
);
CREATE TABLE SC
(Sno VARCHAR(10) NOT NULL,
Cno VARCHAR(10) NOT NULL,
Grade INT,
PRIMARY KEY (Sno,Cno),
FOREIGN KEY(Sno) REFERENCES Student(Sno),
FOREIGN KEY(Cno) REFERENCES Course(Cno)
);
INSERT INTO Student
VALUES('1001','欧阳平','女','2005-1-1','计算机'),('1002','张三','男','2004-10-1','应用电子'),('1003','李阳','男','2004-12-10','应用电子'),('1004','刘晨','女','2005-8-10','计算机');
INSERT INTO Course
VALUES('C01','税收基础','李明'),('C02','delphi 编程','李 2'),('C03','数据库原理','李 3'),('C04','VB 程序设计','李 4');
INSERT INTO SC
VALUES('1001','C01',60),('1001','C02',50),('1001','C03',80),('1001','C04',50),('1002','C01',90),('1003','C02',75);
```

在 xuesheng 数据库中实现以下查询。

【拓展练习 4-21】 查询选修了"税收基础"课程的学生的学号和姓名。查询结果如图 4-97 所示。

【拓展练习 4-22】 查询没有选修"C01"课程的学生的学号和姓名。查询结果如图 4-98 所示。

图 4-97 拓展练习 4-21 查询结果　　图 4-98 拓展练习 4-22 查询结果

【拓展练习 4-23】 查询选修了全部课程的学生的学号和姓名。查询结果如图 4-99 所示。

【拓展练习 4-24】 查询没有选修过"李明"老师讲授课程的所有学生的学号和姓名。查询结果如图 4-100 所示。

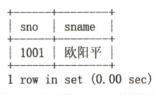

图 4-99　拓展练习 4-23 查询结果

图 4-100　拓展练习 4-24 查询结果

【拓展练习 4-25】　查询有两门以上（含两门）课程不及格的学生的学号及其所有选修课程的平均成绩。查询结果如图 4-101 所示。

【拓展练习 4-26】　查询既学过"C01"课程，又学过"C02"课程的所有学生的姓名。查询结果如图 4-102 所示。

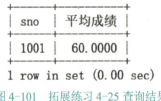

图 4-101　拓展练习 4-25 查询结果

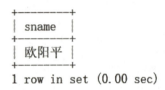

图 4-102　拓展练习 4-26 查询结果

【拓展练习 4-27】　查询选修了"C01"课程且成绩比"C02"课程的某一学生成绩高的学生的学号。查询结果如图 4-103 所示。

【拓展练习 4-28】　查询选修了"C01"课程且成绩比"C02"课程的所有学生成绩都高的学生的学号。查询结果如图 4-104 所示。

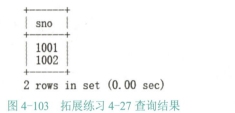

图 4-103　拓展练习 4-27 查询结果

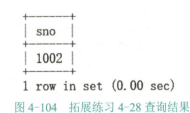

图 4-104　拓展练习 4-28 查询结果

【任务总结】

关于如何选择连接查询和嵌套查询的总结如下。

当查询结果只涉及一张表而查询条件涉及其他表时，既可以使用连接查询，又可以使用嵌套查询，建议采用连接查询。

当查询结果涉及多张表时，必须采用连接查询。部分查询的条件选择只能使用嵌套查询。

任务 4.5　数据更新

【任务提出】

除常用的查询操作外，对数据的操作还包括插入数据、修改数

数据更新

据、删除数据等操作。插入数据、修改数据、删除数据的操作统称为数据更新。

【任务分析】

在数据操作中，操作的对象都是记录，而不是记录中的某个数据。所以插入数据指往表中插入一条记录或多条记录，修改数据指对表中现有记录进行修改，删除数据指删除指定的记录。插入记录对应的 SQL 语句是 INSERT 语句，修改记录对应的 SQL 语句是 UPDATE 语句，删除记录对应的 SQL 语句是 DELETE 语句。

【相关知识与技能】

4.5.1 插入数据

1. 插入记录

插入记录分为两种形式：一种是插入一条记录；另一种是插入查询结果，根据查询结果插入一条或多条记录。

插入一条记录的 INSERT 语句的格式如下：

```
INSERT INTO 表名[(列名1,列名2,…,列名n)]
VALUES(常量1,…,常量n)[,(常量1,…,常量n)];
```

其功能是将 VALUES 后面的常量插入到表中新记录的对应列中。其中常量 1 插入到表新记录的列名 1 对应的列中，常量 2 插入到列名 2 对应的列中，…，常量 n 插入到列名 n 对应的列中，即表名后面列名的顺序与 VALUES 后面常量的顺序须逐一对应。

在 MySQL 中，一次可以同时插入多条记录，在 VALUES 后以逗号分隔即可。

【例 4-42】 往 School 数据库的 Class 表中插入以下记录（见表 4-5）。

表 4-5 例 4-42 插入的记录

ClassNo	ClassName	College	Specialty	EnterYear
202307301	软件 231	信息工程学院	软件技术	2023

```
USE School;
INSERT INTO Class
VALUES('202307301','软件 231','信息工程学院','软件技术',2023);
```

【例 4-43】 往 School 数据库的 Course 表中插入以下记录（见表 4-6）。

表 4-6 例 4-43 插入的记录

Cno	Cname	Credit	CourseHour
2005005	C++\Python	2.0	60

```
INSERT INTO Course
VALUES('2005005','C++\\Python',2.0,60);
```

【注意】 \是 MySQL 的转义字符，若表中记录值带有\符号，如"C++\Python"，编写 INSERT 语句时必须写为"C++\\Python"。

2. 往已有表中插入查询结果

可通过插入查询结果一次性成批插入大量数据。插入子查询结果的 INSERT 语句的格式如下：

```
INSERT INTO 表名[(列名1,列名2,…,列名n)]
SELECT 查询语句;
```

其功能是将 SELECT 语句的查询结果插入到表中。但前提是该表必须已经存在，而且表中的字段数据类型和长度都要与查询结果中的字段一致。

【例 4-44】 假如在 School 数据库中已为"202201001"班级的学生单独建了一个空表 JSJ，其中包含学号、姓名、性别和班级编号四个字段，字段的数据类型和长度都与 Student 表相同，现要从 Student 表中查询该班学生信息并将其插入到 JSJ 表中。

```
INSERT INTO JSJ (Sno,Sname,Sex,ClassNo)
SELECT Sno,Sname,Sex,Birth
FROM Student
WHERE ClassNo='202201001';
```

3. 生成一张新表并插入查询结果

语句格式如下：

```
CREATE TABLE 新表名
[AS]
SELECT 语句;
```

语句中的 AS 可以省略。其功能是创建一个新表，并将查询结果存放到该新表中。新表不能事先存在，新表的结构（包括列名、数据类型和长度）由 SELECT 语句决定，原表中的约束不会被复制。

MySQL 临时表在需要保存一些临时数据时非常有用。临时表只在当前连接可见，当关闭连接时，MySQL 会自动删除表并释放所有空间。临时表的定义和数据都保存在内存中，使用 SHOW TABLES 命令无法查看临时表，可以通过 SELECT 语句查看临时表中的记录。

创建临时表的语句与创建表语句类似，不同之处是增加关键字 TEMPORARY。将查询结果存放到临时表的语句格式如下：

```
CREATE TEMPORARY TABLE 临时表名
[AS]
SELECT 语句;
```

【例 4-45】 在 School 数据库中查询班级编号为"202201002"的班级的学生信息，将查询结果存放到临时表中，表名为"JSJ2"。

```
CREATE TEMPORARY TABLE JSJ2
SELECT Sno,Sname,Sex,Birth
FROM Student
WHERE ClassNo='202201002';
```

【例 4-46】 若表中有很多重复的记录，必须删除表中的重复行，可使用临时表实现。

测试数据库如下。

```
DROP DATABASE IF EXISTS CeShi;
```

使用临时表删除表中重复行

```sql
CREATE DATABASE CeShi;
USE CeShi;
CREATE TABLE IF NOT EXISTS Student
(Sno VARCHAR(50) NOT NULL,
Sname VARCHAR(50) NOT NULL,
Sex VARCHAR(10) NOT NULL,
Birth DATE,
ClassNo VARCHAR(50) NOT NULL
);
INSERT INTO Student VALUES('202231010100101','倪骏','男','2005/7/5','202201001');
INSERT INTO Student VALUES('202231010100102','陈国成','男','2005/7/18','202201001');
INSERT INTO Student VALUES('202231010100207','王康俊','女','2004/12/1','202201002');
INSERT INTO Student VALUES('202231010100208','叶毅','男','2005/1/20','202201002');
INSERT INTO Student VALUES('202231010100321','陈虹','女','2005/3/27','202201003');
INSERT INTO Student VALUES('202231010100322','江苹','女','2005/5/4','202201003');
INSERT INTO Student VALUES('202231010190118','张小芬','女','2005/5/24','202201901');
INSERT INTO Student VALUES('202231010190119','林芳','女','2004/9/8','202201901');
INSERT INTO Student VALUES('202231010100101','倪骏','男','2005/7/5','202201001');
INSERT INTO Student VALUES('202231010100102','陈国成','男','2005/7/18','202201001');
INSERT INTO Student VALUES('202231010100207','王康俊','女','2004/12/1','202201002');
INSERT INTO Student VALUES('202231010100208','叶毅','男','2005/1/20','202201002');
INSERT INTO Student VALUES('202231010100321','陈虹','女','2005/3/27','202201003');
INSERT INTO Student VALUES('202231010100322','江苹','女','2005/5/4','202201003');
INSERT INTO Student VALUES('202231010190118','张小芬','女','2005/5/24','202201901');
INSERT INTO Student VALUES('202231010190119','林芳','女','2004/9/8','202201901');
INSERT INTO Student VALUES('202231010100101','倪骏','男','2005/7/5','202201001');
INSERT INTO Student VALUES('202231010100102','陈国成','男','2005/7/18','202201001');
INSERT INTO Student VALUES('202231010100207','王康俊','女','2004/12/1','202201002');
```

```
    INSERT INTO Student VALUES('202231010100208','叶毅','男','2005/1/20',
'202201002');
    INSERT INTO Student VALUES('202231010100321','陈虹','女','2005/3/27',
'202201003');
    INSERT INTO Student VALUES('202231010100322','江苹','女','2005/5/4',
'202201003');
    INSERT INTO Student VALUES('202231010190118','张小芬','女','2005/5/24',
'202201901');
    INSERT INTO Student VALUES('202231010190119','林芳','女','2004/9/8',
'202201901');
```

① 将 Student 表中不重复的行存放到临时表中。

```
    CREATE TEMPORARY TABLE s
    SELECT DISTINCT * FROM Student;
```

② 删除 Student 表中的所有记录。

```
    DELETE FROM Student;
```

③ 将临时表中的记录添加到 Student 表中。

```
    INSERT INTO Student
    SELECT * FROM s;
```

④ 可以手动删除临时表，也可以不删除临时表，当关闭连接时，MySQL 会自动删除表并释放所有空间。

```
    DROP TABLE s;
```

4.5.2 修改数据

UPDATE 语句的作用是对指定表中的现有记录进行修改。其语句格式如下：

```
    UPDATE 表名
    SET 列名1=<修改后的值>[,列名2=<修改后的值>,…]
    [WHERE 行条件表达式]
    [ORDER BY 排序列名]
    [LIMIT 行数];
```

其功能是对表中满足 WHERE 条件的记录进行修改，由 SET 子句将修改后的值替换相应列的值。若不使用 WHERE 子句，则修改所有记录中指定列的值。<修改后的值>可以是具体的常量值，也可以是表达式。ORDER BY 子句用于按指定的顺序更新行。LIMIT 子句限制可更新的行数。

【例 4-47】 在 School 数据库中将 Sno 为 "202231010100102"、Cno 为 "0901170" 的学生的平时成绩修改为 80 分。

```
    UPDATE Score
    SET Uscore=80
    WHERE Sno='202231010100102' AND Cno='0901170';
```

【例 4-48】 将选修 "0901170" 课程的平时成绩最低的 2 位学生的平时成绩提高 2 分。

```
UPDATE  Score
SET  Uscore=Uscore+2
WHERE  Cno='0901170'
ORDER  BY  Uscore  ASC
LIMIT  2;
```

4.5.3 删除数据

DELETE 语句的作用是删除指定表中满足条件的记录。其语句格式如下：

```
DELETE  FROM  表名
[WHERE  行条件表达式]
[ORDER  BY  排序列名]
[LIMIT  行数];
```

其功能是删除表中满足 WHERE 条件的所有记录。如果不使用 WHERE 子句，则删除表中的所有记录。ORDER BY 子句用于按指定的顺序删除行。LIMIT 子句限制最大可删的行数。

【例 4-49】 在 School 数据库中删除 Sno 为"202231010100102"的学生选修课程编号为"0901170"的课程的选课记录。

```
DELETE  FROM  Score
WHERE  Sno='202231010100102'  AND  Cno='0901170';
```

除了使用 DELETE 语句删除表中的记录外，还可以使用 TRUNCATE 语句一次性删除表中所有记录，语句格式如下：

```
TRUNCATE  [TABLE]  表名;
```

其中 TABLE 可以省略。

TRUNCATE 语句一次性从表中删除所有的数据，并不把删除操作记入日志保存，删除的记录不能恢复；在删除过程中不会激活与表有关的删除触发器；执行速度快。

另外，对于被 FOREIGN KEY 约束参照的表，不能使用 TRUNCATE 语句。

而 DELETE 语句执行删除的过程是每次从表中删除一行，并且同时将该行的删除操作作为事务记录在日志中保存以便进行回滚操作。

若要删除被参照表的记录或只要删除表中的部分记录，只能使用 DELETE 语句。

4.5.4 更新多张表的数据

在实际操作中，会涉及使用其他表列的数据更新指定的列、删除多表记录等操作。UPDATE 语句可修改多张表的字段值，DELETE 语句可删除多张表中的记录。若更新记录时对记录的选择条件涉及其他表，也可使用子查询实现。

1. 修改多张表的记录

UPDATE 语句可修改多张表的字段值，可使用其他表列的数据修改指定的列。

语句格式如下：

```
UPDATE  表1,表2,…
SET  表1.列1=值1,表2.列1=值2,表1.列2=表2.列3,…
```

```
WHERE    多表连接条件和行条件表达式;
```

【例 4-50】 在 School 数据库中将课程"数据库技术与应用 1"的课程学时改为 60,并将选修了该课程的学生的平时成绩增加 2 分。

```
UPDATE  Score,Course
SET  CourseHour=60,Uscore=Uscore+2
WHERE  Score.Cno=Course.Cno  AND  Cname='数据库技术与应用1';
```

【例 4-51】 在 School 数据库中将课程"数据库技术与应用 1"的所有期末成绩置为 0 分。

```
UPDATE  Score,Course
SET  EndScore=0
WHERE  Score.Cno=Course.Cno  AND  Cname='数据库技术与应用1';
```

2. 删除多张表的记录

可以在 DELETE 语句中指定多张表,根据 WHERE 子句中的条件从多张表中删除行。
语句格式如下:

```
DELETE   要删除记录的表名,…
FROM  表名1  [INNER]  JOIN 表名2  ON  <连接条件>…
WHERE  行条件表达式;
```

其中 DELETE 后面的表名是要删除记录的表。FROM 后面的表名是涉及的所有表(即要删除记录的表和条件涉及的表)的连接。

【例 4-52】 在 School 数据库中删除课程名称包含"数据库"的所有选课记录(使用连接查询)。

```
DELETE  Score
FROM  Score  JOIN  Course  ON  Score.Cno=Course.Cno
WHERE  Cname  REGEXP   '数据库';
```

【例 4-53】 在 School 数据库中删除 Course 表中与 Score 表不匹配的行,即 Course 表中没有选课记录的课程的基本信息。

```
DELETE  Course
FROM  Course  LEFT  JOIN  Score  ON  Course.Cno=Score.Cno
WHERE  Score.Cno  IS  NULL;
```

3. 使用子查询

带子查询的数据更新

若更新记录时对记录的选择条件涉及其他表,可使用子查询实现。子查询除了可以嵌套在 SELECT 语句中,也可以嵌套在 UPDATE 语句的 WHERE 子句或 SET 子句中,还可以嵌套在 DELETE 语句中,用以构造执行删除操作的条件。

【例 4-54】 在 School 数据库中将课程"数据库技术与应用 1"的所有期末成绩置为空。

```
UPDATE  Score
SET  EndScore=NULL
WHERE  Cno=(SELECT  Cno
            FROM  Course
            WHERE  Cname='数据库技术与应用1');
```

【例 4-55】 在 School 数据库中将学号为"202231010100207"的学生转到"电商 221"班。

```
UPDATE Student
SET ClassNo=(SELECT ClassNo
             FROM Class
             WHERE ClassName='电商 221')
WHERE Sno='202231010100207';
```

【例 4-56】 在 School 数据库中删除课程名称包含"数据库"的所有选课记录（使用子查询）。

```
USE School;
DELETE FROM Score
WHERE Cno IN(SELECT Cno
             FROM Course
             WHERE Cname REGEXP '数据库');
```

【例 4-57】 在 School 数据库的 Score 表中删除课程选课人数小于 3 的选课记录。

```
USE School;
DELETE FROM Score
WHERE Cno IN(SELECT Cno
             FROM Score
             GROUP BY Cno
             HAVING COUNT(Sno)<3);
```

报如下错误：[Err] 1093 - You can't specify target table 'Score' for update in FROM clause。

原因是在 MySQL 中，不能先用 SELECT 语句查询一张表的记录，再将此作为条件对同一张表进行更新或删除。

解决办法是给 SELECT 语句的查询结果取表别名，再对它用 SELECT 语句查询一遍，这样就规避了同一张表的问题。

修改上述代码如下：

```
DELETE FROM Score
WHERE Cno IN(SELECT Cno
             FROM
                 (SELECT Cno
                 FROM Score
                 GROUP BY Cno
                 HAVING COUNT(Sno)<3) s );
                 #给 SELECT 语句的查询结果取表别名 s
```

【例 4-58】 例 4-46 中的表中有很多重复的记录，需要删除表中的重复行。实现思路 1 是使用临时表；实现思路 2 是添加一个属性值自动增加的字段。

实现思路 2：

① 添加一个属性值自动增加的字段。

```
ALTER TABLE Student
ADD ID INT AUTO_INCREMENT PRIMARY KEY;
```

② 保留 ID 最大或 ID 最小的记录。

```
DELETE FROM Student
```

```
                WHERE  ID  NOT  IN(SELECT  mid
                              FROM
                                    (SELECT  MIN(ID)  mid
                                    FROM  Student
                                    GROUP  BY  Sno)  t);
```

③ 删除 ID 字段。

```
                ALTER  TABLE  Student  DROP  COLUMN  ID;
```

【任务实施】

在 School 数据库中完成以下操作。

【练习 4-47】 往 Class 表中插入以下记录（见表 4-7）。

表 4-7 例 4-47 插入的记录

ClassNo	ClassName	College	Specialty	EnterYear
202301001	计算机 231	信息工程学院	计算机应用技术	2023
202301002	计算机 232	信息工程学院	计算机应用技术	2023

【练习 4-48】 往宿舍表 Dorm 中添加宿舍信息。

【练习 4-49】 往入住表 Live 中添加入住宿舍的信息。

【练习 4-50】 从 Dorm 表、Live 表、Student 表、Class 表中查询"计算机应用技术"专业所有学生的入住信息，结果包含学号（Sno）、姓名（Sname）、班级名称（ClassName）、宿舍编号（DormNo）、楼栋（Build）、房间号（RoomNo）、入住日期（InDate），并将查询结果存放到临时表 ApplicationLive 中。

【练习 4-51】 从 Dorm 表、CheckHealth 表中查询"龙川北苑 04 南"楼栋各宿舍的卫生检查平均成绩，结果包含宿舍编号和平均成绩，并将查询结果存放到临时表 NanCheck 中。

【练习 4-52】 将 Sno 为"202231010100102"、Cno 为"0901170"的期末成绩修改为 60 分。

【练习 4-53】 增加 Sno 为"202231010100207"、Cno 为"0901170"的期末成绩为 90 分。

【练习 4-54】 增加 Sno 为"202231010100322"、Cno 为"0901025"的平时成绩为 80 分，期末成绩为 84 分。

【练习 4-55】 将课程编号为"2003003"且期末成绩小于 90 分的学生的期末成绩统一加 10 分。

【练习 4-56】 在 Dorm 表中增加宿舍编号为"LCN04B310"的宿舍电话，电话号码为"82266777"。

【练习 4-57】 删除学号为"202231010100322"的学生选修"0901025"课程的选课记录。

【练习 4-58】 从 Course 表中删除课程名称为"思政概论"的记录。

【练习 4-59】 将课程"数据库技术与应用 1"的所有课程期末成绩置为 0 分。

【练习 4-60】 删除课程名称包含"数据库"的所有课程的选课记录。

【练习 4-61】 将计算机 221 班的学生调到计算机 222 班。

【练习 4-62】 将王康俊同学的所有课程的平时成绩加 5 分。

【练习 4-63】 将"龙川北苑 04 南"楼栋所有宿舍在 2022 年 12 月份期间的检查成绩加 8 分。

【任务总结】

数据更新包括插入记录、修改记录和删除记录。插入记录的 SQL 语句为 INSERT 语句，修改记录的语句为 UPDATE 语句，删除记录的语句为 DELETE 语句。对表数据更新时，要满足数据完整性。执行 DELETE 语句进行删除操作时尤其要慎重，以免误删数据。

任务 4.6 级联更新、级联删除

【任务提出】

级联更新、级联删除

InnoDB 存储引擎支持外键，为保证表间数据的一致性，往往会设置外键约束。因此，对表数据的操作必须满足参照完整性。如果要删除的主表记录在从表中存在相关记录，则不能直接删除主表中的该记录。如果要修改的字段设置过表间关系，也要保证修改后的值满足参照完整性。

【任务分析】

本任务采用级联更新、级联删除的方法实现主表和从表中相关记录的更新、删除。

【相关知识与技能】

4.6.1 级联更新

级联更新指修改主表中主键的值，其对应从表中外键的相应值自动修改。

在外键约束中设置级联更新，创建外键约束时加上 ON UPDATE CASCADE。语句格式如下：

```
FOREIGN KEY(外键) REFERENCES 主表(主键) ON UPDATE CASCADE
```

若外键约束已经存在，没有设置级联更新，则删除原有外键约束，添加新的外键约束。具体操作如下。

① 查看表的建表信息，得到外键约束名，语句格式如下：

```
SHOW CREATE TABLE 表名;
```

② 删除外键约束，语句格式如下：

```
ALTER TABLE 表名 DROP FOREIGN KEY 外键约束名;
```

③ 添加新的外键约束，语句格式如下：

```
ALTER TABLE 从表 ADD [CONSTRAINT 外键约束名] FOREIGN KEY(外键) REFERENCES 主表(主键) ON UPDATE CASCADE;
```

【例 4-59】 在 School 数据库中将课程编号"2003003"修改为"2003180"。

执行以下语句：UPDATE Course SET Cno='2003180' WHERE Cno='2003003';

结果出错，提示违反外键约束。错误提示如图 4-105 所示。

```
mysql> UPDATE Course SET Cno='2003180' WHERE Cno='2003003';
ERROR 1451 (23000): Cannot delete or update a parent row: a
 foreign key constraint fails (`school`.`score`, CONSTRAINT
 `FK_Score_Course` FOREIGN KEY (`Cno`) REFERENCES `course`
 (`Cno`))
```

图 4-105　提示违反外键约束

```
#通过查看表的完整 CREATE TABLE 语句，得知外键约束名
USE School;
SHOW CREATE TABLE Score;
#删除原有外键约束
ALTER TABLE Score DROP FOREIGN KEY FK_Score_Course;
#添加新的外键约束，设置级联更新 ON UPDATE CASCADE
ALTER TABLE Score ADD CONSTRAINT FK_Score_Course FOREIGN KEY(Cno) REFERENCES Course(Cno) ON UPDATE CASCADE;
#执行 UPDATE 语句，修改主表 Course 中的 Cno
UPDATE Course
SET Cno='2003180'
WHERE Cno='2003003';
```

【注意】 子表 Score 中相应的 Cno 值自动修改。

4.6.2 级联删除

级联删除指删除主表中的记录，其对应从表中的相应记录自动删除。

在外键约束中设置级联删除，创建外键约束时加上 ON DELETE CASCADE。

```
FOREIGN KEY(外键) REFERENCES 主表(主键) ON DELETE CASCADE
```

若外键约束已经存在，没有设置级联删除，则删除原有外键约束，添加新的外键约束。具体操作如下。

① 查看表的建表信息，得到外键约束名，语句格式如下：

```
SHOW CREATE TABLE 表名;
```

② 删除外键约束，语句格式如下：

```
ALTER TABLE 表名 DROP FOREIGN KEY 外键约束名;
```

③ 添加新的外键约束，语句格式如下：

```
ALTER TABLE 从表 ADD [CONSTRAINT 外键约束名] FOREIGN KEY(外键) REFERENCES 主表(主键) ON DELETE CASCADE;
```

【例 4-60】 因学号为 "202231010100102" 的学生退学，在 School 数据库中删除该学生的所有相关记录。

执行以下语句：DELETE FROM Student WHERE Sno='202231010100102';

结果出错，提示违反外键约束 FK_Live_Student。错误提示如图 4-106 所示。

```
mysql> DELETE FROM Student WHERE  Sno='202231010100102';
ERROR 1451 (23000): Cannot delete or update a parent row: a
foreign key constraint fails (`school`.`live`, CONSTRAINT
`FK_Live_Student` FOREIGN KEY (`Sno`) REFERENCES `student`
(`Sno`))
```

图 4-106　提示违反外键约束 FK_Live_Student

```
#删除原有外键约束 FK_Live_Student
ALTER TABLE Live DROP FOREIGN KEY FK_Live_Student;
#添加新的外键约束，设置级联删除 ON DELETE CASCADE
ALTER TABLE Live ADD CONSTRAINT FK_Live_Student FOREIGN KEY(Sno) REFERENCES Student(Sno) ON DELETE CASCADE;
```

继续执行 DELETE 语句，还是提示违反外键约束 FK_Score_Student。错误提示如图 4-107 所示。

```
mysql> ALTER TABLE Live DROP FOREIGN KEY FK_Live_Student;
Query OK, 0 rows affected (0.01 sec)
Records: 0  Duplicates: 0  Warnings: 0

mysql> ALTER TABLE Live ADD CONSTRAINT FK_Live_Student FOREIGN KEY(Sno)
  REFERENCES Student(Sno) ON DELETE CASCADE;
Query OK, 8 rows affected (0.05 sec)
Records: 8  Duplicates: 0  Warnings: 0

mysql> DELETE FROM Student WHERE  Sno='202231010100102';
ERROR 1451 (23000): Cannot delete or update a parent row: a foreign key
constraint fails (`school`.`score`, CONSTRAINT `FK_Score_Student` FOREIG
N KEY (`Sno`) REFERENCES `student` (`Sno`))
```

图 4-107　提示违反外键约束 FK_Score_Student

```
#删除原有外键约束 FK_Score_Student
ALTER TABLE Score DROP FOREIGN KEY FK_Score_Student;
#添加新的外键约束，设置级联删除 ON DELETE CASCADE
ALTER TABLE Score ADD CONSTRAINT FK_Score_Student FOREIGN KEY(Sno) REFERENCES Student(Sno) ON DELETE CASCADE;
#执行 DELETE 语句，删除主表 Student 中该学生的记录
DELETE FROM Student
WHERE Sno='202231010100102';
```

4.6.3　设置外键失效

除了设置级联更新、级联删除外，还可以采用先设置外键失效，修改后再设置外键生效的方法。

① 查看外键约束是否有效。

```
SELECT @@FOREIGN_KEY_CHECKS;   #1 表示有效，0 表示失效
```

② 设置外键失效。

```
SET FOREIGN_KEY_CHECKS=0;
```

③ 编写执行 UPDATE 语句、DELETE 语句后设置外键生效。

```
SET FOREIGN_KEY_CHECKS=1;
```

【例 4-61】 在 School 数据库中将课程编号"2003003"修改为"2003180"。

```
#设置外键失效
SET FOREIGN_KEY_CHECKS = 0;
#编写执行 UPDATE 语句
UPDATE Course SET Cno='2003180' WHERE Cno='2003003';
UPDATE Score SET Cno='2003180' WHERE Cno='2003003';
#设置外键生效
SET FOREIGN_KEY_CHECKS=1;
```

【任务实施】

在 School 数据库中完成以下操作。

【练习 4-64】 使用 UPDATE 语句将学号"202231010100101"修改为"202331010100150"。

【练习 4-65】 将课程编号"2003003"修改为"2003180"。

【练习 4-66】 因学号为"202231010100102"的学生退学,在数据库中删除该学生的所有相关记录。

【练习 4-67】 从课程表中删除课程名称为"数据库技术与应用 2"的记录。

【练习 4-68】 将宿舍编号"XSY01111"修改为"X01111"。

【任务总结】

若在 InnoDB 存储引擎的表中设置了外键约束,在进行数据更新时要保证数据库中数据的一致性,可设置级联修改、级联删除。

理论练习

一、选择题

1. 要想对表中的记录分组查询,可以使用(　　)子句。
   A. GROUP BY   B. AS GROUP
   C. GROUP AS   D. TO GROUP

2. 从数据表中查询数据的语句是(　　)。
   A. SELECT 语句   B. UPDATE 语句
   C. SEARCH 语句   D. INSERT 语句

3. 从学生(Student)表中的姓名(Name)字段查找姓"张"的学生可以使用如下语句:
SELECT * FROM Student WHERE(　　)。
   A. Name='张*'   B. Name='%张%'
   C. Name LIKE '张%'   D. Name LIKE '张*'

4. 下列(　　)函数用来统计数据表中包含的记录的总数。
   A. COUNT()   B. SUM()   C. AVG()   D. MAX()

5. 对查询结果进行升序排序的关键字是(　　)。
   A. DESC   B. ASC   C. LIMIT   D. ORDER

6. 查看部门为"长安商品公司"且实发工资为 2000 元以上（不包括 2000）员工的记录，条件表达式为（　　）。
　　A．部门='长安商品公司'　AND　实发工资>2000
　　B．部门='长安商品公司'　AND　实发工资>=2000
　　C．部门=长安商品公司，实发工资>=2000
　　D．实发工资>2000　OR　部门='长安商品公司'
7. 使用 SELECT 查询数据时，以下（　　）子句排列的位置最靠后。
　　A．WHER　　　　　　　　B．ORDER BY
　　C．LIMIT　　　　　　　　D．HAVING
8. 假设 A、B 表中都有 id 列，A 表有 10 条记录，B 表中有 5 条记录，执行查询语句"SELECT * FROM A LEFT JOIN B ON A.id=B.id"，则返回（　　）条记录。
　　A．5　　　　B．10　　　　C．不确定　　　　D．15
9. 对表中相关数据进行求和需要用到的函数是（　　）。
　　A．SUM　　　B．MAX　　　C．COUNT　　　D．AVG
10. 在查询中，去除重复记录的关键字是（　　）。
　　A．HAVING　　B．DISTINCT　　C．DROP　　　D．LIMIT
11. 在查询语句中，用来指定查询某个范围内的值，即指定开始值和结束值的关键字是（　　）。
　　A．IN　　　　　　　　　　B．BETWEEN AND
　　C．ALL　　　　　　　　　D．LIKE
12. 若要查询学生数据表中的所有记录及字段，其语句应是（　　）。
　　A．SELECT　姓名　FROM　学生;
　　B．SELECT　*　FROM　学生;
　　C．SELECT　*　FROM　学生　WHERE　1=2;
　　D．以上皆不可以
13. 关于 SELECT 语句，以下描述错误的是（　　）。
　　A．SELECT 语句用于查询一张表或多张表的数据
　　B．SELECT 语句属于数据操作语言（DML）
　　C．SELECT 语句的列必须是基于表的列的
　　D．SELECT 语句得到的查询结果可以是排序后的
14. 如果需要查询所有姓"李"的学生的名单，使用的关键字是（　　）。
　　A．LIKE　　　B．MATCH　　　C．EQ　　　　D．=
15. 设选课关系的关系模式为：选课（学号，课程号，成绩）。下述语句中（　　）语句能完成"求选修课超过 3 门课的学生学号"。
　　A．SELECT　学号　FROM　选课　WHERE COUNT(课程号)>3 GROUP BY 学号;
　　B．SELECT　学号　FROM　选课　HAVING COUNT(课程号)>3 GROUP BY 学号;
　　C．SELECT　学号　FROM　选课　GROUP BY 学号 HAVING COUNT(课程号)>3;
　　D．SELECT　学号　FROM　选课　GROUP BY 学号 WHERE COUNT(课程号)>3;
16. 对分组后的组进行筛选的关键字是（　　）。
　　A．ORDER　　B．WHERE　　C．HAVING　　D．JOIN

17. 若要将多个 SELECT 语句的检索结果合并成一个结果集，可使用（   ）语句。
    A．DISTINCT   B．UNION
    C．ORDER BY   D．LEFT OUTER JOIN
18. 在查询中进行分组的关键字是（   ）。
    A．ORDER BY   B．LIKE
    C．HAVING   D．GROUP BY
19. 对查询结果进行排序的关键字是（   ）。
    A．GROUP BY   B．SELECT
    C．ORDER BY   D．INSERT
20. 要查询 book 表中所有书名中包含"计算机"的书籍情况，可用（   ）语句。
    A．SELECT * FROM book WHERE book_name LIKE '*计算机*';
    B．SELECT * FROM book WHERE book_name LIKE '%计算机%';
    C．SELECT * FROM book WHERE book_name ='计算机*';
    D．SELECT * FROM book WHERE book_name ='计算机%';
21. 设某数据库表中有一个姓名字段，查询姓名为"小明"或"小东"的记录的条件为（   ）。
    A．姓名 IN('小明','小东')"
    B．姓名='小明' AND '小东'
    C．姓名 IN '小明' AND '小东'
    D．姓名='小明' OR ='小东'
22. 查询中可以使用运算符 ANY，它表示的意思是（   ）。
    A．满足所有的条件   B．满足至少一个条件
    C．一个都不用满足   D．满足至少 5 个条件
23. SELECT 语句中通常与 HAVING 子句同时使用的是（   ）子句。
    A．GROUP BY   B．WHERE
    C．ORDER BY   D．无需配合
24. 假设某数据库表中有一个地址字段，查找地址中含有"泉州"两个字的记录的条件是（   ）。
    A．='_泉州'   B．='泉州%'
    C．LIKE '_泉州_'   D．LIKE '%泉州%'
25. 有一个表：DEPT (dno, dname)，如果要找出倒数第三个字母为 W，并且至少包含 4 个字母的 dname，则查询条件应写成 WHERE dname LIKE（   ）。
    A．'__W_%'   B．'_%W__'
    C．'_W_'   D．'_W_%'
26. 以下关于语句"SELECT title AS 职位,AVG(wage) AS 平均工资 FROM employee GROUP BY title;"的说法中正确的是（   ）。
    A．语句语法上没有错误
    B．语句语法上有错误
    C．语句语法上没有错误，但是运行肯定会出错
    D．语句中没有使用聚合函数

27．使用语句进行分组检索时，为了去掉不满足条件的组，应当（   ）。
    A．使用 WHERE 子句
    B．在 GROUP BY 后面使用 HAVING 子句
    C．先使用 WHERE 子句，再使用 HAVING 子句
    D．先使用 HAVING 子句，再使用 WHERE 子句

28．SELECT 语句中的"LIKE 'DB_'"表示（   ）。
    A．长度为 3 的以"DB"开头的字符串
    B．长度为 2 的以"DB"开头的字符串
    C．任意长度的以"DB"开头的字符串
    D．长度为 3 的以"DB"开头第三个字符为"_"的字符串

29．"SELECT   emp_id,emp_name,sex,title,wage FROM employee ORDER BY emp_name;"语句得到的结果集是按（   ）字段值进行排序的。
    A．emp_id   B．emp_name
    C．sex   D．wage

30．查询条件"性别='女' AND 工资额>2000"的意思是（   ）。
    A．性别为女并且工资额大于 2000 的记录
    B．性别为女或者工资额大于 2000 的记录
    C．性别为女并且工资额大于等于 2000 的记录
    D．性别为女或者工资额大于等于 2000 的记录

31．有订单表 Orders，包含字段用户信息（userid），产品信息（productid），以下（   ）语句能够返回至少被订购过两回的 productid。
    A．SELECT productid FROM Orders WHERE COUNT(productid)>1;
    B．SELECT productid FROM Orders WHERE MAX(productid)>1;
    C．SELECT productid FROM Orders
         HAVING COUNT(productid)>1 GROUP BY productid;
    D．SELECT productid FROM Orders
         GROUP BY productid HAVING COUNT(productid)>1;

32．用 LIKE 关键字进行字符匹配查询时，可以用来匹配 0 个字符的通配符是（   ）。
    A．%   B．_   C．?   D．@

33．下列连接中，保证包含第一张表中的所有行和第二张表中的所有匹配行的是（   ）。
    A．LEFT OUTER JOIN   B．RIGHT OUTER JOIN
    C．INNER JOIN   D．JOIN

34．SQL 语言的数据操纵语句包括 SELECT、INSERT、UPDATE 和 DELETE 等，其中最重要的也是使用最频繁的语句是（   ）。
    A．SELECT   B．INSERT   C．UPDATE   D．DELETE

35．如果要查询公司员工的平均收入，则使用以下聚合函数（   ）。
    A．SUM()   B．ABS()   C．COUNT()   D．AVG()

36．"SELECT COUNT(*) FROM employee;"语句得到的结果是（   ）。
    A．某个记录的信息   B．全部记录的详细信息
    C．所有记录的条数   D．得到 3 条记录

37. 在 SQL 语言中，用于排序的子句是（　　）。
    A．SORT BY   B．ORDER BY
    C．GROUP BY   D．WHERE
38. 在 SELECT 语句中，若要使查询结果按某个字段值的降序排列，则需要使用（　　）参数。
    A．ASC   B．DESC   C．BETWEEN   D．IN
39. 在 SELECT 语句中，如果要过滤结果集中的重复行，可以在字段列表前面加上（　　）。
    A．GROUP BY   B．ORDER BY
    C．DESC   D．DISTINCT
40. 函数 COUNT 用来对数据进行（　　）。
    A．求和   B．求平均值   C．求个数   D．求最小值
41. 使用下列（　　）连接可以使查询结果中除两张表匹配的行外，还包括右表有但与左表不匹配的行。
    A．LEFT OUTER JOIN   B．RIGHT OUTER JOIN
    C．JOIN   D．INNER JOIN
42. 使用下列（　　）连接可以使查询结果中除两张表匹配的行外，还包括左表有但与右表不匹配的行。
    A．LEFT OUTER JOIN   B．RIGHT OUTER JOIN
    C．JOIN   D．INNER JOIN
43. 下列（　　）关键字用于实现分组统计。
    A．GROUP BY   B．ORDER BY
    C．LIMIT   D．UNION
44. 下列（　　）关键字用于实现排序统计。
    A．GROUP BY   B．ORDER BY
    C．LIMIT   D．UNION
45. 下列（　　）关键字用于实现在排序时递减。
    A．ASC   B．DESC   C．ADD   D．REDUCE
46. 使用 SQL 语句查询学生信息表 tbl_Student 中的所有数据，并按学生学号 stu_id 的升序排列，正确的语句是（　　）。
    A．SELECT * FROM tbl_Student ORDER BY stu_id ASC;
    B．SELECT * FROM tbl_Student ORDER BY stu_id DESC;
    C．SELECT * FROM tbl_Student stu_id ORDER BY ASC;
    D．SELECT * FROM tbl_Student stu_id ORDER BY DESC;
47. 学生表 Student 如下所示：

学号	姓名	所在系编号	总学分
021	林山	02	32
026	张宏	01	26
056	王林	02	22
101	赵松	04	NULL

下面的 SQL 语句中返回值为 3 的是（　　）。

  A．SELECT COUNT(*) FROM Student;

  B．SELECT COUNT(所在系编号) FROM Student;

  C．SELECT COUNT(*) FROM Student GROUP BY 学号;

  D．SELECT COUNT(总学分) FROM Student;

48．设有学生表 Student，包含的属性有学号 sno、学生姓名 sname、性别 sex、年龄 age、所在专业 smajor，下列语句正确的是（　　）。

  A．SELECT sno,sname,smajor FROM Student ORDER BY sname
    UNION
    SELECT sno,sname FROM Student WHERE smajor='CS';

  B．SELECT sno,sname FROM Student WHERE sex='M'
    UNION
    SELECT sno,sname,sex FROM Student WHERE smajor='CS';

  C．SELECT sno FROM Student WHERE sex='M' ORDER BY sname
    UNION
    SELECT sno,sname FROM Student WHERE smajor='CS';

  D．SELECT sno,sname FROM Student WHERE sex='M'
    UNION
    SELECT sno, sname FROM Student WHERE sex='F';

49．在 MySQL 中，要删除某个数据表中所有用户数据，不可以使用的命令是（　　）。

  A．DELETE   B．TRUNCATE

  C．DROP   D．以上方式皆不可用

50．设有学生选课表 score(sno,cname,grade)，其中 sno 表示学生学号，cname 表示课程名，grade 表示成绩。以下能够统计每个学生选课门数的语句是（　　）。

  A．SELECT COUNT(*) FROM score GROUP BY sno;

  B．SELECT COUNT(*) FROM score GROUP BY cname;

  C．SELECT SUM(*) FROM score GROUP BY cname;

  D．SELECT SUM(*) FROM score GROUP BY sno;

51．设职工表 tb_employee，包含字段 eno（职工号）、ename（姓名）、age（年龄）、salary（工资）和 dept（所在部门），要查询工资在 4000～5000 之间（包含 4000、5000）的职工号和姓名，正确的 WHERE 条件表达式是（　　）。

  A．salary BETWEEN 4000 AND 5000

  B．salary<=4000 AND salary >=5000

  C．4000 =< salary <=5000

  D．salary IN [4000,5000]

52．如果 DELETE 语句中没有使用 WHERE 子句，则下列叙述中正确的是（　　）。

  A．删除指定数据表中的最后一条记录

  B．删除指定数据表中的全部记录

  C．不删除任何记录

  D．删除指定数据表中的第一条记录

53．下列关于 DROP、TRUNCATE 和 DELETE 命令的描述中，正确的是（   ）。
   A．三者都能删除数据表的结构   B．三者都只删除数据表中的数据
   C．三者都只删除数据表的结构   D．三者都能删除数据表中的数据

54．在 SQL 语句中，与表达式 "sno NOT IN("s1","s2")" 功能相同的表达式是（   ）。
   A．sno="s1" AND sno="s2"   B．sno!="s1" OR sno!="s2"
   C．sno="s1" OR sno="s2"   D．sno!="s1" AND sno!="s2"

55．设有学生表 Student（sno，sname，sage，smajor），各字段的含义分别为学号、姓名、年龄、专业；学生选课表 Score（sno，cname，grade），各字段的含义分别为学号、课程名、成绩。若要检索"信息管理"专业、选修课程"DB"的学生学号、姓名及成绩，以下能实现该检索要求的语句是（   ）。
   A．SELECT   s.sno,sname,grade
      FROM   Student s ,Score sc
      WHERE   s.sno=sc.sno AND s.smajor='信息管理' AND cname='DB' ;
   B．SELECT   s.sno,sname, grade
      FROM   Student s,Score sc
      WHERE   s.smajor='信息管理' AND cname='DB';
   C．SELECT   s.sno,sname, grade
      FROM   Student s
      WHERE   smajor='信息管理' AND cname='DB';
   D．SELECT   s.sno,sname,grade
      FROM   Student s
      WHERE   s.sno=sc.sno AND s.smajor='信息管理' AND cname='DB';

56．有订单表 Orders，包含用户信息字段 uid，商品信息字段 gid，以下（   ）语句能够返回至少被购买两次的商品 gid。
   A．SELECT gid FROM Orders GROUP BY gid HAVING COUNT(gid)>1;
   B．SELECT gid FROM Orders WHERE COUNT(gid)>1;
   C．SELECT gid FROM Orders WHERE MAX(gid)>1;
   D．SELECT gid FROM Orders HAVING COUNT(gid)>1 GROUP BY gid;

57．设 smajor 是 Student 表中的一个字段，以下能够正确判断 smajor 字段是否为空值的表达式是（   ）。
   A．smajor IS NULL   B．smajor=NULL
   C．smajor=0   D．smajor=''

58．设有成绩表，包含学号、分数等字段。现有查询要求：查询有 3 门以上课程的成绩在 90 分以上的学生学号及 90 分以上课程数。以下 SQL 语句中正确的是（   ）。
   A．SELECT 学号,COUNT(*) FROM 成绩
       WHERE 分数>90 GROUP BY 学号 HAVING COUNT(*)>3;
   B．SELECT 学号,COUNT(学号) FROM 成绩
       WHERE 分数>90 AND COUNT(学号)>3;
   C．SELECT 学号,COUNT(*) FROM 成绩

             GROUP　BY　学号　HAVING　COUNT(*)>3　AND　分数>90;
        D．SELECT　学号,COUNT(*)　FROM　成绩
             WHERE　分数>90　AND　COUNT(*)>3　GROUP　BY　学号;
   59．设有一个成绩表 Student_JAVA（id，name，grade），现需要查询成绩 grade 倒数第二的同学信息（假设所有同学的成绩各不相同），正确的 SQL 语句应该是（　　）。
        A．SELECT * FROM Student_JAVA ORDER BY grade LIMIT 1,1;
        B．SELECT * FROM Student_JAVA ORDER BY grade DESC LIMIT 1,1;
        C．SELECT * FROM Student_JAVA ORDER LIMIT 1,1;
        D．SELECT * FROM Student_JAVA ORDER BY grade DESC LIMIT 0,1;
   60．语句 "SELECT * FROM tb_emp ORDER BY age DESC LIMIT 1,3;" 执行后返回的记录是（　　）。
        A．按 age 排序为 2、3、4 的三条记录
        B．按 age 排序为 1、2、3 的三条记录
        C．age 最大的记录
        D．age 排序第二的记录
   61．修改表中数据的命令是（　　）。
        A．UPDATE   B．ALTER　TABLE
        C．REPAIR　TABLE   D．CHECK　TABLE
   62．学生表 Student 包含 sname、sex、age 三列，其中 age 的默认值是 20，执行 SQL 语句"INSERT　INTO　Student(sex,sname,age) VALUES('M','Lili',);"的结果是（　　）。
        A．执行成功，sname，sex，age 的值分别是 Lili，M，20
        B．执行成功，sname，sex，age 的值分别是 M，Lili，NULL
        C．执行成功，sname，sex，age 的值分别是 M，Lili，20
        D．SQL 语句不正确，执行失败

   二、填空题
   1．使用 SELECT 语句进行模糊查询时，可以使用 LIKE 或 NOT　LIKE 匹配符，但要在条件值中使用（　　）或（　　）等通配符来配合查询。
   2．检索姓名字段中含有"娟"的表达式为"姓名 LIKE（　　）"。
   3．如果表的某一列被指定具有 NOT　NULL 属性，则表示（　　）。
   4．HAVING 子句与 WHERE 子句相似，其区别在于：WHERE 子句作用的对象是（　　），HAVING 子句作用的对象是（　　）。
   5．在 SELECT 语句中，选择出满足条件的记录应使用（　　）子句，选择出满足条件的组应使用（　　）子句。在使用 HAVING 子句前，应保证 SELECT 语句中已经使用了（　　）子句。
   6．在查询表的记录时，若要消除重复的行，应使用（　　）语句。
   7．SQL 语言中，条件"年龄 BETWEEN 20 AND 30"表示年龄在 20～30 岁之间，且（　　）（包括或不包括）20 岁和 30 岁。
   8．表示职称为"副教授"同时性别为"男"的表达式为（　　）。
   9．查询员工工资信息时，结果按工资字段的降序排列，对应的排序子句为（　　）。

10. "SELECT 职工号 FROM 职工 WHERE 工资>1250;"语句的功能是（　　　）。
11. 如果要计算表中的记录数，可以使用聚合函数（　　　）。

三、简答题

1. 简述 HAVING 子句与 WHERE 子句的区别。
2. 如何设置级联更新？设置级联更新后有什么作用？
3. 如何设置级联删除？设置级联删除后有什么作用？
4. 简述"DROP TABLE 表名""TRUNCATE TABLE 表名"和"DELETE FROM 表名"这三个语句的区别。

实践阶段测试

在 eshop 数据库中实现以下查询。请先下载"网上商城系统"eshop 数据库各表结构文档及数据库备份文件。

1. 查询所有订单的详细信息，查询结果包括订单编号、商品编号、商品名称、购买数量、商品购买单价，结果按照商品的编号升序排列。查询结果如图 4-108 所示。

```
+---------+-----------+----------------------+----------+----------+
| OrderID | ProductId | ProductName          | UnitCost | Quantity |
+---------+-----------+----------------------+----------+----------+
|      15 |        17 | Fedora               |    65.00 |        2 |
|      12 |        20 | Windows10            |  1800.00 |        1 |
|      13 |        20 | Windows10            |  1800.00 |        1 |
|      14 |        24 | 富士通DPK6695KII     | 12000.00 |        5 |
|      17 |        25 | TCL 75C11            | 12000.00 |        1 |
|      15 |        26 | 微星(MSI)神影        | 10000.00 |        1 |
|      20 |        26 | 微星(MSI)神影        | 10000.00 |        1 |
|      15 |        27 | 微星(MSI)雷影        |  9900.00 |        1 |
|      13 |        28 | 联想拯救者           | 11000.00 |        1 |
|      18 |        28 | 联想拯救者           | 11000.00 |        1 |
|      22 |        28 | 联想拯救者           | 11000.00 |        1 |
|      13 |        34 | Office家庭和学生版2021 |  3021.00 |        1 |
|      16 |        34 | Office家庭和学生版2021 |  1234.00 |        1 |
|      13 |        35 | Office小型企业版2021 |  2300.00 |        1 |
|      14 |        35 | Office小型企业版2021 |  2300.00 |        3 |
|      22 |        35 | Office小型企业版2021 |  2300.00 |        1 |
|      19 |        37 | 凤凰牌山地自行车     |   588.00 |        1 |
|      21 |        37 | 凤凰牌山地自行车     |   588.00 |        1 |
+---------+-----------+----------------------+----------+----------+
18 rows in set (0.00 sec)
```

图 4-108　测试第 1 题查询结果

2. 查询用户 ID 号为 4 的用户的各个订单的详细信息，查询结果包括各个订单的订单号、订单总金额、订单日期。查询结果如图 4-109 所示。

```
+---------+------------+---------------------+
| OrderID | OrderTotal | OrderDate           |
+---------+------------+---------------------+
|      12 |    1800.00 | 2022-12-30 01:19:17 |
|      13 |   18121.00 | 2023-01-02 04:04:40 |
|      14 |   66900.00 | 2023-01-02 13:18:31 |
+---------+------------+---------------------+
3 rows in set (0.00 sec)
```

图 4-109　测试第 2 题查询结果

3. 查询所有管理员的详细信息，查询结果包括管理员 ID、管理员登录名、权限名。查询结果如图 4-110 所示。

```
+---------+-----------+-----------+
| adminID | loginName | rolename  |
+---------+-----------+-----------+
|       4 | ADMIN     | 系统管理员 |
|       5 | abc       | 系统管理员 |
|       6 | xiaoshi   | 普通管理员 |
|       7 | xiaozhi   | 系统管理员 |
+---------+-----------+-----------+
4 rows in set (0.00 sec)
```

图 4-110　测试第 3 题查询结果

4. 查询最新商品信息，即 ProductInfo 表中 ProductID 值最大的 10 条记录。查询结果如图 4-111 所示。

```
+-----------+---------------------+--------------+-------------------------+------------+------------+
| ProductID | ProductName         | ProductPrice | Intro                   | CategoryID | ClickCount |
+-----------+---------------------+--------------+-------------------------+------------+------------+
|        37 | 凤凰牌山地自行车      |       588.00 | 成人变速越野单车          |         44 |          3 |
|        35 | Office小型企业版2021 |      2300.00 | Microsoft公司出品        |         31 |          7 |
|        34 | Office家庭和学生版2021|      1234.00 | Microsoft公司出品        |         42 |          8 |
|        32 | Apple苹果            |     12000.00 | MacBook Pro             |         42 |          8 |
|        31 | 华为MateBook X Pro   |     10000.00 | MateBookXPro            |         42 |          5 |
|        30 | acer宏碁             |     10000.00 | 新款高性能游戏本          |         42 |          8 |
|        28 | 联想拯救者            |     11000.00 | 电竞游戏本笔记本电脑      |         42 |          6 |
|        27 | 微星(MSI)雷影         |      9900.00 | 高性能游戏笔记本          |         42 |         15 |
|        26 | 微星(MSI)神影         |     10000.00 | 笔记本电脑,高性能电竞本   |         42 |          4 |
|        25 | TCL 75C11            |     12000.00 | 75英寸,量子点矩阵控光     |         42 |          7 |
+-----------+---------------------+--------------+-------------------------+------------+------------+
10 rows in set (0.00 sec)
```

图 4-111　测试第 4 题查询结果

5. 查询商品分类 ID 为 31 的商品在订单里出现的次数。查询结果如图 4-112 所示。

6. 查询购物车编号为 10 的购物车中的商品总金额。查询结果如图 4-113 所示。

```
+------+
| 次数 |
+------+
|    6 |
+------+
1 row in set (0.00 sec)
```
图 4-112　测试第 5 题查询结果

```
+-----------+
| TotalCost |
+-----------+
|  47000.00 |
+-----------+
1 row in set (0.00 sec)
```
图 4-113　测试第 6 题查询结果

7. 删除数据库中所有商品编号为 16 的商品信息。

8. 查询商品编号为 20 的商品的信息，并将该商品的单击次数增 1。

9. 查询 2022 年 7 月份各个商品的销售情况，查询结果包括各个商品的商品编号、商品名称、订单个数、销售的总数量、销售的总金额，查询结果根据销售的总金额的降序排列，总金额相同的按照销售的总数量的降序排列。查询结果如图 4-114 所示。

```
+-----------+-----------------+----------+--------------+--------------+
| productId | productName     | 订单个数 | 销售的总数量 | 销售的总金额 |
+-----------+-----------------+----------+--------------+--------------+
|        25 | TCL 75C11       |        1 |            1 |     12000.00 |
|        28 | 联想拯救者       |        1 |            1 |     11000.00 |
|        26 | 微星(MSI)神影    |        1 |            1 |     10000.00 |
|        37 | 凤凰牌山地自行车  |        2 |            2 |      1176.00 |
+-----------+-----------------+----------+--------------+--------------+
4 rows in set (0.00 sec)
```

图 4-114　测试第 9 题查询结果

10. 查询 2022 年 7 月 29 日各个商品的销售情况，查询结果包括各个商品的商品编号、商品名称、订单个数、销售的总数量、销售的总金额，查询结果根据销售的总金额的降序排列，总金额相同的按照销售的总数量的降序排列。查询结果如图 4-115 所示。

```
+-----------+---------------------+----------+----------------+----------------+
| productId | productName         | 订单个数 | 销售的总数量   | 销售的总金额   |
+-----------+---------------------+----------+----------------+----------------+
|        28 | 联想拯救者          |        1 |              1 |       11000.00 |
|        26 | 微星(MSI)神影       |        1 |              1 |       10000.00 |
|        37 | 凤凰牌山地自行车    |        2 |              2 |        1176.00 |
+-----------+---------------------+----------+----------------+----------------+
3 rows in set (0.00 sec)
```

图 4-115　测试第 10 题查询结果

11. 查询与 ProductName 为"金山毒霸"同类别（CategoryID 相同）的商品基本信息。查询结果如图 4-116 所示。

```
+-----------+---------------------+--------------+-----------------------------------------+------------+------------+
| ProductID | ProductName         | ProductPrice | Intro                                   | CategoryID | ClickCount |
+-----------+---------------------+--------------+-----------------------------------------+------------+------------+
|        16 | Office专业版2021    |      3800.00 | Microsoft公司Office系列软件的最新版本   |         31 |          4 |
|        17 | Fedora              |        65.00 | RedHat公司于2004年推出的Linux新版本     |         31 |          4 |
|        20 | Windows10           |      1800.00 | Microsoft公司Windows系列操作系统        |         31 |          8 |
|        23 | 金山毒霸            |       501.00 | 金山公司杀毒软件                        |         31 |          1 |
|        35 | Office小型企业版2021|      2300.00 | Microsoft公司出品                       |         31 |          7 |
+-----------+---------------------+--------------+-----------------------------------------+------------+------------+
5 rows in set (0.00 sec)
```

图 4-116　测试第 11 题查询结果

12. 查询出所有商品的基本信息及商品的订单信息，即使商品没有订单，也显示它的基本信息。查询结果如图 4-117 所示。

```
+-----------+----------------------+--------------+-------------------------------------+------------+------------+---------+-----------+----------+----------+
| ProductID | ProductName          | ProductPrice | Intro                               | CategoryID | ClickCount | OrderID | ProductID | Quantity | UnitCost |
+-----------+----------------------+--------------+-------------------------------------+------------+------------+---------+-----------+----------+----------+
|        16 | Office专业版2021     |      3800.00 | Microsoft公司Office系列软件的最新版本|         31 |          4 |    NULL |      NULL |     NULL |     NULL |
|        17 | Fedora               |        65.00 | RedHat公司于2004年推出的Linux新版本 |         31 |          4 |      15 |        17 |        2 |    65.00 |
|        20 | Windows10            |      1800.00 | Microsoft公司Windows系列操作系统    |         31 |          8 |      12 |        20 |        1 |  1800.00 |
|        20 | Windows10            |      1800.00 | Microsoft公司Windows系列操作系统    |         31 |          8 |      13 |        20 |        1 |  1800.00 |
|        23 | 金山毒霸             |       501.00 | 金山公司杀毒软件                    |         31 |          1 |    NULL |      NULL |     NULL |     NULL |
|        24 | 富士通DPK6695KII     |     12000.00 | 三代档案盒打印机                    |         42 |         21 |      24 |        24 |        5 | 12000.00 |
|        25 | TCL 75C11            |     12000.00 | 75英寸，量子点矩阵控光              |         42 |          7 |      25 |        25 |        1 | 12000.00 |
|        26 | 微星(MSI)神影        |     10000.00 | 笔记本电脑，高性能电竞本            |         42 |          4 |      15 |        26 |        1 | 10000.00 |
|        26 | 微星(MSI)神影        |     10000.00 | 笔记本电脑，高性能电竞本            |         42 |          4 |      20 |        26 |        1 | 10000.00 |
|        27 | 微星(MSI)雷影        |      9900.00 | 高性能游戏笔记本                    |         42 |         15 |      27 |        27 |        1 |  9900.00 |
|        28 | 联想拯救者           |     11000.00 | 电竞游戏本笔记本电脑                |         42 |          6 |      13 |        28 |        1 | 11000.00 |
|        28 | 联想拯救者           |     11000.00 | 电竞游戏本笔记本电脑                |         42 |          6 |      18 |        28 |        1 | 11000.00 |
|        28 | 联想拯救者           |     11000.00 | 电竞游戏本笔记本电脑                |         42 |          6 |      22 |        28 |        1 | 11000.00 |
|        30 | acer宏碁             |     10000.00 | 新款高性能游戏本                    |         42 |          8 |    NULL |      NULL |     NULL |     NULL |
|        31 | 华为MateBook X Pro   |     10000.00 | MateBookXPro                        |         42 |          5 |    NULL |      NULL |     NULL |     NULL |
|        32 | Apple苹果            |     12000.00 | MacBook Pro                         |         42 |          8 |    NULL |      NULL |     NULL |     NULL |
|        34 | Office家庭和学生版2021|      1234.00 | Microsoft公司出品                   |         42 |          8 |      13 |        34 |        1 |  3021.00 |
|        34 | Office家庭和学生版2021|      1234.00 | Microsoft公司出品                   |         42 |          8 |      16 |        34 |        1 |  1234.00 |
|        35 | Office小型企业版2021 |      2300.00 | Microsoft公司出品                   |         31 |          7 |      13 |        35 |        1 |  2300.00 |
|        35 | Office小型企业版2021 |      2300.00 | Microsoft公司出品                   |         31 |          7 |      14 |        35 |        3 |  2300.00 |
|        35 | Office小型企业版2021 |      2300.00 | Microsoft公司出品                   |         31 |          7 |      22 |        35 |        1 |  2300.00 |
|        37 | 凤凰牌山地自行车     |       588.00 | 成人变速越野单车                    |         44 |          3 |      19 |        37 |        1 |   588.00 |
|        37 | 凤凰牌山地自行车     |       588.00 | 成人变速越野单车                    |         44 |          3 |      21 |        37 |        1 |   588.00 |
+-----------+----------------------+--------------+-------------------------------------+------------+------------+---------+-----------+----------+----------+
23 rows in set (0.00 sec)
```

图 4-117　测试第 12 题查询结果

项目 5　创建视图和索引

项目 2 和项目 3 完成了"学生信息管理系统"数据库 School 的创建，项目 4 完成了数据查询统计和更新，数据库的基本操作已经完成，接下来的工作是对数据库进行优化。视图为用户提供了一个查看表中数据的窗口，使用视图可以简化查询操作，提高数据安全性等。索引是另一个重要的数据库对象，通过索引可以快速访问表中的记录，大大提高数据库的查询性能。

本项目的任务是学习和完成视图、索引的创建和管理。学习目标具体如下。

【知识目标】
- 理解视图的概念和优点；
- 掌握创建和管理视图的 SQL 语句；
- 理解索引的优缺点和分类；
- 掌握创建和管理索引的 SQL 语句。

【能力目标】
- 能够灵活编写 SQL 语句创建和管理视图；
- 能够使用视图简化查询操作；
- 能够通过视图对表数据操作；
- 能够灵活编写 SQL 语句创建和管理索引。

【素质目标】
- 关注数据查询和操作的效率和可靠性，培养对数据管理技术的创新应用和思考能力；
- 注重数据的可用性和可维护性，培养对数据管理和应用的规范性和质量意识。

任务 5.1　创建视图

【任务提出】

数据操作实现了对表数据的查询和更新。除了直接对表数据进行查询和更新外，还可以通过视图实现数据查询和更新。使用视图可以大大简化数据查询操作，尤其是对于实现复杂查询，视图非常有用，而且可以提高安全性。

创建视图

【任务分析】

视图是由表派生出来的数据库对象。创建视图使用的 SQL 语句为 CREATE VIEW 语句。

【相关知识与技能】

5.1.1 视图概述

1. 视图的概念

视图作为一种数据库对象,通过将定义好的查询作为一个视图对象存储在数据库中。视图中的 SELECT 语句可以实现对一张表或多张表的数据查询,也可以实现对数据的汇总统计,还可以实现对另一个视图或表与视图的数据查询。视图是由派生表派生的,派生表被称为视图的基本表,简称基表。

视图创建好后,可以像对表一样对它进行查询和更新,也可以在视图的基础上继续创建视图。而和表不同的是,在数据库中只存储视图的定义而不存储对应的数据,视图中的数据只存储在表中,数据是在引用视图时动态产生的,因此视图也称为虚表。

2. 视图的作用

建立视图可以简化查询,此外,视图还有为用户集中提取数据、隐蔽数据库的复杂性、简化数据库用户权限管理等优点。

(1)为用户集中提取数据

在大多数的情况下,用户查询的数据可能存储在多张表中,查询起来比较烦琐。此时,可以将多张表中的数据集中在一个视图中,然后通过对视图的查询查看多张表中的数据,从而大大简化数据的查询操作。

(2)隐蔽数据库的复杂性

使用视图,用户可以不必了解数据库中的表结构,也不必了解复杂的表间关系。

(3)简化数据库用户权限管理

视图可以让特定的用户只能看到表中指定的行和列。设计数据库应用系统时,对不同权限的用户定义不同的视图,每种类型的用户只能看到其相应权限的视图,从而简化了数据库用户权限的管理。

5.1.2 创建和管理视图

1. 创建视图

SQL 语言中创建视图的对应语句为 CREATE VIEW 语句。CREATE VIEW 语句格式如下:

操作演示创建视图

```
CREATE VIEW 视图名[(视图列名 1,…视图列名 n)]
AS
SELECT 语句;
```

其中,(视图列名 1,…视图列名 n)是可选参数,用于指定视图中各个属性的属性名,若省略不写,则该视图的列名默认为 SELECT 语句目标列中各字段的列名。

【注意】 在同一数据库中,视图名不能和表名相同。

【例 5-1】 在 School 数据库中创建视图 SexStudent，该视图中包含所有女生的基本信息。

```
USE School;
CREATE VIEW SexStudent
AS
SELECT *
FROM Student
WHERE Sex='女';
```

【注意】 如果 CREATE VIEW 语句中没有指定视图列名，则该视图的列名默认为 SELECT 语句目标列中各字段的列名。

【例 5-2】 在 School 数据库中创建视图 StudentAge，该视图中包含所有学生的学号、姓名和年龄。

```
CREATE VIEW StudentAge(Sno,Sname,Age)
AS
SELECT Sno,Sname,YEAR(NOW())-YEAR(Birth)
FROM Student;
```

【例 5-3】 在 School 数据库中创建视图 ComputerInfo，该视图中包含"计算机应用技术"专业学生的基本信息及班级信息。

运行如图 5-1 所示的语句时会提示出错，原因是视图中不能出现重复的列名。

```
[SQL]CREATE VIEW ComputerInfo
AS
SELECT *
FROM Class JOIN Student ON Class.ClassNo=Student.ClassNo
WHERE Specialty='计算机应用技术';
[Err] 1060 - Duplicate column name 'ClassNo'
```

图 5-1 创建视图时出错，提示有重复的列名

修改后的正确语句如下：

```
CREATE VIEW ComputerInfo
AS
SELECT Class.*,Sno,Sname,Sex,Birth
FROM Class JOIN Student ON Class.ClassNo=Student.ClassNo
WHERE Specialty='计算机应用技术';
```

2. 常用视图操作语句

常用视图操作语句见表 5-1。

表 5-1 常用视图操作语句

语句	功能
DROP VIEW [IF EXISTS] 视图名;	删除视图
DESCRIBE 视图名; 或简写成 DESC 视图名;	查看视图基本信息
SHOW CREATE VIEW 视图名;	查看视图的详细定义

【任务总结】

表是物理存在的，可以理解成计算机中的文件。视图是虚拟的内存表，可以理解成

Windows 的快捷方式。视图中没有实际的物理记录，视图只是窗口。

任务 5.2　使用视图

【任务提出】

视图创建好后，可以和表一样对它进行查询和更新。

【任务分析】

在大多数的情况下，用户查询的数据可能存储在多张表中，查询起来比较烦琐。此时，可以将多张表中的数据集中在一个视图中，然后通过对视图的查询查看多张表中的数据，从而大大简化数据的查询操作。

视图中没有实际存储数据，可以对视图进行更新吗？答案是肯定的。因为对视图的更新其实是对基表中数据的更新，只要能转换为对基表的更新，该视图更新操作就能正确执行。

【相关知识与技能】

5.2.1　利用视图简化查询操作

视图作用之一是简化查询操作。

利用视图简化查询操作

【例 5-4】 在 School 数据库中创建视图 Dorm_live，该视图中包含宿舍信息及入住信息。

```
CREATE VIEW Dorm_live
AS
SELECT Dorm.*,Sno,BedNo,InDate,OutDate
FROM Dorm JOIN Live ON Dorm.DormNo=Live.DormNo;
```

【例 5-5】 在 School 数据库中查询所有学生的详细住宿信息，结果包含学号 Sno、宿舍编号 DormNo、楼栋 Build、房间号 RoomNo、入住日期 InDate。

```
#方法1：从 Dorm 表和 Live 表中查询
SELECT Sno,Dorm.DormNo,Build,RoomNo,InDate
FROM Dorm JOIN Live ON Dorm.DormNo=Live.DormNo;
#方法2：从视图 Dorm_live 中查询
SELECT Sno,DormNo,Build,RoomNo,InDate
FROM Dorm_Live;
```

【例 5-6】 在 School 数据库中查询住在龙川北苑 04 南楼栋（即字段 Build 的值为'龙川北苑 04 南'）的学生的学号 Sno 和宿舍编号 DormNo。

```
#方法1：从 Dorm 表和 Live 表中查询
SELECT Sno,Dorm.DormNo
FROM Dorm JOIN Live ON Dorm.DormNo=Live.DormNo
WHERE Build='龙川北苑 04 南';
```

```
#方法 2：从视图 Dorm_live 中查询
SELECT  Sno,DormNo
FROM   Dorm_Live
WHERE   Build='龙川北苑 04 南';
```

5.2.2 通过视图更新数据

对视图进行更新要能转换为对基表数据的更新。如果不能转换为对基表数据的更新，则该视图更新操作会出错。

通过视图更新数据

【例 5-7】 往 School 数据库的视图 SexStudent 中添加一条男生记录。执行结果如图 5-2 所示。

```
mysql> INSERT INTO SexStudent VALUES('2023','张三','男','2006-1-2','202201001');
Query OK, 1 row affected (0.00 sec)
```

图 5-2 例 5-7 语句及执行结果

执行成功，原因是转换为往基表 Student 中添加记录。

【例 5-8】 修改 School 数据库的视图 StudentAge 中倪骏的年龄为 20 岁。执行结果如图 5-3 所示。

```
mysql> UPDATE StudentAge SET Age=20 WHERE Sname='倪骏';
ERROR 1348 (HY000): Column 'Age' is not updatable
```

图 5-3 例 5-8 语句及执行结果

修改失败，原因是 Age 为计算得到的列，基表中不存在该字段。

【例 5-9】 修改 School 数据库的视图 ComputerInfo 中学号为"202231010100101"的学生的 Sname 为'李四', Classname 为'计算机 222'。执行结果如图 5-4 所示。

```
mysql> UPDATE ComputerInfo
    -> SET Sname='李四',ClassName='计算机222'
    -> WHERE Sno='202231010100101';
ERROR 1393 (HY000): Can not modify more than one base table through a join view 'school.computerinfo'
```

图 5-4 例 5-9 语句及执行结果

修改失败，原因是上述修改操作影响了两个基表，而对视图的更新只能影响一个基表。若只修改 Sname 列的值，只影响 Student 一个基表，则更新成功，如图 5-5 所示。

```
mysql> UPDATE ComputerInfo
    -> SET Sname='李四'
    -> WHERE Sno='202231010100101';
Query OK, 1 row affected (0.00 sec)
Rows matched: 1  Changed: 1  Warnings: 0
```

图 5-5 只影响一个基表的语句及执行结果

【注意】 通过视图更新数据时，需要注意以下两点：

① 必须要能转换为对基表数据的更新。不能修改那些通过计算得到的视图数据，因为计算的数据在基表中不存在。

② 不能同时修改两个或者多个基表的数据。若要对基于两个或多个基表的视图中的数据进行修改，每次修改都只能影响一个基表。

【任务实施】

在 School 数据库中实现以下操作。

【练习 5-1】 创建视图 Dorm_CheckHealth，该视图中包含所有宿舍信息及其卫生检查信息。

【练习 5-2】 查询所有宿舍在 2022 年 10 月份的卫生检查情况，结果包含楼栋 Build、宿舍编号 DormNo、房间号 RoomNo、检查时间 CheckDate、检查人员 CheckMan、检查成绩 CheckScore、存在问题 Problem。（从 Dorm、CheckHealth 表中查询或者从视图 Dorm_CheckHealth 中查询）

【练习 5-3】 查询"龙川北苑 04 南"楼栋各宿舍的卫生检查平均成绩，结果包含宿舍编号、平均成绩。（从 Dorm、CheckHealth 表中查询或者从视图 Dorm_CheckHealth 中查询）

【练习 5-4】 查询"龙川北苑 04 南"楼栋的宿舍在 2022 年 10 月份的卫生检查情况，结果包含宿舍编号 DormNo、房间号 RoomNo、检查时间 CheckDate、检查人员 CheckMan、检查成绩 CheckScore、存在问题 Problem。（从 Dorm、CheckHealth 表中查询或者从视图 Dorm_CheckHealth 中查询）

【练习 5-5】 查询"龙川北苑 04 南"楼栋的宿舍在 2022 年 12 月份的卫生检查成绩不及格的宿舍个数。（从 Dorm、CheckHealth 表中查询或者从视图 Dorm_CheckHealth 中查询）

【练习 5-6】 查询所有学生的基本信息及住宿信息，结果包含学号 Sno、姓名 Sname、性别 Sex、宿舍编号 DormNo、楼栋 Build、房间号 RoomNo、入住日期 InDate。（从 Dorm、Live、Student 表中查询或者从视图中查询）

【练习 5-7】 查询王康俊的住宿信息，结果包含宿舍编号 DormNo、房间号 RoomNo、入住日期 InDate。（从 Dorm、Live、Student 表中查询或者从视图中查询）

【任务总结】

视图创建好后，可以像表一样对它进行查询和更新。但对视图的更新是受限的，因为视图是不实际存储数据的虚表，因此对视图的更新，其实是对表中数据的更新。

任务 5.3 创建索引

【任务提出】

用户对数据库的操作中最频繁的是数据查询。一般情况下，数据库在进行查询操作时需要对整张表进行数据搜索。当表中的数据较多时，按顺序搜索数据就需要很长的时间，这就造成服务器的资源浪费。为了提高检索数据的能力，数据库引入索引机制。

创建索引

【任务分析】

若要在一本书中查找所需的信息，应首先查找书的目录，找到该信息所在的页码，然后再查阅该页码的信息，无须阅读整本书。在数据库中查找数据也是一样，为加快查询速度，可以创建索引,通过搜索索引找到特定的值,然后找到包含该值的行,从而提高数据检索速度。

本任务先理解数据访问方式,然后理解创建索引的优缺点和索引分类,再根据实际需求创建和维护索引。

【相关知识与技能】

5.3.1 索引概述

1. 数据访问方式

(1)表扫描法

在没有建立索引的表内进行数据访问时,DBMS 通过表扫描法来获取所需要的数据。当 DBMS 进行表扫描时,它从表的第一行开始进行逐行查找,直到找到符合查询条件的行。显然,使用表扫描法所消耗的时间直接与数据表中存放的数据量成正比。在数据表中存在大量的数据时,使用表扫描法将造成系统响应时间过长。

(2)索引法

在建有索引的表内进行数据访问,当进行以索引列为条件的数据查询时,会先通过搜索索引树来查找所需行的存储位置,然后通过查找的结果提取所需的行。显然,使用索引加速了对表中数据行的检索,减少了数据访问的时间。

2. 创建索引的优缺点

(1)创建索引的优点

1)加快数据查询速度。当进行以索引列为条件的数据查询时,将大大提高查询的速度。

2)加快表的连接、排序和分组操作的速度。

(2)创建索引的缺点

1)创建索引和维护索引要耗费时间,并且随着数据量的增加所耗费的时间也会增加。

2)索引需要占用磁盘空间。数据表中的数据有上限设置,如果有大量的索引,索引文件可能会比数据文件更快达到上限值。

3)当对表中的数据进行增加、删除、修改时,索引也需要动态维护,降低了数据的维护速度。

3. 索引使用原则

通过上述优缺点可以知道,索引并不是创建得越多越好,而是需要用户合理地使用。
- 避免为经常更新的表创建过多的索引,对经常用于查询条件的字段创建索引。
- 数据量小的表建议不要使用索引,因为数据较少,查询全部数据花费的时间可能比使用索引的时间还要短,索引并没有产生优化效果。
- 用于索引的最好的备选数据列是出现在 WHERE 子句、JOIN 子句、ORDER BY 或 GROUP BY 子句中的列。
- 先装数据,后建索引。

4. 索引分类

索引是在存储引擎中实现的,因此,每种存储引擎的索引都不一定完全相同,并且每种存储引擎也不一定支持所有索引类型。所有存储引擎支持每张表至少 16 个索引，总索引长度至少为 256 字节。大多数存储引擎有更高的限制。

MyISAM 和 InnoDB 存储引擎只支持 BTREE 索引，即默认使用 BTREE，不能更换。MEMORY/HEAP 存储引擎支持 HASH 和 BTREE 索引。

MySQL 的索引可以分为以下几类。

（1）普通索引和唯一索引

按照对索引列值的限制，索引可分为普通索引和唯一索引。

普通索引：MySQL 中基本的索引类型，没有限制，允许在定义索引的列中插入重复值和空值。

唯一索引：索引列中的值必须是唯一的，但是允许为空值。

主键索引是一种特殊的唯一索引，不允许有空值。主键约束字段上默认建立主键索引。

（2）单列索引和组合索引

按照索引包含的列数，索引可分为单列索引和组合索引。

单列索引：一个索引只包含单个列，一张表中可以有多个单列索引。

组合索引：在表中的多个字段组合上创建的索引，但只有在查询条件中使用这些字段的左边字段时，索引才会被使用，使用组合索引时遵循最左前缀集合。

（3）全文索引

全文索引，就是在一堆文字中，通过其中的某个关键字，就能找到该字段所属的记录行。只有 MyISAM 存储引擎支持全文索引。只能在 CHAR、VARCHAR、TEXT 类型字段上使用全文索引。

（4）空间索引

只有 MyISAM 存储引擎支持空间索引。空间索引是对空间数据类型的字段建立的索引，MySQL 中的空间数据类型有四种，分别是 GEOMETRY、POINT、LINESTRING、POLYGON。在创建空间索引时，使用 SPATIAL 关键字。要求创建空间索引的列，必须将其声明为 NOT NULL。

5.3.2 创建和维护索引

1. 创建索引

方法 1：在创建表的同时创建索引

使用 INDEX 或者 KEY 关键字，索引名可以省略。根据先装数据，后建索引的原则，一般不建议在创建表的同时创建索引。语句的格式如下：

```
CREATE TABLE 表名
(…
INDEX|KEY [索引名](列名)
);
```

方法 2：在已经存在的表上创建索引

可使用 CREATE INDEX 语句或 ALTER TABLE 语句实现。语句的格式如下：

```
CREATE INDEX 索引名 ON 表名(列名);
```

或者

```
ALTER TABLE 表名 ADD INDEX|KEY [索引名](列名);
```

若创建唯一索引，在 INDEX|KEY 前加上关键字 UNIQUE。

【例 5-10】 在 School 数据库的 Class 表的 ClassName 列上创建唯一索引，索引名称为 IX_Class_ClassName。

```
CREATE UNIQUE INDEX IX_Class_ClassName ON Class(ClassName);
```

2. 删除索引

可使用 DROP INDEX 语句或 ALTER TABLE 语句实现。语句的格式如下：

```
DROP INDEX 索引名 ON 表名;
```

或者

```
ALTER TABLE 表名 DROP INDEX|KEY 索引名;
```

3. 查看表的索引信息

对应语句的格式如下：

```
SHOW INDEX FROM 表名;
```

或者

```
SHOW KEYS FROM 表名;
```

【例 5-11】 查看 School 数据库的 Class 表的索引信息。

```
SHOW INDEX FROM Class;
```

【任务总结】

创建索引可以加快数据的检索速度，但创建索引和维护索引要耗费时间，索引需要占用磁盘空间，会降低数据的维护速度。所以，一定要正确地使用索引，并不是越多越好，要根据具体的查询业务来规划索引的建立。

理论练习

一、选择题

1. (　　) 命令可以查看视图的创建语句。
   A. SHOW VIEW   B. SELECT VIEW
   C. SHOW CREATE VIEW   D. DISPLAY VIEW

2. 索引可以提高 (　　) 操作的效率。
   A. INSERT   B. UPDATE   C. DELETE   D. SELECT

3. 在 SQL 语言中，DROP INDEX 语句的作用是 (　　)。
   A. 更新索引   B. 修改索引   C. 删除索引   D. 建立索引

4. 下面关于索引的描述中，错误的一项是（   ）。
   A．索引可以提高数据查询的速度　　B．索引可以降低数据的插入速度
   C．InnoDB 存储引擎支持全文索引　　D．删除索引的命令是 DROP INDEX
5. 创建视图时（   ）。
   A．可以引用其他的视图　　　　　　B．一个视图只能涉及一张表
   C．可以替代一个基表　　　　　　　D．以上说法都不正确
6. 以下语句中，不能创建索引的语句是（   ）。
   A．CREATE TABLE　　　　　　　　B．ALTER TABLE
   C．CREATE INDEX　　　　　　　　D．SHOW INDEX
7. 下列关于索引的叙述中，错误的是（   ）。
   A．索引能够提高数据表读写速度　　B．索引能够提高查询效率
   C．UNIQUE 索引是唯一性索引　　　 D．索引可以建立在单列上，也可以建立在多列上
8. 给定如下 SQL 语句：

```
CREATE VIEW test.V_test
AS
SELECT * FROM test.Students
WHERE age<19;
```

该语句的功能是：（   ）。
   A．在 test 表上建立一个名为 V_test 的视图
   B．在 Students 表上建立一个查询，存储在名为 test 的表中
   C．在 test 数据库的 Students 表上建立一个名为 V_test 的视图
   D．在 test 表上建立一个名为 Students 的视图
9. MySQL 中的视图机制能够在一定程度上提高数据库系统的（   ）。
   A．安全性　　　B．稳定性　　　C．可靠性　　　D．完整性
10. 下列关于 MySQL 基本表和视图的描述中，正确的是（   ）。
    A．对基本表和视图的操作完全相同
    B．只能对基本表进行查询操作，不能对视图进行查询操作
    C．只能对基本表进行更新操作，不能对视图进行更新操作
    D．能对基本表和视图进行更新操作，但对视图的更新操作是受限制的
11. 在使用 CREATE INDEX 创建索引时，其默认的排序方式是（   ）。
    A．升序　　　B．降序　　　C．无序　　　D．聚簇
12. 下列关于视图的叙述中，正确的是（   ）。
    A．使用视图，能够屏蔽数据库的复杂性
    B．更新视图数据的方式与更新表中数据的方式相同
    C．视图上可以建立索引
    D．使用视图，能够提高数据更新的速度

二、填空题

1. CREATE VIEW、ALTER VIEW 和 DROP VIEW 命令分别为（　　　）、（　　　）和（　　　）视图的命令。

2．视图是从基本表或（　　　）中导出的。
3．SQL 语言中，创建索引使用的语句是（　　　）。
4．SQL 语言中，创建视图使用的语句是（　　　）。

三、简答题

1．简述视图的作用。
2．通过视图更新数据有限制吗？
3．简述创建索引的优缺点。

项目 6　MySQL 日常管理

数据库在创建和使用中都必须进行维护和管理，维护和管理数据库是数据库管理员的职责。

本项目完成 School 数据库的日常管理。学习目标具体如下。

【知识目标】
- 掌握导入和导出数据的 SQL 语句；
- 掌握备份和恢复数据的 SQL 语句；
- 掌握用户及权限管理的 SQL 语句；

【能力目标】
- 能够在 MySQL 中熟练地导入/导出数据；
- 能够在 MySQL 中灵活地备份和恢复数据；
- 能够在 MySQL 中灵活地管理用户及权限。

【素质目标】
- 注重数据的完整性和可持续性，培养数据保护和灾备意识，关注信息安全；
- 注重数据的访问控制和权限管理，培养数据隐私保护和合规性意识，以及对信息流通和知识共享的负责任态度。

任务 6.1　导入/导出数据

【任务提出】

如果要添加到表中的记录已经在外部文件中存在，只需要直接将数据从外部文件导入到 MySQL 数据库中即可，大大提高了效率。有时也需要将 MySQL 数据库中的数据导出到外部文件中，如需要将涉及多张表的数据或对数据的汇总统计结果导出到一个文本文件或 Excel 表格中。

导入/导出数据

【任务分析】

MySQL 可以从外部文件导入数据，LOAD DATA INFILE 语句可以快速地从一个文本文件中读取行，并导入到一张表中。MySQL 可以将 SELECT 查询结果导出到外部文件中。

【相关知识与技能】

6.1.1　导入数据

MySQL 中，可以使用 LOAD DATA INFILE 语句将外部文本文件中的数据导入到

MySQL 数据库的表中，语句格式如下：

```
LOAD DATA INFILE '文件的路径和文件名' INTO TABLE 表名
[FIELDS TERMINATED BY '字段值之间的分隔符'
LINES TERMINATED BY '记录间的分隔符'];
```

其中：
- FIELDS TERMINATED BY '字段值之间的分隔符'：指定列值间的分隔符。
- LINES TERMINATED BY '记录间的分隔符'：指定记录间的分隔符。

这两部分可以省略，默认的字段值之间的分隔符是'\t'，默认的记录间的分隔符是'\n'。

【例 6-1】将文本文件 D:/class.txt 中的数据导入到 School 数据库的 Class 表中。

```
USE School;
LOAD DATA INFILE 'D:/class.txt' INTO TABLE Class;
```

【注意】

① \是 MySQL 的转义字符，在 MySQL 中，路径 D:\class.txt 要写成 D:/class.txt。

② 外部文本文件的数据要符合表的要求，包括各列的数据类型一致以及满足主键约束、外键约束、唯一约束、检查约束等。

③ 导入数据的时候若出现错误，提示"The MySQL server is running with the --secure-file-priv option so it cannot execute this statement"，问题源于 MySQL 对导入数据的文件路径作了限定。secure_file_priv 是 MySQL 的一个系统变量，用于设置 MySQL 服务器可以读取的文件存储路径，只有在该路径下的文件才可以被访问。解决方法可以将导入的数据文件存放到指定路径。

先使用语句查看 secure-file-priv 当前的值是什么（结果如图 6-1 所示）：

```
SHOW VARIABLES LIKE '%secure%';
```

这表示导入的数据文件必须在这个值的指定路径下才可以被访问。

执行例 6-1 中的语句时出现上述错误，先将 class.txt 放到 C:\ProgramData\MySQL\MySQL Server 8.3\Uploads 下，然后修改例 6-1 的语句如下：

```
LOAD DATA INFILE 'C:/ProgramData/MySQL/MySQL Server 8.3/Uploads/class.txt'
INTO TABLE Class;
```

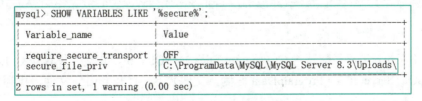

图 6-1 查看指定路径

6.1.2 导出数据

1. 导出数据到文本文件

MySQL 中，可以使用 SELECT…INTO OUTFILE 语句将查询结果导出到一个文本文件中，语句格式如下：

```
SELEC 列名
```

```
    FROM  表名
    [WHERE  条件]
    INTO  OUTFILE  '路径和文件名'
    [FIELDS  TERMINATED  BY  '字段值之间的分隔符'
    LINES  TERMINATED  BY  '记录间的分隔符'];
```

使用 SELECT…INTO OUTFILE 将数据导出到一个文件中，该文件必须是原本不存在的新文件。

【例 6-2】 将 School 数据库的 Student 表中所有记录导出到文本文件 D:\Student.txt 中。

```
    USE  School;
    SELECT  *
    FROM  Student
    INTO  OUTFILE  'D:/Student.txt';
```

若执行例 6-2 中导出数据的语句时出现错误，提示"The MySQL server is running with the --secure-file-priv option so it cannot execute this statement"，则和例 6-1 中导入数据一样，问题源于 MySQL 对导入/导出数据的文件路径作了限定。secure_file_priv 是 MySQL 的一个系统变量，用于设置 MySQL 服务器可以读取/写入的文件存储路径，只有在该路径下的文件才可以被访问。可以将 secure_file_priv 的值设置如下：

问题解决——MySQL 导出数据出现问题

① 设置为空。该变量无效，文件可以放在任意路径下。这不是一个安全的设置。
② 设置为目录名。限定导入/导出的文件必须在该目录下，该目录必须存在。
③ 设置为 NULL。禁止导入/导出操作。

解决方法 1：将导入/导出的数据文件放到指定路径

和例 6-1 的解决方法一样，将存放导出数据的文件路径修改为 C:\ProgramData\MySQL\MySQL Server 8.3\Uploads。修改例 6-2 的语句为：

```
    USE  School;
    SELECT  *
    FROM  Student
    INTO  OUTFILE  'C:/ProgramData/MySQL/MySQL Server 8.3/Uploads/Student.txt';
```

解决方法 2：查看修改 my.ini 文件

MySQL 8.3 的安装路径默认为 C:\Program Files\MySQL。my.ini 文件位置在 C:\ProgramData\MySQL\MySQL Server 8.3（ProgramData 是隐藏文件）下。打开 my.ini 文件，找到如图 6-2 所示的代码。

```
secure-file-priv="C:/ProgramData/MySQL/MySQL Server 8.3/Uploads"
```

图 6-2 "my.ini" 文件中的路径

修改该代码中的路径，如修改为 secure-file-priv="D:/"，表示限定导入/导出的文件必须放在 D 盘根目录下。如修改为 secure-file-priv=""（双引号中间没有空格），表示对导入/导出的文件所在路径没有限定，即可以放在任意路径下。

最后，重启 MySQL 服务。不是简单关闭 MySQL 客户端窗口，而是必须停止 MySQL 服务后再启动 MySQL 服务，否则设置不生效。

【例6-3】 将 School 数据库的 Student 表中的所有记录导出到文本文件 D:\s2.txt 中,字段值之间使用":"分隔,记录之间使用换行分隔。

```
USE School;
SELECT *
FROM Student
INTO OUTFILE 'D:/s2.txt'
FIELDS TERMINATED BY ':'
LINES TERMINATED BY '\r\n';
```

2. 导出数据到 Excel 文件

除了导出数据到文本文件,也可以导出到 Excel 文件,但可能出现中文乱码问题。出现乱码的原因是 Excel 的默认编码方式是 GB2312,需要将查询字段的编码转换为 GB2312,双方达成一致就不再出现乱码。将字段的编码转换为 GB2312 使用 CONVERT 语句,格式如下:

```
SELECT CONVERT(列名 USING GB2312)
FROM 表名
[WHERE 条件]
INTO OUTFILE 'Excel 文件的路径和文件名';
```

【例6-4】 将 School 数据库的 Student 表中的 Sno 和 Sname 列数据导出到 Excel 文件 D:\Student.xls 中。

```
SELECT Sno,CONVERT(Sname USING GB2312)
FROM Student
INTO OUTFILE 'D:/Student.xls';
```

【任务总结】

在 MySQL 中,除了使用 LOAD DATA INFILE 语句导入外部文件数据,还可以使用 mysqlimport 程序命令导入。导出数据除了使用 SELECT…INTO OUTFILE 语句,也可以使用 mysqldump 或 mysql 程序命令实现。

任务6.2 备份和恢复数据库

【任务提出】

备份和恢复数据库

无论计算机技术如何发展,即使是最可靠的软件和硬件,也可能会出现系统故障和产品故障。另外,在数据库使用过程中,也可能会出现用户操作失误、蓄意破坏、病毒攻击和自然灾难等。备份数据库是数据库管理员最重要的任务之一,为保证数据库及系统的正常、安全使用,数据库管理员必须及时备份数据库中的数据。

【任务分析】

MySQL 提供多种方法对数据进行备份和恢复,可以进行手动备份,也可以设置定时自动备份。

【相关知识与技能】

6.2.1 手动备份数据库

手动备份数据库常用的方法是使用 MySQL 自带的可执行程序命令 mysqldump。mysqldump 命令将数据库中的数据备份成一个脚本文件或文本文件。表的结构和表中的数据将存储在生成的脚本文件或文本文件中。

mysqldump 命令的语句格式如下：

```
mysqldump -uroot -p --databases  数据库名>路径和备份文件名
```

如果密码在-p 后直接给出，密码就以明文显示，为保护用户密码，可以先不输入，按〈Enter〉键后再输入用户密码。选项--databases 可以省略，但是省略后会导致备份文件中没有 CREATE DATABASE 和 USE 语句。

mysqldump 是 MySQL 自带的可执行程序命令，在 MySQL 安装目录下的 bin 文件夹中。该程序命令在 DOS 窗口中使用，如果使用时提示错误"不是内部或外部命令……"，则有以下两种解决方法。

① 将 MySQL 安装目录下的 bin 文件夹路径添加到 Windows 的"环境变量"→"系统变量"→"Path"中。再重新打开 DOS 窗口输入 mysqldump 命令。

② 在 DOS 窗口中，使用 cd 命令切换到 bin 目录下，如"CD   C:\Program Files\MySQL\MySQL Server 8.3\bin"，然后输入 mysqldump 命令。

【例 6-5】 备份 School 数据库到 D:\schoolbak.sql。

```
mysqldump -uroot -p --databases  School>D:/schoolbak.sql
```

6.2.2 定时自动备份数据库

1. 创建一个 bat 文件

例如新建文件 dump.bat，文件中的内容如下：

```
   "C:\Program Files\MySQL\MySQL Server 8.3\bin\mysqldump" -uroot -p123456 --databases School>D:\schoolbak.sql
```

先新建一个记事本，在其中输入以上内容后，再修改该记事本文件名为"dump.bat"。

其中，C:\Program Files\MySQL\MySQL Server 8.3\bin\mysqldump 为 mysqldump.exe 所在路径。-p 后面为 root 用户的密码，School 为备份的数据库名，D:\schoolbak.sql 为备份文件的路径和文件名。

然后双击运行 bat 文件，会在 D 盘根目录下生成数据库备份文件 schoolbak.sql。

2. 添加计划任务

在"计算机管理"窗中选择"任务计划程序"→"创建基本任务向导"选项，如图 6-3 所示。

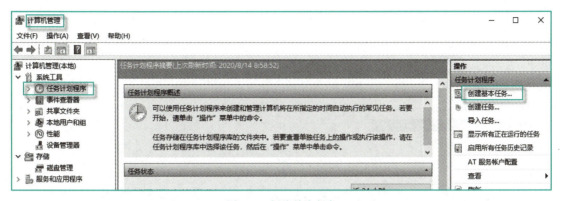

图 6-3　创建基本任务

设置基本任务名称、任务开始时间，如图 6-4 所示。设置启动程序为前面创建的 dump.bat 文件，如图 6-5 所示。

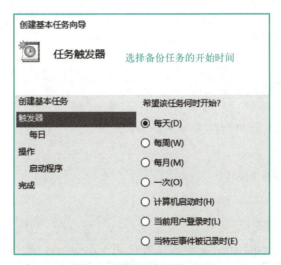

图 6-4　选择任务开始时间

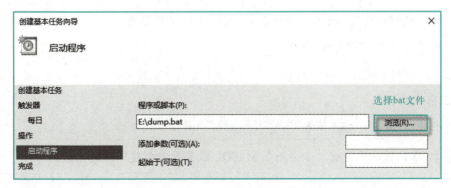

图 6-5　选择 bat 文件

创建完成后，如图 6-6 所示的任务会在每天的 9:30 自动进行 School 数据库的备份。

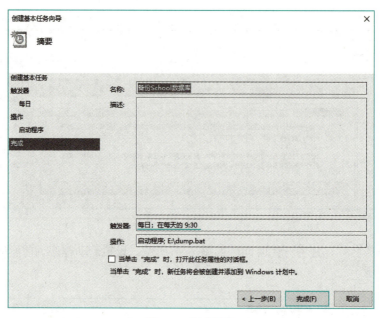

图 6-6　完成创建

6.2.3　恢复数据库

方法 1：使用 MySQL 的 source 命令执行备份文件

其语句格式如下：

　　source　路径/备份文件名

或者使用快捷命令：

　　\.　路径/备份文件名

【注意】　若通过 mysqldump 备份时没有使用--databases 选项，则备份文件中不包含 CREATE　DATABASE 和 USE 语句，那么在恢复时必须先执行这两个语句，否则提示出错：no database selected。

【例 6-6】　通过备份文件 D:\schoolbak.sql 恢复 School 数据库。

　　source　D:/schoolbak.sql

方法 2：在 DOS 窗口中输入 mysql 程序命令执行备份文件

其语法格式如下：

　　mysql　-uroot　-p　数据库名<路径和备份文件名

【注意】　在执行该语句前，必须先在 MySQL 服务器中创建同名的空数据库。

【任务总结】

数据库备份和恢复对于数据安全、数据迁移等都非常重要。备份和恢复数据库可以帮助用户保护数据，减少损失，确保数据的完整性和可靠性。备份和恢复数据库被视为数据库管理工作中必须掌握的技能。

任务 6.3　管理用户及权限

【任务提出】

对于任何一个企业来说，其数据库系统中所保存数据的安全性无疑是非常重要的。MySQL 是一个多用户数据库，具有功能强大的访问控制系统，可以为不同用户指定不同权限。

管理用户及权限

【任务分析】

管理员可以新建多个普通用户，并授予不同普通用户相应的权限。MySQL 默认的超级管理员用户是 root。

【相关知识与技能】

6.3.1　用户管理

MySQL 的用户可以分为以下两大类。
- 超级管理员用户（root）：拥有全部权限。
- 普通用户：由 root 创建，普通用户只拥有管理员分配的权限。

MySQL 的用户描述由两部分组成，第一部分为用户名，第二部分为登录主机名或 IP 地址，描述用户的语句为：'用户名'@'host'。

host 指定允许用户登录所使用的主机名或 IP 地址。例如，'root'@'localhost'指 root 用户只能通过本机的客户端去访问。如果 host=%，表示所有 IP 地址都有连接权限。host 部分可以省略，默认为'%'。

1．新建普通用户

CREATE USER 语句用于创建新的 MySQL 用户，语句格式如下：

```
CREATE USER '用户名'@'host' [IDENTIFIED BY '密码'];
```

其中[IDENTIFIED BY '密码']为可选，如果只使用 CREATE USER '用户名'@'host';，则默认密码为空。

【例 6-7】新建用户 aa，密码为 aa123。

```
CREATE USER 'aa'@'%' IDENTIFIED BY 'aa123';
```

2．删除普通用户

对应语句格式如下：

```
DROP USER '用户名'@'host';
```

【例 6-8】 删除用户 aa。

```
DROP USER 'aa'@'%';
```

3. 修改密码

修改密码对应语句格式如下：

```
ALTER USER '用户名'@'host' IDENTIFIED BY '新密码';
```

若用户修改自己的密码，可以不需要直接命名自己的账户，对应语句格式如下：

```
ALTER USER user() IDENTIFIED BY '新密码';
```

【例 6-9】 修改用户 aa 的密码为 new123。

```
ALTER USER 'aa'@'%' IDENTIFIED BY 'new123';
```

4．Windows 中 MySQL 的 root 用户密码丢失的解决方法

具体操作步骤如下：

① 停止 MySQL 服务。

② 新建一个记事本文件，如为 C:\init.txt。

在该记事本文件中输入：

问题解决——Windows 中 MySQL 的 root 用户密码丢失

```
ALTER USER 'root'@'localhost' IDENTIFIED BY '新密码';
```

【说明】 新密码为新设置的密码。

③ 以管理员身份运行 cmd，在 DOS 窗口中输入 mysqld 程序命令，如图 6-7 所示。

```
    mysqld --defaults-file="C:\\ProgramData\\MySQL\\MySQL Server 8.3\\my.ini" --init-file=C:\\init.txt
```

【说明】 其中"C:\\ProgramData\\MySQL\\MySQL Server 8.3\\my.ini"要根据计算机中 my.ini 文件的实际路径来设置。C:\\init.txt 要和第②步新建的记事本文件的路径和文件名一致。

图 6-7　输入 mysqld 程序命令

若提示 mysqld 命令不是内部或外部命令，则先配置环境变量，把 bin 目录添加到系统的环境变量中。或者先使用 cd 命令切换到 MySQL 安装目录下的 bin 目录，如 "CD C:\Program Files\MySQL\MySQL Server 8.3\bin"，如图 6-7 所示。

④ 关闭 DOS 窗口，启动 MySQL 服务，使用新密码就可以连接到 MySQL 服务器。最后可以删除文件 C:\init.txt。

6.3.2　权限管理

1. 权限表

MySQL 服务器通过 MySQL 权限表控制用户对数据库的访问，MySQL 权限表存放在系统

数据库 mysql 中，有 user 表、db 表、tables_priv 表、columns_priv 表等。

user 表：存放用户账户信息以及全局级别（所有数据库）权限，决定来自哪些主机的哪些用户可以访问数据库实例，如果有全局权限，则意味着对所有数据库都有此权限。

db 表：存放数据库级别的权限，决定来自哪些主机的哪些用户可以访问哪些数据库。

tables_priv 表：存放表级别的权限，决定来自哪些主机的哪些用户可以访问哪些数据库的哪些表。

columns_priv 表：存放列级别的权限，决定来自哪些主机的哪些用户可以访问哪些数据库的哪些表的哪些字段。

权限表的验证过程如下：

① 先从 user 表中的 Host、User、authentication_string 这 3 个字段中判断连接的主机名、用户名、密码是否匹配，若匹配，则通过身份验证。

② 通过身份认证后，进行权限分配，按照 user→db→tables_priv→columns_priv 的顺序进行验证。即先检查全局权限表 user，如果 user 表中对应的权限为 Y，则此用户对所有数据库的权限都为 Y，将不再检查 db 表、tables_priv 表、columns_priv 表；如果权限为 N，则到 db 表中检查此用户对应的具体数据库，并得到 db 表中为 Y 的权限；如果 db 表中权限为 N，则检查 tables_priv 表中此数据库对应的具体表，取得表中为 Y 的权限，以此类推。

2. 权限

（1）权限级别
- 全局级别的管理权限：作用于整个 MySQL 实例级别。
- 数据库级别的权限：作用于指定的数据库上。
- 数据库对象级别的权限：作用于指定的数据库对象（表、视图等）上。

（2）MySQL 权限详解
- ALL/ALL PRIVILEGES 权限：代表全局或者全数据库对象级别的所有权限。
- ALTER 权限：代表允许修改表结构的权限。
- ALTER ROUTINE 权限：代表允许修改或者删除存储过程、函数的权限。
- CREATE 权限：代表允许创建新的数据库和表的权限。
- CREATE ROUTINE 权限：代表允许创建存储过程、函数的权限。
- CREATE TABLESPACE 权限：代表允许创建、修改、删除表空间和日志组的权限。
- CREATE TEMPORARY TABLES 权限：代表允许创建临时表的权限。
- CREATE USER 权限：代表允许创建、修改、删除、重命名用户的权限。
- CREATE VIEW 权限：代表允许创建视图的权限。
- DELETE 权限：代表允许删除行数据的权限。
- DROP 权限：代表允许删除数据库、表、视图的权限。
- EVENT 权限：代表允许查询、创建、修改、删除 MySQL 事件的权限。
- EXECUTE 权限：代表允许执行存储过程、函数的权限。
- FILE 权限：代表允许在 MySQL 可以访问的目录中进行读写磁盘文件操作的权限。
- GRANT OPTION 权限：代表允许此用户授权或者收回给予其他用户权限的权限。
- INDEX 权限：代表允许创建和删除索引的权限。
- INSERT 权限：代表允许在表里插入数据的权限。

- LOCK 权限：代表允许对拥有 SELECT 权限的表进行锁定，以防止其他链接对此表读或写的权限。
- PROCESS 权限：代表允许查看 MySQL 中的进程信息的权限。
- REFERENCE 权限：在 5.7.6 版本之后引入，代表允许创建外键的权限。
- RELOAD 权限：代表允许执行 FLUSH 命令的权限。
- REPLICATION CLIENT 权限：代表允许执行 SHOW MASTER STATUS、SHOW SLAVE STATUS、SHOW BINARY LOGS 命令的权限。
- REPLICATION SLAVE 权限：代表允许 SLAVE 主机通过此用户连接 MASTER 以便建立主从复制关系的权限。
- SELECT 权限：代表允许从表中查看数据的权限。
- SHOW DATABASES 权限：代表通过执行 SHOW DATABASES 命令查看所有的数据库名的权限。
- SHOW VIEW 权限：代表通过执行 SHOW CREATE VIEW 命令查看视图创建语句的权限。
- SHUTDOWN 权限：代表允许关闭数据库实例的权限。
- SUPER 权限：代表允许执行一系列数据库管理命令的权限。
- TRIGGER 权限：代表允许创建、删除、执行、显示触发器的权限。
- UPDATE 权限：代表允许修改表中数据的权限。
- USAGE 权限：创建一个用户之后的默认权限，其本身代表连接登录权限。

3. 授予权限

MySQL 8.0 必须先创建普通用户和给用户设置密码，然后管理员才能授予普通用户权限。
使用 GRANT 语句授予用户权限，语句格式如下：

```
GRANT 权限 ON 对象名 TO 用户;
```

可根据实际需求授予不同用户不同级别的权限，具体如下。

（1）授予用户 MySQL 管理员的权限

全局级别（所有数据库）权限可以在系统数据库 mysql 中的 user 表中查看。语句格式如下：

```
GRANT ALL ON *.* TO '用户名'@'host' WITH GRANT OPTION;
```

（2）授予用户所有数据库中的所有权限（除了 GRANT OPTION 之外）

全局级别（所有数据库）权限可以在系统数据库 mysql 中的 user 表中查看。语句格式如下：

```
GRANT ALL ON *.* TO '用户名'@'host';
```

（3）授予用户某一数据库中的所有权限

数据库级别的权限可以在系统数据库 mysql 中的 db 表中查看。对象名使用"数据库名.*"。语句格式如下：

```
GRANT ALL ON 数据库名.* TO '用户名'@'host';
```

（4）授予用户某一数据库中某一张表的所有权限

表级别的权限可以在系统数据库 mysql 中的 tables_priv 表中查看。对象名使用"数据库名.

表名"。语句格式如下：

```
GRANT  ALL  ON  数据库名.表名  TO  '用户名'@'host';
```

（5）授予用户某一数据库中某一张表中某一个字段的权限

列级别的权限可以在系统数据库 mysql 中的 tables_priv 表和 columns_priv 表中查看。语句格式如下：

```
GRANT  权限(字段名)  ON  数据库名.表名  TO  '用户名'@'host';
```

【例 6-10】 创建用户'ceshi1'@'localhost'、'ceshi2'@'localhost'、'ceshi3'@'localhost'、'ceshi4'@'localhost'，并分别授予不同级别的权限。

```
#创建用户
CREATE  USER  'ceshi1'@'localhost'  IDENTIFIED  BY  '123';
CREATE  USER  'ceshi2'@'localhost'  IDENTIFIED  BY  '123';
CREATE  USER  'ceshi3'@'localhost'  IDENTIFIED  BY  '123';
CREATE  USER  'ceshi4'@'localhost'  IDENTIFIED  BY  '123';
#授予用户'ceshi1'@'localhost'所有数据库的 SELECT 权限
GRANT  SELECT  ON  *.*  TO  'ceshi1'@'localhost';
#授予用户'ceshi2'@'localhost' School 数据库的 SELECT 权限
GRANT  SELECT  ON  School.*  TO  'ceshi2'@'localhost';
#授予用户'ceshi3'@'localhost' School 数据库中 Student 表的 SELECT 权限
GRANT  SELECT  ON  School.Student  TO  'ceshi3'@'localhost';
#授予用户'ceshi4'@'localhost' School 数据库中 Student 表中相应字段的权限
GRANT  SELECT(Sno,Sname),Update(Sex) ON School.Student TO 'ceshi4'@'localhost';
```

4．收回权限

使用 REVOKE 语句收回用户权限。REVOKE 语句跟 GRANT 语句的格式类似，只需要把关键字 TO 换成 FROM 即可。语句格式如下：

```
REVOKE  权限  ON  对象名  FROM  用户名;
```

【注意】 执行 GRANT 语句授予权限、REVOKE 语句收回权限后，该用户只有重新连接 MySQL 数据库，权限才能生效。

【例 6-11】 收回用户'ceshi1'@'localhost'所有数据库的 SELECT 权限。

```
REVOKE  SELECT  ON  *.*  FROM  'ceshi1'@'localhost';
```

5．查看权限

（1）查看当前用户的权限

语句格式如下：

```
SHOW  GRANTS;
```

（2）查看某用户的权限

语句格式如下：

```
SHOW  GRANTS  FOR  用户名;
```

【任务实施】

【练习 6-1】 设置 MySQL 服务的启动类型为"手动"。

【练习 6-2】 修改用户 root 的密码。

【练习 6-3】 备份和恢复 School 数据库。

【练习 6-4】 导出 School 数据库中 Student 表的数据到 TXT 文本文件中。

【练习 6-5】 新建管理员用户，用户名为'admin'@'localhost'。

【练习 6-6】 新建普通用户'ceshi1'@'localhost'，并授予该用户 School 数据库的所有权限。

【练习 6-7】 新建普通用户'ceshi2'@'localhost'，并授予该用户 School 数据库的 Student 表的所有权限。

【练习 6-8】 修改普通用户'ceshi2'@'localhost'的密码，查看该普通用户的权限。

【任务总结】

MySQL 管理用户及权限可以帮助控制用户对数据库的访问和操作权限，防止非授权用户访问和修改数据库的数据。通过授权和限制用户的权限，可以有效地保护数据的安全性和完整性。MySQL 管理用户及权限被视为数据库管理中不可或缺的任务。

理论练习

一、选择题

1. MySQL 中，恢复数据库可以使用（   ）。
   A．mysqldump　　　B．mysql　　　C．backup　　　D．return

2. 给用户名 zhangsan 分配对数据库 studb 中的 stuinfo 表的查询和插入数据权限的语句是（   ）。
   A．GRANT SELECT,INSERT ON studb.stuinfo FOR 'zhangsan'@'localhost';
   B．GRANT SELECT,INSERT ON studb.stuinfo TO 'zhangsan'@'localhost';
   C．GRANT 'zhangsan'@'localhost' TO SELECT,INSERT FOR studb.stuinfo;
   D．GRANT 'zhangsan'@'localhost' TO studb.stuinfo ON SELECT,INSERT;

3. 删除用户的命令是（   ）。
   A．DROP USER   B．DELETE USER
   C．DROP ROOT   D．TRUNCATE USER

4. MySQL 中存储用户全局级别权限的表是（   ）。
   A．table_priv　　　B．procs_priv　　　C．columns_priv　　D．user

5. MySQL 中，备份数据库的命令是（   ）。
   A．mysqldump　　　B．mysql　　　C．backup　　　D．copy

6. 以下（   ）表不用于 MySQL 的权限管理。
   A．user　　　B．db　　　C．columns_priv　　D．manager

7. 收到用户的访问请求后，MySQL 最先在（   ）表中检查用户的权限。
   A．table_priv　　　B．procs_priv　　　C．columns_priv　　D．user

8. 创建用户的语句是（   ）。
   A．JOIN USER   B．CREATE USER

C. CREATE ROOT   D. MySQL USER

9. 给用户授权使用下列（　　）语句。

   A. GIVE   B. SET   C. PASS   D. GRANT

10. 授予用户权限时，ON 子句中使用"*.*"表示（　　）。

    A. 授予数据库的权限   B. 授予列的权限
    C. 授予表的权限   D. 授予所有数据库的权限

11. 下列（　　）语句可以指定用户将自己所拥有的权限授予其他的用户。

    A. PASS GRANT OPTION   B. WHITH GRANT OPTION
    C. GET GRANT OPTION   D. SET GRANT OPTION

12. 以下语句可以删除用户的是（　　）。

    A. DELETE USER   B. REVOKE USER
    C. DROP USER   D. RENAME USER

13. 下列（　　）语句可以收回用户权限。

    A. ROLLBACK   B. GET
    C. BACK   D. REVOKE

14. 下列（　　）语句用在创建用户时设定密码。

    A. PASSWORD BY   B. PWD BY
    C. IDENTIFIED BY   D. SET BY

15. 下列关于用户及权限的叙述中，错误的是（　　）。

    A. 删除用户时，系统同时删除该用户创建的表
    B. root 用户拥有操作和管理 MySQL 的所有权限
    C. 系统允许给用户授予与 root 相同的权限
    D. 新建用户必须经授权才能访问数据库

16. 把对 School 数据库中 Student 表的全部操作权限授予用户 User1 和 User2 的语句是（　　）。

    A. GRANT ALL ON School.Student TO User1,User2;
    B. GRANT School.Student ON ALL TO User1,User2;
    C. GRANT ALL TO School.Student ON User1,User2;
    D. GRANT ALL TO User1,User2 ON School.Student;

17. 设 School 数据库有学生表 Student（Sno，Sname，Sdept），若要收回用户 User1 修改字段学号 Sno 的权限，正确的语句是（　　）。

    A. REVOKE UPDATE(Sno) ON School.Student FROM User1;
    B. REVOKE UPDATE ON School.Student FROM User1;
    C. REVOKE UPDATE(Sno) ON User1 FROM School.Student;
    D. REVOKE UPDATE School.Student(Sno) FROM User1;

18. 设有如下语句：REVOKE SELECT ON Student FROM 'tmpuser'@'localhost';，以下关于该语句的叙述中，正确的是（　　）。

    A. 收回'tmpuser'@'localhost'用户对 Student 表的 SELECT 权限
    B. 收回'tmpuser'@'localhost'用户对所有表的 SELECT 权限
    C. 回滚对 tmpuser 用户授权操作

D．回滚对 Student 的授权操作

19．在"GRANT ALL ON *.* TO"授权语句中，ALL 和 *.* 的含义分别是（　　）。

A．所有权限、所有数据库表　　　　B．所有数据库表、所有权限
C．所有用户、所有权限　　　　　　D．所有权限、所有用户

20．执行 REVOKE 语句的结果是（　　）。

A．用户的权限被撤销，但用户仍保留在系统中
B．用户的权限被撤销，并且从系统中删除该用户
C．将某个用户的权限转移给其他用户
D．保留用户权限

21．在 DROP USER 语句的使用中，若没有明确指定账户的主机名，则该账户的主机名默认为（　　）。

A．%　　　　　B．localhost　　　　C．root　　　　D．super

22．下列关于表的叙述中，错误的是（　　）。

A．所有合法用户都能执行创建表的命令
B．MySQL 中建立的表一定属于某个数据库
C．建表的同时能够通过 PRIMARY KEY 指定表的主键
D．MySQL 中允许建立临时表

23．在 MySQL 中，用户账号信息存储在（　　）表中。

A．mysql.host　　　　　　　　　　B．mysql.account
C．mysql.user　　　　　　　　　　D．information_schema.user

24．MySQL 数据库中最小授权对象是（　　）。

A．列　　　　　B．表　　　　　C．数据库　　　　D．用户

二、简答题

1．MySQL 有哪些权限表？分别存放什么级别的权限？
2．简述 MySQL 权限表的验证过程。

提 高 篇

项目 7　设计数据库

数据库的开发步骤是先进行数据库设计,然后根据设计结果进行数据库实施和维护管理。而项目 2 开始直接根据设计结果进行数据库实施,在本项目才进行数据库设计,原因是数据库设计是难度最高的一步,尤其对于初学者来说,更是无从下手。

数据库设计是软件开发中不可缺少的环节。现实世界存在内外复杂的连接关系,因此需要对数据库进行设计。

本项目完成数据库的设计。学习目标具体如下。

【知识目标】
- 理解数据库设计步骤、数据库三级模式;
- 理解概念模型、关系模型;
- 理解关系规范化、1NF、2NF、3NF。

【能力目标】
- 能够根据需求分析结果设计数据库概念模型;
- 能够将概念模型转换为关系模型;
- 能够将关系规范到 3NF。

【素质目标】
- 关注流程的合理性,培养对数据库设计和管理的创新思维能力;
- 注重培养对数据库设计和管理的规范意识和技术评估能力。

任务 7.1　数据库设计步骤及数据库三级模式

【任务提出】

数据库设计是软件开发中不可缺少的环节。数据库设计的过程,是一个把现实世界中需要管理的实体、对象、属性等事物的静态特性分析抽取,建立并优化出一个可以在计算机上实现的数据模型的过程。

数据库设计步骤及数据库三级模式

【任务分析】

良好的数据库设计能节省数据的存储空间,保证数据的完整性,方便进行数据库应用系统的开发。

糟糕的数据库设计会造成数据冗余、存储空间浪费、数据更新和插入异常等。

【相关知识与技能】

7.1.1 数据库设计步骤

数据库设计步骤包括：需求分析、概念结构设计、逻辑结构设计、物理结构设计。其中需求分析和概念结构设计独立于任何数据库管理系统。

① 需求分析阶段：分析清楚用户的需求，包括数据、功能和性能方面的需求。

② 概念结构设计阶段：根据需求分析阶段分析得到的结果，设计数据库的概念模型。常用的设计方法是采用实体-联系（Entity-Relationship）方法，该方法用 E-R 图来描述现实世界的概念模型，也称为 E-R 方法或 E-R 模型。

③ 逻辑结构设计阶段：根据概念模型设计数据库的逻辑模型。目前常用的逻辑模型是关系模型，关系模型中数据的逻辑结构是一张二维表，称为关系。即该阶段的设计任务是将概念结构设计阶段得到的 E-R 图转换为关系。

④ 物理结构设计阶段：根据 DBMS 的特点和处理的需要，进行物理存储安排，建立索引，形成数据库内模式。

一个成功的管理系统是由"50%的业务+50%的软件"所组成，而 50%的成功软件又是由"25%的数据库+25%的程序"所组成，因此数据库设计的好坏非常关键。如果把企业的数据视为生命所必需的血液，那么数据库的设计就是应用中最重要的一部分。

7.1.2 数据库三级模式

美国国家标准协会（American National Standards Institute，ANSI）的数据库管理系统研究小组于 1978 年提出了标准化的建议，将数据库结构分为 3 级：面向用户或应用程序员的用户级、面向建立和维护数据库人员的概念级、面向系统程序员的物理级。

数据库三级模式如图 7-1 所示。

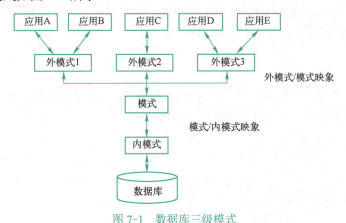

图 7-1 数据库三级模式

1. 外模式

外模式又称用户模式，对应于用户级。它是某个或某几个用户所看到的数据库的数据视图。外模式是从模式导出的一个子集，包含模式中允许特定用户使用的那部分数据。用户可以通过外模式描述语言来描述、定义对应于用户的数据记录（外模式），也可以利用数据操纵语言（Data Manipulation Language，DML）对这些数据记录进行操作。外模式反映了数据库的用户观。

2. 模式

模式又称逻辑模式，对应于概念级。它是由数据库设计者综合所有用户的数据，按照统一观点构造的全局逻辑结构，是对数据库中全部数据的逻辑结构和特征的总体描述。它是由数据库管理系统提供的数据描述语言（Data Description Language，DDL）来描述、定义的，反映了数据库系统的整体观。

3. 内模式

内模式又称存储模式，对应于物理级，它是数据库中全体数据的内部表示或底层描述，描述数据在存储介质上的存储方式和物理结构，对应实际存储在外存储介质上的数据库。

在一个数据库系统中，数据库是唯一的，因而作为描述、定义数据库存储结构的内模式和描述、定义数据库逻辑结构的模式也是唯一的，但建立在数据库系统之上的应用则是非常广泛、多样的，所以对应的外模式不是唯一的，也不可能是唯一的。

【任务总结】

三分技术，七分管理，十二分基础数据。请重视数据库设计。

任务 7.2　需求分析

【任务提出】

需求分析简单而言就是分析用户的需求，它是设计数据库的起点。需求分析结果是否准确反映用户的实际要求将直接影响到后面各阶段的设计，并影响到设计结果是否合理和实用。

需求分析

【任务分析】

需求分析是数据库设计的第一步。必须在熟悉实际业务活动的基础上分析清楚各种需求，包括信息要求、处理要求、安全性和完整性要求等。

【相关知识与技能】

7.2.1　需求分析任务

需求分析的任务是通过详细调查现实世界要处理的对象（组织、部门、企业等），充分了解原系统的工作概况，明确用户的各种需求，然后在此基础上确定新系统的功能。新系统必须充分考虑今后可能的扩充和改变，不能仅仅按当前应用需求来设计数据库。

调查的重点是"数据"和"处理"，通过调查、收集与分析，获得用户对数据库的信息要求、处理要求、安全性与完整性要求。

1. 调查用户需求的具体步骤

① 调查组织机构情况。
② 调查各部门的业务活动情况。
③ 在熟悉业务活动的基础上，协助用户明确对新系统的各种要求，包括信息要求、处理要求、安全性与完整性要求。
④ 确定新系统的边界。对前面的调查结果进行初步分析，确定哪些功能由计算机完成或将来准备让计算机完成，哪些活动由人工完成。由计算机完成的功能就是新系统应该实现的功能。

2. 常用调查方法

① 跟班作业。通过亲自参加业务工作了解业务活动的情况。
② 开调查会。通过与用户座谈了解业务活动情况及用户需求。
③ 请专人介绍。
④ 询问。对某些调查中的问题，可以找专人询问。
⑤ 设计调查表，请用户填写。
⑥ 查阅记录。查阅与原系统有关的数据记录。

7.2.2 数据字典

数据字典是关于数据库中数据的描述，在需求分析阶段建立，是进行下一步概念结构设计的基础。开发人员和维护人员在遇到不了解的条目的时候，可以通过数据字典查看相应条目的解释，例如数据的类型、可能预先定义的值，以及相关的文字性描述。这些解释可以减少数据之间的不兼容现象。

数据字典通常包括数据项、数据结构、数据流、数据存储、处理过程五个部分。其中，数据项是数据的最小组成单位，若干个数据项可以组成一个数据结构。数据字典通过对数据项和数据结构的定义来描述数据流和数据存储的逻辑内容。

数据项是不可再分的数据单位，对数据项的描述通常为

数据项={数据项名，数据项含义说明，别名，数据类型，长度，取值范围，取值含义，与其他数据项的逻辑关系，数据项之间的联系}

其中，"取值范围""与其他数据项的逻辑关系"定义数据的完整性约束条件，是设计数据检验功能的依据。

【例7-1】 学生信息管理系统中"学号"数据项的描述。

数据项名：学号
数据项含义说明：唯一标识每个学生
别名：学生编号
数据类型：字符型
长度：15
取值范围：000000000000000～999999999999999
取值含义：前4位为学生入学年份，从第5位开始分别表示学院、专业、班级和序号。

与其他数据项的逻辑关系：学号的值确定其他数据项的值。

【任务总结】

需求分析是数据库设计的第一步，也是最关键、最难的一步，因为本阶段的任务是从不确定的现实世界抽取出较为确定的用户需求，明确系统的总体目标。

任务 7.3　概念结构设计

【任务提出】

概念结构设计

在需求分析的基础上，针对系统中的数据专门进行抽取、分类、整合，建立数据模型。针对现实世界与计算机世界的不同表达思维，在设计过程中把数据模型进行分层，一层是面向现实世界的问题描述的概念模型，一层是面向计算机世界实现的逻辑模型。概念结构设计阶段的任务是根据需求分析的结果进行概念模型的设计。

【任务分析】

概念结构设计采用实体-联系方法对信息世界进行建模，得到概念模型。该方法用 E-R 图来描述现实世界的概念模型，也称为 E-R 方法或 E-R 模型。

【相关知识与技能】

7.3.1　信息世界的基本概念

1. 现实世界、信息世界、机器世界

3 个世界如图 7-2 所示。

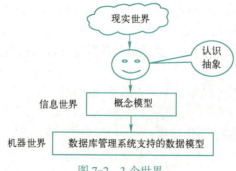

图 7-2　3 个世界

现实世界：存在人脑之外的客观世界。
信息世界：现实世界在人脑中的反应。
机器世界：信息世界中的信息在计算机中的数据存储。

2. 实体

实体是客观存在且可区别于其他对象的事物。实体可以是具体的对象，如学生、课程、班级等，也可以是抽象的事件，如订货、购物等。

3. 属性

属性是实体所具有的某一特性。一个实体可以由若干个属性来刻画，如学生实体可以由学号、姓名、性别、出生日期等属性来描述。

4. 联系

联系是实体之间的联系，可以分为3种类型。

（1）一对一（1∶1）

实体集 A 中的每个实体，在实体 B 中至多只有一个实体与之对应，反之亦然，则称实体 A 与实体 B 之间的联系是一对一联系。

举例：班级—班长

（2）一对多（1∶n）

实体集 A 中的每个实体，在实体 B 中有任意个（零个或多个）实体与之相对应，而对于 B 中的每个实体却至多和 A 中的一个实体相对应，则称实体 A 与实体 B 之间的联系是一对多联系。

举例：班级—学生　　部门—员工

（3）多对多（m∶n）

实体集 A 中的每个实体，在实体 B 中有任意个（零个或多个）实体与之相对应，反之亦然，则称实体 A 与实体 B 之间的联系是多对多联系。

举例：学生—课程　　订单—商品

7.3.2 E-R 图

E-R 图中的基本元素有：实体、属性、联系，表示符号见表 7-1。

表7-1　E-R 图中的表示符号

符号	含义
□	实体，一般是名词
○	属性，一般是名词
◇	联系，一般是动词

1. 实体

实体用带实体名的矩形框表示，如图 7-3 所示。

图 7-3　实体表示图

2. 属性

属性用带属性名的椭圆形表示，并用直线将其与相应的实体连接起来，如图 7-4 所示。

图 7-4　实体及属性表示图

3. 联系

联系用带联系名的菱形框表示，并用直线将联系与相应的实体连接起来，且在直线靠近实体的一端标上联系的类型，1∶n 或 1∶1 或 n∶m。1∶1 表示一对一联系，1∶n 表示一对多联系，m∶n 表示多对多联系，如图 7-5 所示。

图 7-5　联系表示图

【注意】联系本身也是一种实体，也可以有属性。如果一个联系具有属性，则这些属性也要用直线与该联系连接起来，如图 7-6 所示。

图 7-6　联系表示图

7.3.3　设计概念模型

设计概念模型最常用的策略是采用自底向上方法，即第一步是抽象数据并设计分 E-R 图，即按业务活动或功能模块进行分块绘制；第二步是合并分 E-R 图，生成总 E-R 图。

1. 设计分 E-R 图

步骤 1：确定实体。在该系统中要具体描述清楚的客观存在的对象。

步骤 2：确定实体间的联系及联系类型。

步骤 3：确定实体及联系的属性。

实际上，实体与属性是相对而言的，同一事物，在一种应用环境中作为"属性"，在另一种应用环境中也可以作为"实体"。例如，学校中的专业，在某种应用环境中，它只是作为"学生"实体的一个属性，表明一个学生属于哪个专业；而在另一种环境中，由于需要描述清楚专业培养目标、专业主任、教师人数等，这时它就需要作为实体。

一般来说，在给定的应用环境中，属性不能再具有需要描述的性质，即属性必须是不可再分的数据项，不能再由另一些属性组成。属性不能与其他实体具有联系，联系只能发生在实体之间。

2. 合并分 E-R 图

当系统功能较复杂时,设计分 E-R 图后须合并分 E-R 图。

各个局部应用所面向的问题不同,且通常由不同的设计人员进行分 E-R 图设计,这就导致各个分 E-R 图之间必定会存在许多不一致的地方,因此合并分 E-R 图时并不能简单地将各个分 E-R 图画到一起,而是必须着力消除各个分 E-R 图中的冲突,以形成一个能为全系统中所有用户共同理解和接受的统一的概念模型。

合理消除各分 E-R 图之间的冲突是合并分 E-R 图的主要工作与关键所在,各分 E-R 图之间的冲突主要有 3 类:属性冲突、命名冲突、结构冲突。

(1) 属性冲突

1) 属性域冲突。属性值的类型、取值范围不同。例如,在用户管理分 E-R 模型中,用户 ID 定义为整数类型;而在部门人员管理分 E-R 模型中,用户 ID 定义为字符型。

2) 属性取值单位冲突。同种商品的单位不统一,采用的标准不一致。例如,重量单位有的采用公斤,有的采用斤,有的采用克。

属性冲突理论上易解决,实际应用中主要通过讨论协商。

(2) 命名冲突

1) 同名异义。不同意义的对象在不同的局部应用中具有相同的名字。例如,网上商城系统中,管理人员的用户类型和客户的用户类型,虽然都是用户类型,实际上对应的含义不尽相同。

2) 异名同义。同一意义的对象在不同的局部应用中具有不同的名字。例如,有些称用户属于某种用户类型,也有称用户属于某种用户类别,实际上表达的都是用户与用户类型之间的联系。

命名冲突可能发生在实体、联系或属性各级上,其中以属性级最常见。处理方法类似属性冲突,以讨论协商为主。

(3) 结构冲突

1) 同一对象在不同应用中具有不同的抽象层次。例如,同是用户类型,可以作为实体存在,也可以作为属性存在。

解决方法:属性变换为实体或实体变换为属性。

2) 同一实体在不同分 E-R 图中所包含的属性个数和属性不尽相同。例如,销售中的商品所包含的属性与库存中的商品所包含的属性有所不同。

解决方法:根据实际需求对实体的属性进行合并调整。

3. 学生成绩管理子系统数据库的 E-R 图设计

【例 7-2】 学生成绩管理子系统数据库的 E-R 图设计。

学生成绩管理子系统的需求分析简要描述如下。

学生成绩管理是学生信息管理的重要部分,也是学校教学工作的重要组成部分。学生成绩管理子系统的开发能大大减轻教务管理人员和教师的工作量,同时能使学生及时了解选修课程成绩。该系统主要包括学生信息管理、课程信息管理、成绩管理等,具体功能如下。

① 完成数据的录入和修改,数据包括班级信息、学生信息、课程信息、学生成绩等。班级信息包括班级编号、班级名称、所在学院、所属专业、入学年份等。学生信息包括学生的学

号、姓名、性别、出生日期等。课程信息包括课程编号、课程名称、课程学分、课程学时等。各课程成绩包括各门课程的平时成绩、期末成绩。

② 实现基本信息的查询,包括班级信息的查询、学生信息的查询、课程信息的查询和成绩的查询等。

③ 实现信息的查询统计,主要包括各班学生信息的统计、学生选修课程情况的统计、开设课程的统计、各课程成绩的统计、学生成绩的统计等。

根据需求分析进行系统 E-R 图设计,按照如下步骤展开。

① 确定实体。

实体有:学生、班级、课程。

② 确定实体间的联系及联系类型。

学生—班级:因为一个学生属于一个班级,而一个班级有多个学生,所以学生—联系为 n∶1 的联系。

学生—课程:一个学生可以选修多门课程,一门课程有多个学生选修,所以学生—课程为 n∶m 的联系。

③ 确定实体及联系的属性。

实体的属性如下。

学生:学号,姓名,性别,出生日期。

班级:班级编号,班级名称,所在学院,所属专业,入学年份。

课程:课程编号,课程名称,课程学分,课程学时。

联系的属性如下。

选修:平时成绩,期末成绩。

④ 绘制 E-R 图,整合并修改完善。

绘制完成的 E-R 图如图 2-2 所示。

【任务实施】

画出以下系统的 E-R 图,注明属性和联系类型。

【练习 7-1】 设有商业销售记账数据库。一个顾客可以购买多种商品,一种商品可供应给多个顾客,每个顾客购买每种商品都有购买数量和购买时间。一种商品由多个供应商供应,一个供应商供应多种商品,供应商每次供应某种商品都有相应的供应数量和供应时间。

各实体的属性如下。

顾客:顾客编号,顾客姓名,单位,电话号码。

商品:商品编号,商品名称,型号,单价。

供应商:供应商号,供应商名,所在地址,联系人,联系电话。

【练习 7-2】 某企业集团有若干工厂,每个工厂生产多种产品,且每一种产品可以在多个工厂生产,每个工厂按照固定的计划数量生产产品;每个工厂聘用多名职工,且每名职工只能在一个工厂工作,工厂聘用职工有聘期和工资。工厂的属性有工厂编号、厂名、地址,产品的属性有产品编号、产品名、规格,职工的属性有职工号、姓名。

【练习 7-3】 设有教师、学生、课程等实体,其中:教师实体包括工作证号、姓名、出生日期、党派等属性;学生实体包括学号、姓名、出生日期、性别等属性;课程实体包括课程号、课程名、预修课号等属性。

设每个教师教授多门课程，一门课程由一个教师教授。每一个学生可选修多门课程，每一个学生选修一门课程有一个成绩。

【任务总结】

数据库概念结构设计的主要任务是根据需求分析的结果分析抽象出实体、联系、属性，并用 E-R 图表示，得到概念模型。

任务 7.4　逻辑结构设计

【任务提出】

该阶段的任务是根据概念模型设计数据库的逻辑模型。目前常用的逻辑模型是关系模型，关系模型中数据的逻辑结构是一张二维表，称为关系。即该阶段的设计任务是将概念结构设计阶段得到的 E-R 图转换为关系。

【任务分析】

将 E-R 图向关系模型转换，要解决的问题是如何将实体和实体间的联系转换为关系，以及如何确定这些关系的属性和键。

【相关知识与技能】

7.4.1　概念模型转换为关系模型

E-R 图是由实体、实体间联系、属性三要素组成的，将 E-R 图转换为关系实际上是将实体、联系、属性转换为关系。转换方法具体如下。

- 一个实体转换成一个关系。关系的属性就是实体的属性，关系的键就是实体的键。
- 一个 m:n 联系转换成一个关系。关系的属性是与之相联系的各实体的键及联系本身的属性，关系的键为各实体键的组合。
- 一个 1:n 联系可以与 n 端对应的关系合并，在 n 端对应的关系中加上 1 端实体的键和联系本身的属性。也可以转换成一个独立的关系，关系的属性是与之相联系的实体的键及联系本身的属性，关系的键为 n 端实体的键。
- 一个 1:1 联系可以与任意一端对应的关系合并，在某一端对应的关系中加上另一端实体的键和联系本身的属性即可。也可以转换成一个独立的关系，关系的属性是与之相联系的实体的键及联系本身的属性，每个实体的键均是该关系的候选键。
- 三个或三个以上实体间的一个多元联系可以转换成一个关系。关系的属性是与之相联系的实体的键及联系本身的属性，关系的键是与之相联系的各实体的键的组合。
- 合并具有相同键的关系。为减少系统中的关系个数，如果两个关系具有相同的主键，可以考虑将其合并为一个关系。合并方法是将其中一个关系的全部属性加入到另一个关系中，然后去掉其中的同义属性（可能同名，也可能不同名），并适当调整属性的次序。

【例 7-3】 将图 2-2 所示的学生成绩管理子系统数据库的 E-R 图转换为关系。

步骤 1：一个实体转换成一个关系。

学生（学号，姓名，性别，出生日期）

班级（班级编号，班级名称，所在学院，所属专业，入学年份）

课程（课程编号，课程名称，课程学分，课程学时）

步骤 2：一个 m∶n 联系转换成一个关系模式。

选修（学号，课程编号，平时成绩，期末成绩）

步骤 3：一个 1∶n 联系与 n 端对应的关系合并。

在学生对应的关系中加上 1 端班级的主键班级编号。

学生（学号，姓名，性别，出生日期，班级编号）

完成转换，学生成绩管理子系统数据库共包含四个关系，具体如下。

学生（学号，姓名，性别，出生日期，班级编号）

班级（班级编号，班级名称，所在学院，所属专业，入学年份）

课程（课程编号，课程名称，课程学分，课程学时）

选修（学号，课程编号，平时成绩，期末成绩）

7.4.2 关系模型的详细设计

关系模型的详细设计包括属性设计和完整性约束设计。

属性设计包括属性名、属性的数据类型、是否为空等基本属性的设计。

完整性约束设计包括主键（PRIMARY KEY）、外键（FOREIGN KEY）、唯一（UNIQUE）、检查（CHECK）等约束的设计。

【例 7-4】 对学生成绩管理子系统的各关系进行详细设计。详细设计结果见表 7-2 至表 7-5。

表 7-2　班级信息表 Class

字段名	字段说明	数据类型	允许空值	约束
ClassNo	班级编号	VARCHAR(50)	否	主键
ClassName	班级名称	VARCHAR(50)	否	
College	所在学院	VARCHAR(50)	否	
Specialty	所属专业	VARCHAR(50)	否	
EnterYear	入学年份	INT	是	

表 7-3　学生信息表 Student

字段名	字段说明	数据类型	允许空值	约束
Sno	学号	VARCHAR(50)	否	主键
Sname	姓名	VARCHAR(50)	否	
Sex	性别	VARCHAR(10)	否	值只能为男或者女

（续）

字段名	字段说明	数据类型	允许空值	约束
Birth	出生日期	DATE	是	
ClassNo	班级编号	VARCHAR(50)	否	外键，参照 Class 表

表 7-4 课程信息表 Course

字段名	字段说明	数据类型	允许空值	约束
Cno	课程编号	VARCHAR(50)	否	主键
Cname	课程名称	VARCHAR(50)	否	
Credit	课程学分	DECIMAL(4,1)	是	值大于 0
CourseHour	课程学时	INT	是	值大于 0

表 7-5 选修成绩表 Score

字段名	字段说明	数据类型	允许空值	约束
Sno	学号	VARCHAR(50)	否	主属性，外键，参照 Student 表
Cno	课程编号	VARCHAR(50)	否	主属性，外键，参照 Course 表
Uscore	平时成绩	DECIMAL(4,1)	是	值在 0~100 之间
EndScore	期末成绩	DECIMAL(4,1)	是	值在 0~100 之间

【任务实施】

【练习 7-4】 将如图 7-7 所示的 E-R 图转换为关系模型，并指出各表的主键和外键。

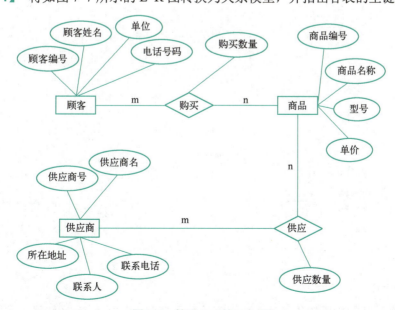

图 7-7 练习 7-4 的 E-R 图

【练习 7-5】 将如图 7-8 所示的 E-R 图转换为关系模型，并指出各表的主键和外键。

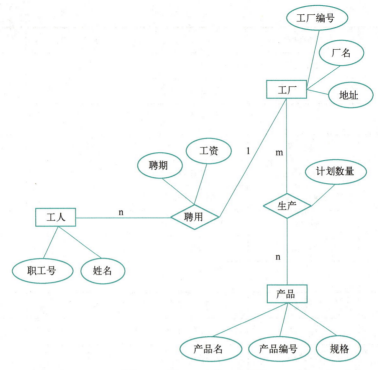

图 7-8 练习 7-5 的 E-R 图

【练习 7-6】 将如图 7-9 所示的 E-R 图转换为关系模型，并指出各表的主键和外键。

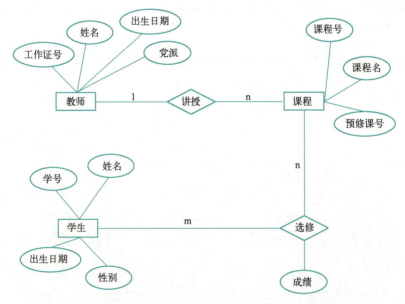

图 7-9 练习 7-6 的 E-R 图

【任务总结】

数据库详细设计的主要任务是设计数据库的关系模型，包括 E-R 图转换为关系、各关系属性的设计和完整性约束设计。

任务 7.5 关系规范化

【任务提出】

数据库逻辑结构设计的结果并不是唯一的，为进一步提高数据库应用系统的性能，需要根据应用进行适当的修改，调整关系模型的结构，即对关系模型进行优化。

关系规范化

关系模型的优化通常以规范化理论为指导，因此关系模型的优化又称为关系模型的规范化。

【任务分析】

如果关系模型设计得不好，属性与属性之间存在某些数据间的依赖，会造成数据冗余太大，导致在插入、删除、修改的操作后出现异常现象，影响数据的一致性和完整性，因此对关系模型进行规范化判断与设计是必要的。根据数据间依赖的种类与程度，规范化的关系可划分为不同的范式。常规应用中有第一范式（1NF）、第二范式（2NF）、第三范式（3NF）。

【相关知识与技能】

7.5.1 关系规范化的基本概念

1. 范式

范式是符合某一种级别的关系模式的集合。关系数据库中的关系必须满足一定的要求，满足不同程度要求的为不同的范式。目前主要有 6 种范式，分别是第一范式、第二范式、第三范式、BC 范式、第四范式和第五范式。满足最低要求的为第一范式，为 1NF。在第一范式基础上进一步满足一些要求的为第二范式，为 2NF。显然，各种范式之间存在如下联系：

$$1NF \supset 2NF \supset 3NF \supset BCNF \supset 4NF \supset 5NF$$

2. 函数依赖

规范化理论致力于解决关系模式中不合适的数据依赖问题。首先是要理解函数依赖的相关概念。

（1）函数依赖

设 R(U) 是一个属性集 U 上的关系，X 和 Y 是 U 的子集。若 R 中不存在两个元组在 X 上的属性值相等，而在 Y 上的属性值不等，则称 "X 函数确定 Y" 或 "Y 函数依赖于 X"，记作 X→Y。

例如，选课关系 Sc（Sno，Cno，Grade，Credit）其中 Sno 为学号，Cno 为课程号，Grade 为成绩，Credit 为学分。该表的主键为（Sno，Cno）。

非主属性对主键的函数依赖有：（Sno，Cno）→Grade，（Sno，Cno）→Credit。

（2）完全函数依赖、部分函数依赖

在关系模式 R(U) 中，如果 X→Y，并且对于 X 的任何一个真子集 X′，都有 X′↛Y，则称

Y 完全函数依赖于 X，记 X $\xrightarrow{f}$ Y。

若 X′→Y，则称 Y 部分函数依赖于 X，记作 X $\xrightarrow{p}$ Y。

例如，函数依赖（Sno，Cno）→Grade，因为 Sno $\not\to$ Grade 和 Cno $\not\to$ Grade，所以（Sno，Cno）$\xrightarrow{f}$ Grade 是完全函数依赖。函数依赖（Sno，Cno）→Credit，因为 Cno→Credit，所以（Sno，Cno）$\xrightarrow{p}$ Credit 是部分函数依赖。

（3）传递函数依赖

在关系模式 R(U) 中，如果 X→Y，Y→Z，且 Y $\not\subseteq$ X，Y $\not\to$ X，则称 Z 传递函数依赖于 X。

例如，Student（Sno，Sname，Dno，Dname），其中各属性分别代表学号、姓名、所在系编号、系名称。Sno→Dno，Dno→Dname，而 Dno $\not\to$ Sno，所以 Dname 传递函数依赖于 Sno，即 Sno $\xrightarrow{传递}$ Dname。

7.5.2 第一范式

第一范式：若关系模式 R 的所有属性都是不可分的基本数据项，则 R∈1NF。第一范式是对关系模式的一个最基本的要求，不满足第一范式的数据库模式不能称为关系数据库。

例如，英文名字分为 FirstName 和 LastName，因此，经常看到如下学生信息，见表 7-6。

表 7-6 学生信息表

Sno	Name		Sex
	FirstName	LastName	
202231010100101	Jun	Ni	男
202231010100102	Guocheng	Chen	男
202231010100207	Kangjun	Wang	女

在表 7-6 中，Name 含有 FirstName 和 LastName 两项，出现"表中有表"的现象，不满足第一范式。将 Name 分成 FirstName 和 LastName 两列，将其规范化，满足第一范式，见表 7-7。

表 7-7 满足 1NF 的学生信息表

Sno	FirstName	LastName	Sex
202231010100101	Jun	Ni	男
202231010100102	Guocheng	Chen	男
202231010100207	Kangjun	Wang	女

满足第一范式的关系模式并不一定是一个好的关系模式。

例如，选课关系 Sc（Sno，Cno，Grade，Credit），其中 Sno 为学号，Cno 为课程号，Grade 为成绩，Credit 为学分。在应用中使用该关系模式存在以下问题：

① 数据冗余太大。假设同一门课由 40 个学生选修，Credit 的值就需要重复 40 次。

② 更新复杂。若调整某课程的学分，相应元组的 Credit 值都要更新，造成修改的复杂性。

③ 插入异常。例如计划开设新课，由于没人选修，学号字段没有值，而学号为主键不能为空，因此只能等有人选修才能把课程号和学分存入数据库。

④ 删除异常。若学生已全部结业，从当前数据库删除选修记录。若某门课程新生尚未选修，则此门课程的课程号及学分信息也被删除了。

7.5.3 第二范式

第二范式：若关系模式 R∈1NF，并且每一个非主属性都完全函数依赖于 R 的主键，则 R∈2NF。如果主键只包含一个属性，则 R∈2NF。

选课关系 Sc 出现上述问题的原因是非主属性 Credit 仅函数依赖于 Cno，也就是 Credit 部分函数依赖主键（Sno，Cno），而不是完全函数依赖。为消除存在的部分函数依赖，可以采用投影分解法，将关系根据完全函数依赖情况进行分解。

将完全函数依赖于（Sno，Cno）的非主属性组成一个新的关系，将完全函数依赖于 Cno 的非主属性组成另一个新的关系，如图 7-10 所示。

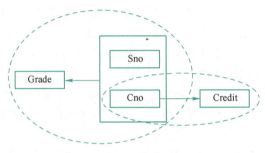

图 7-10　投影分解法

分解后的两个关系模式为 Sc（Sno，Cno，Grade），Course（Cno，Credit），消除了上述问题。

【例 7-5】有如下关系模式，试将该关系模式规范到 2NF。

学生成绩（学号，姓名，性别，课程名，课程号，平时成绩，期末成绩）

步骤 1：判断关系是否满足 1NF。

因为表中每一个属性都是不可分的，故满足 1NF。

步骤 2：判断关系是否满足 2NF，如果不满足，则采用投影分解法分解表。

若关系模式 R∈1NF，并且每一个非主属性都完全函数依赖于 R 的主键，则 R∈2NF。

① 确定主键，主键为学号+课程号。

② 写出每一个非主属性对主键的函数依赖。

（学号，课程号）→姓名

（学号，课程号）→性别

（学号，课程号）→课程名

（学号，课程号）→平时成绩

（学号，课程号）→期末成绩

③ 判断前面的每一个函数依赖是完全的还是部分的，如果是部分的，则写出完全函数依赖。

（学号，课程号）$\xrightarrow{P}$ 姓名　　∵学号→姓名

（学号，课程号）$\xrightarrow{P}$ 性别　　∵学号→性别

（学号，课程号）$\xrightarrow{P}$ 课程名　∵课程号→课程名

（学号，课程号）$\xrightarrow{f}$ 平时成绩

（学号，课程号）$\xrightarrow{f}$ 期末成绩

④ 判断存在部分函数依赖，采用投影分解法分解成如下表。

学生（学号，姓名，性别）

课程（课程号，课程名）

成绩（学号，课程号，平时成绩，期末成绩）

7.5.4 第三范式

第三范式：若关系模式 R∈2NF，并且每一个非主属性都不传递函数依赖于 R 的主键，则 R∈3NF。若 R∈3NF，则 R 的每一个非主属性既不部分函数依赖于主键，也不传递函数依赖于主键。

非主属性对主键存在传递函数依赖指存在以下情况：主键 X→非主属性 Y，非主属性 Y→非主属性 Z，且 Y⊄X，Y↛X，则称非主属性 Z 传递函数依赖于主键 X。

例如，Student（Sno，Sname，Dno，Dname），各属性分别代表学号、姓名、所在系编号、系名称。主键为 Sno，由于主键是单个属性，不会存在非主属性对主键的部分函数依赖，肯定满足 2NF。但在应用中使用该关系模式存在以下问题：

① 数据冗余太大。假设一个系有 300 个学生，Dname 的值就需要重复 300 次。

② 更新复杂。若调整某个系的系名称，相应元组的 Dname 值都要更新，造成修改的复杂性。

③ 插入异常。例如某个系刚成立，还没有招生，Sno 字段没有值，而 Sno 为主键，不能为空，所以只能等招生后才能把 Dno 和 Dname 存入数据库。

④ 删除异常。如果某个系的学生全部毕业，在删除该系学生信息的同时，这个系的编号及其系名称信息也将被删除。

存在以上问题的原因是关系中存在非主属性 Dname 对主键 Sno 的传递函数依赖。

解决方法：采用投影分解法。方法如下：若关系 R（主键 X，非主属性 Y，非主属性 Z，其他非主属性），存在非主属性 Y→非主属性 Z。分解成两个关系：R1（主键 X，非主属性 Y，其他非主属性），R2（非主属性 Y，非主属性 Z）。即将非主属性 Y、非主属性 Z 组成一个新的关系，在原来的关系 R 中去除非主属性 Z。

分解后的两个关系为 Student（Sno，Sname，Dno）和 Depart（Dno，Dname）。

规范化的程度是否越高越好？这要根据实际需求来决定。因为提高范式的方式主要是数据表的拆分，但是"拆分"得越深，产生的关系越多，连接操作就会越频繁，而连接操作最消耗时间，特别对以查询为主的数据库应用来说，频繁的连接会影响查询速度。若某系统的数据库性能比规范化数据库更重要，可以通过在给定的表中添加额外的字段，以大量减少搜索信息所需的时间。

【例 7-6】 设关系模式 R（学号，姓名，出生日期，班级代码，专业代码，专业名称），学校规定：每个学生的学号唯一，一个班级只属于一个专业。

试将该关系模式规范到 3NF。

步骤 1：判断关系是否满足 1NF。

因为表中每一个属性都是不可分的，故满足 1NF。

步骤 2：判断关系是否满足 2NF。

主键是学号，因为主键只包含一个属性，则 R∈2NF。

步骤 3：判断关系是否满足 3NF。

若关系模式 R∈2NF，并且每一个非主属性都不传递函数依赖于 R 的主键，则 R∈3NF。

首先判断是否存在非主属性对主键的传递函数依赖：

∵学号→班级代码，班级代码→专业代码，∴学号 —传递→ 专业代码

∵学号→专业代码，专业代码→专业名称，∴学号 —传递→ 专业名称

存在非主属性对主键的传递函数依赖，采用投影分解法分解为如下表：

R1（学号，姓名，出生日期，班级代码）

R2（班级代码，专业代码）

R3（专业代码，专业名称）

【任务实施】

【练习7-7】 判断表7-8给出的数据集是否可直接作为关系数据库中的关系，若不可以，则修改为关系。

表7-8 练习7-7的数据集

系名	课程名	教师名
计算机系	DB	李军，刘强
机械系	CAD	金山，宋海
造船系	CAM	王华
自控系	CTY	张红，曾健

【练习7-8】 设有表7-9所示的关系R，分析关系R为第几范式。利用规范化理论规范该关系到3NF。

表7-9 关系R

课程名	教师名	教师地址
C1	马千里	D1
C2	于得水	D1
C3	余快	D2
C4	于得水	D1

【练习7-9】 设有表7-10所示的关系R，分析R是否满足3NF。若不满足，它满足第几范式？并规范该关系到3NF。

表7-10 关系R

职工号	职工名	年龄	性别	单位号	单位名
E1	ZHAO	20	F	D3	CCC
E2	QIAN	25	M	D1	AAA
E3	SUN	38	M	D3	CCC
E4	LI	25	F	D3	CCC

【练习7-10】 设有关系模式R（运动员编号，比赛项目，成绩，比赛类别，比赛主管）。其中每个运动员每参加一个比赛项目，就有一个成绩；每个比赛项目只属于一个比赛类别；每个比赛类别只有一个比赛主管。

分析R是否满足3NF，若不满足，请将R规范化到3NF。

【练习7-11】 关系模式：教学（教师编号，教师姓名，教师职称，课程编号，课程名，教学效果，学生编号，学生姓名，学生出生日期，性别，成绩）。其中一个教师可以上多门课，一门课可以由多个教师任课，一个学生可以选修多门课程，一门课程可以被多个学生选修，教学效果为某教师任某门课程的教学评价。

利用规范化理论规范该关系模式到3NF。

【任务总结】

第一范式（1NF）的目标：确保关系的所有属性都是不可分的基本数据项。第二范式（2NF）的目标：确保关系的每一个非主属性都完全函数依赖于关系的主键。第三范式（3NF）的目标：确保关系的每一个非主属性都不传递函数依赖于关系的主键。

在进行数据库设计时，既要考虑三大范式，避免数据的冗余和各种数据操作异常，还要考虑数据访问性能，适当允许少量数据的冗余，才是合适的数据库设计方案。

理论练习

一、选择题

1. 概念结构设计阶段得到的结果是（　　）。
   A. 数据字典描述的数据需求　　B. E-R图表示的概念模型
   C. 某个DBMS所支持的数据模型　　D. 包括存储结构和存取方法的物理结构
2. 关于E-R图，以下描述中正确的是（　　）。
   A. 实体和联系都可以包含自己的属性
   B. 联系仅存在于两个实体之间，即只有二元联系
   C. 两个实体型之间的联系只有1∶1、1∶N两种
   D. 通常使用E-R图建立数据库的物理模型
3. 设某关系模式S（Sno，Cno，G，TN，D），其中Sno表示学号，Cno表示课程号，G表示成绩，TN表示教师姓名，D表示系名。属性间的依赖关系为：（Sno，Cno）→G，CNO→TN，TN→D，则该关系模式最高满足（　　）。
   A. 1NF　　B. 2NF　　C. 3NF　　D. BCNF
4. 现有关系：学生（学号，姓名，课程号，系号，系名，成绩），为消除数据冗余，至少需要分解为（　　）。
   A. 1张表　　B. 2张表　　C. 3张表　　D. 4张表
5. 关系模型的逻辑结构是（　　）。
   A. 二维表　　B. 树形结构　　C. 无向图　　D. 有向图
6. 关系数据库规范化是为解决关系数据库中（　　）的问题而引入的。
   A. 插入异常、删除异常和数据冗余　　B. 提高查询速度
   C. 减少数据操作的复杂性　　D. 保证数据的安全性和完整性
7. 关系数据库的规范化理论指出，关系数据库中的关系应满足一定的要求，最基本的要求是达到1NF，即满足（　　）。

A．主关键字唯一标识表中的每一行
B．关系中的行不允许重复
C．每个非关键字列都完全依赖于主关键字
D．每个属性都是不可再分的基本数据项

8．数据库系统的三级模式是（　　）。
　　A．模式，外模式，内模式
　　B．外模式，子模式，内模式
　　C．模式，逻辑模式，物理模式
　　D．逻辑模式，物理模式，子模式

9．若关系模式 R∈2NF，则下面说法正确的是（　　）。
　　A．某个非主属性不传递依赖于主键
　　B．某个非主属性不部分依赖于主键
　　C．所有非主属性都不部分依赖于主键
　　D．所有非主属性都不传递依赖于主键

10．学生社团可以接纳多名学生参加，但每个学生只能参加一个社团，从社团到学生之间的联系类型是（　　）。
　　A．多对多　　B．一对一　　C．多对一　　D．一对多

11．下列关于 E-R 图向关系模式转换的描述中，正确的是（　　）。
　　A．一个多对多的联系可以与任意一端实体对应的关系合并
　　B．三个实体间的一个联系可以转换为三个关系模式
　　C．一个一对多的联系只能转换为一个独立的关系模式
　　D．一个实体通常转换为一个关系模式

12．数据库的逻辑结构设计任务是把（　　）转换为与所选用的 DBMS 支持的数据模型。
　　A．逻辑结构　　B．物理结构　　C．概念结构　　D．层次结构

13．一个规范化的关系至少应当满足（　　）的要求。
　　A．1NF　　B．2NF　　C．3NF　　D．4NF

14．关系模式中 3NF 是指（　　）。
　　A．满足 2NF 且不存在非主属性对主键的传递依赖现象
　　B．满足 2NF 且不存在非主属性对主键的部分依赖现象
　　C．满足 2NF 且不存在非主属性
　　D．满足 2NF 且不存在组合属性

15．某公司经销多种产品，每名业务员可推销多种产品，且每种产品由多名业务员推销，则业务员与产品之间的关系是（　　）。
　　A．一对一　　B．一对多　　C．多对多　　D．多对一

16．设有关系模式 EMP（职工号，姓名，出生日期，技能），假设职工号唯一，每个职工有多项技能，则 EMP 表的主键是（　　）。
　　A．职工号　　B．姓名，技能　　C．技能　　D．职工号，技能

17．一个实体转换为一个关系模式，关系的主键为（　　）。
　　A．实体的主键　　　　　　　　B．二个实体主键的组合
　　C．n 端实体的主键　　　　　　D．联系的属性

18. 以下关于外键和相应的主键之间的关系，正确的是（　　）。
    A. 外键并不一定要与相应的主键同名
    B. 外键一定要与相应的主键同名
    C. 外键一定要与相应的主键同名而且唯一
    D. 外键一定要与相应的主键同名，但并不一定唯一
19. 满足 2NF 的关系，（　　）。
    A. 可能是 1NF　　　　　　　　B. 必定是 1NF
    C. 必定是 3NF　　　　　　　　D. 必定是 BCNF
20. E-R 模型用于数据库设计的（　　）阶段。
    A. 需求分析　　　　　　　　　B. 概念结构设计
    C. 逻辑结构设计　　　　　　　D. 物理结构设计
21. 表达实体之间逻辑联系的 E-R 模型，是数据库的（　　）。
    A. 概念模型　　B. 逻辑模型　　C. 外部模型　　D. 物理模型
22. 主键中的属性称为（　　）。
    A. 非主属性　　B. 主属性　　　C. 复合属性　　D. 关键属性
23. 下面列出的数据模型中，（　　）是数据库系统中最早出现的数据模型。
    A. 关系模式　　B. 层次模型　　C. 网状模型　　D. 面向对象模型
24. 在概念模型中，客观存在并可以相互区别的事物称为（　　）。
    A. 码　　　　　B. 属性　　　　C. 联系　　　　D. 实体
25. 下面有关主键的叙述中正确的是（　　）。
    A. 不同的记录可以具有重复的主键值或空值
    B. 一张表中的主键可以是一个或多个字段
    C. 在一张表中主键只可以是一个字段
    D. 表中主键的数据类型必须定义为自动编号或字符
26. 设计性能较优的关系模式称为规范化，规范化的主要理论依据是（　　）。
    A. 关系规范化理论　　　　　　B. 关系运算理论
    C. 关系代数理论　　　　　　　D. 数理逻辑
27. 规范化理论是关系数据库进行逻辑设计的理论依据。根据这个理论，关系数据库中的关系必须满足：其每一属性都是（　　）。
    A. 互不相关的　　　　　　　　B. 不可分解的
    C. 长度可变的　　　　　　　　D. 互相关联的
28. 设有关系模式 R（A，B，C），下面的函数依赖推理不正确的是（　　）。
    A. A→B，B→C，则 A→C
    B. AB→C，则 A→C，B→C
    C. A→B，A→C，则 A→BC
    D. A→B，C→B，则 AC→B
29. 关系模式满足 1NF 是指（　　）。
    A. 不存在传递依赖现象　　　　B. 不存在部分依赖现象
    C. 不存在非主属性　　　　　　D. 不存在组合属性
30. 下面对 2NF 的叙述中，不正确的说法是（　　）。
    A. 2NF 模式中不存非主属性对主键的部分依赖
    B. 2NF 模式中不存在传递依赖

C．任何一个二元模式一定满足 2NF

D．不是 2NF 模式，一定不满足 3NF

31．关系模式中，2NF 是指（　　）。

A．满足 1NF 且不存在非主属性对主键的传递依赖

B．满足 1NF 且不存在非主属性对主键的部分依赖

C．满足 1NF 且不存在非主属性

D．满足 1NF 且不存在组合属性

32．关于 E-R 图，以下描述中正确的是（　　）。

A．实体可以包含多个属性，但联系不能包含自己的属性

B．联系仅存在于两个实体之间，即只有二元联系

C．两个实体之间的联系可分为 1∶1、1∶n、m∶n 三种

D．通常使用 E-R 图建立数据库的物理模型

33．下列选项中与 DBMS 无关的是（　　）。

①概念模型　②逻辑模型　③物理模型

A．①　　　　B．①③　　　　C．①②③　　　　D．③

34．在关系模型中，下列规范条件对表的约束要求最严格的是（　　）。

A．BCNF　　　　B．1NF　　　　C．2NF　　　　D．3NF

35．下列关于数据库设计的叙述中，正确的是（　　）。

A．在需求分析阶段建立数据字典

B．在概念结构设计阶段建立数据字典

C．在逻辑结构设计阶段建立数据字典

D．在物理结构设计阶段建立数据字典

36．以下关于数据库设计的叙述中，错误的是（　　）。

A．设计数据库就是编写数据库的程序

B．数据库逻辑设计的结果不是唯一的

C．数据库物理设计与具体的设备和数据库管理系统相关

D．数据库设计时，要对关系模型进行优化

37．在数据库的概念结构设计过程中，最常用的是（　　）。

A．实体-联系模型图（E-R 图）　　　B．UML 图

C．程序流程图　　　　　　　　　　D．数据流图

二、填空题

1．现有关系：学生（学号，姓名，课程号，系号，系名，成绩），为消除数据冗余，至少需要分解为（　　）张表。

2．现有关系：学生（学号，姓名，系号，系名），为消除数据冗余，至少需要分解为（　　）张表。

3．在 E-R 图中，用（　　）表示实体，用（　　）表示联系，用（　　）表示属性。

4．实体之间的联系类型有三种，分别为（　　）、（　　）和（　　）。

5．实体—联系模型的三要素是（　　）、属性和实体之间的联系。

6．将 E-R 图中的实体和联系转换为关系模型中的关系，这是数据库设计过程中（　　　　）设计阶段的任务。

7．关系数据库的规范化理论指出，关系数据库中的关系应满足一定的要求，最基本的要求是满足 1NF，即满足（　　　　）。

8．在数据库设计中使用 E-R 图工具的阶段是（　　　　）。

三、简答题

1．简述数据库设计步骤。

2．理解并给出下列术语的定义：函数依赖、部分函数依赖、完全函数依赖、传递函数依赖、1NF、2NF、3NF。

实践阶段测试

一、测试的目的和要求

1．测试目的

通过测试使学生进一步巩固和提高数据库设计、关系规范化、数据库实施、数据库日常操作和维护管理的能力，同时通过团队合作提高团队合作能力，资料检索和文档撰写能力也得到相应提高。

2．测试要求

要求分团队（2～4 人一组）完成。要求根据数据库设计规范设计数据库，使用 MySQL 灵活创建数据库和管理维护数据库。开发的系统项目名称由小组选择，要有实际应用价值。

具体完成如下任务：
① 数据库需求分析。
② 数据库概念结构设计。
③ 数据库逻辑结构设计。
④ 关系规范化。
⑤ 数据库详细设计。
⑥ 数据库实施：创建数据库、表、约束、索引和视图。

二、测试内容

1．数据库需求分析

分析清楚系统涉及的数据和数据的流程。数据流程指数据在系统中产生、传输、加工处理、使用、存储的过程。

2．数据库概念结构设计

根据数据库需求分析的结果对数据进行抽象、设计各个分 E-R 图，然后合并成总 E-R 图，形成数据库的概念模型。

3．数据库逻辑结构设计

将 E-R 图转换为关系模型。

4．关系规范化

将各关系规范到 3NF。

5．数据库详细设计

① 根据命名规范确定各表名和属性名。
② 表详细设计，包括字段名、数据类型、长度、是否为空、默认值、约束（主键约束、外键约束、唯一约束、检查约束）。
③ 视图设计，包括创建哪些视图，视图来源自哪些表，视图包含哪些字段。
④ 索引设计，包括在哪张表的字段上创建索引，索引的类型是什么。

6．数据库实施
① 创建数据库、表、约束、视图和索引。
② 表结构设计必须合理，根据实际情况设置表字段约束、表间关系。
③ 根据实际情况和视图的优点创建若干视图。
④ 根据实际情况和索引的优点创建若干索引。
⑤ 表中的记录数没有限制，可以少量。

7．备份数据库
备份数据库生成备份文件。

项目 8　创建函数和存储过程

本书项目 8~9 以实现项目"网上商城系统"数据库 eshop 的各项功能贯穿。

电子商务是网络时代非常活跃的活动，与人们的生活越来越密不可分。网上商城是电子商务的核心元素与组成，是日常电子商务活动的基础平台。"网上商城系统"数据库 eshop 中的各表结构见【项目资源】，请先下载备份文件并还原 eshop 数据库。

函数和存储过程是在数据库中定义的一些 SQL 语句的集合，可以直接调用这些函数和存储过程来执行已经定义好的 SQL 语句。函数和存储过程可以避免开发人员重复编写相同的 SQL 语句，而且函数和存储过程是在 MySQL 服务器中存储和执行的，可以减少客户端和服务器端的数据传输。

本项目根据实际需求完成函数和存储过程的创建。学习目标具体如下。

【知识目标】
- 熟悉 MySQL 中的常用系统函数；
- 理解自定义函数的作用以及创建和使用函数的方法；
- 掌握变量和流程控制语句的使用；
- 理解存储过程的作用及创建和使用存储过程的方法；
- 掌握创建函数和存储过程的 SQL 语句。

【能力目标】
- 能够灵活定义、使用函数；
- 能够灵活创建、调用执行存储过程。

【素质目标】
- 注重数据处理和流程规范，培养对技术工具的创新应用和社会影响的思考能力；
- 注重数据操作的可靠性和可维护性，培养数据处理流程的规范性意识和质量意识。

任务 8.1　使用函数

【任务提出】

MySQL 中有两种函数：系统函数和用户自定义函数。MySQL 的系统函数包括数学函数、字符串函数、日期和时间函数、条件判断函数、系统信息函数、加密函数、格式化函数等。用户自定义函数一般用于实现较简单的、有针对性的功能。

【任务分析】

MySQL 的函数可以对表中数据进行相应的处理，以便得到用户希望得到的数据。函数可以在 SELECT 语句及其条件表达式中使用，也可以在 INSERT、UPDATE、DELETE 语句及其条件表达式中使用。函数使 MySQL 数据库的功能更加强大。

【相关知识与技能】

8.1.1 系统函数

1. 数学函数

常用数学函数见表 8-1。

系统函数

表 8-1 常用数学函数

函数	功能	举例
ABS(x)	返回 x 的绝对值	SELECT ABS(-32); 执行结果是：32
MOD(n,m)或%	返回 n 被 m 除的余数	SELECT MOD(15,7); 执行结果是：1
SQRT(x)	返回 x 的平方根	SELECT SQRT(4); 执行结果是：2
POW(x,y)	返回 x 的 y 次方	SELECT POW(2,3); 执行结果是：8
FLOOR(x)	返回不大于 x 的最大整数值	SELECT FLOOR(-1.23); 执行结果是：-2
FLOOR(1+(RAND()*50))	得到 1~50 之间的随机整数	
CEIL(x)	返回不小于 x 的最小整数值	SELECT CEILING(1.23); 执行结果是：2
ROUND(x,小数位数)	将浮点数 x 四舍五入到指定的小数位数	SELECT ROUND(1.58,1); 执行结果是：1.6
TRUNCATE(x,小数位数)	将浮点数截断，保留到指定小数位数	SELECT TRUNCATE(1.58,1); 执行结果是：1.5
RAND()	返回大于等于 0 小于 1 的随机数	SELECT RAND();
MAX(字段名)	返回该字段中的最大值	
MIN(字段名)	返回该字段中的最小值	
SUM(字段名)	返回该字段中值的总和	
AVG(字段名)	返回该字段中值的平均值	
COUNT(字段名)	返回该字段中非空值的个数	

2. 字符串函数

常用字符串函数见表 8-2。

表 8-2 常用字符串函数

函数	功能	举例
ASCII(str)	返回字符串 str 的最左边字符的 ASCII 码值	SELECT ASCII('ax'); 执行结果是：97
CONCAT(str1,str2,...)	将多个字符串连接成一个字符串	SELECT CONCAT('My','S','QL'); 执行结果是：MySQL
LENGTH(str)	返回字符串的字节长度，使用 utf8mb4 编码时，一个汉字是 2 个字节，一个数字或字母是一个字节	SELECT LENGTH('你好'); 执行结果是：4 SELECT LENGTH('str1'); 执行结果是：4
CHAR_LENGTH(str)	返回字符长度	SELECT CHAR_LENGTH('你好'); 执行结果是：2
LOCATE(substr,str)	返回子串 substr 在字符串 str 中第一次出现的位置，如果 substr 不在 str 中，返回 0	SELECT LOCATE('bar','fobarbar'); 执行结果是：3 SELECT LOCATE('xbar','foobar'); 执行结果是：0

(续)

函数	功能	举例
SUBSTRING(str,position,length)	从字符串的 position 位置开始提取 length 长度的子字符串	SELECT SUBSTRING('MySQL',3,3); 执行结果是：SQL
LEFT(str,len)	返回字符串 str 最左边的 len 个字符	SELECT LEFT('MySQL',3); 执行结果是：MyS
RIGHT(str,len)	返回字符串 str 最右边的 len 个字符	SELECT RIGHT('MySQL',3); 执行结果是：SQL
TRIM(str)	返回删除了前后置空格的字符串	SELECT TRIM(' b ar '); 执行结果是：b ar
LTRIM(str)	返回删除了前置空格字符的字符串	SELECT LTRIM(' barbar'); 执行结果是：barbar
RTRIM(str)	返回删除了后置空格字符的字符串	SELECT RTRIM('barbar '); 执行结果是：barbar
REPLACE(str,from_str,to_str)	将字符串 str 中的所有字符串 from_str 用字符串 to_str 代替	SELECT REPLACE('hello', 'l', 'L'); 执行结果是：heLLo
REPEAT(str,count)	返回由重复 count 次的字符串 str 组成的一个字符串	SELECT REPEAT('MySQL',3); 执行结果是：MySQLMySQLMySQL
REVERSE(str)	返回颠倒字符顺序的字符串	SELECT REVERSE('abc'); 执行结果是：cba

3. 日期和时间函数

常用日期和时间函数见表 8-3。

表 8-3 常用日期和时间函数

函数	功能	举例
NOW()	返回当前日期和时间	SELECT NOW();
CURDATE()	返回当前日期	SELECT CURDATE();
CURRENT_DATE ()	返回当前日期	SELECT CURRENT_DATE();
CURRENT_TIME ()	返回当前时间	SELECT CURRENT_TIME();
YEAR(date)	返回 date 的年份	SELECT YEAR(NOW());
MONTH(date)	返回 date 的月份	SELECT MONTH(NOW());
DAY(date)	返回 date 的日期	SELECT DAY(NOW());
HOUR(time)	返回 time 的小时	SELECT HOUR(NOW());
MINUTE(time)	返回 time 的分钟	SELECT MINUTE(NOW());
SECOND(time)	返回 time 的秒数	SELECT SECOND(NOW());
DATE_ADD(date,INTERVAL expr type)	进行日期增加的操作，可以精确到秒	SELECT DATE_ADD(NOW(),INTERVAL 1 DAY);
DATE_SUB(date,INTERVAL expr type)	进行日期减少的操作，可以精确到秒	SELECT DATE_SUB(NOW(),INTERVAL 2 HOUR);
DATEDIFF(date1,date2)	计算日期 date1 和 date2 之间相隔的天数	SELECT DATEDIFF('2019-1-1','2018-1-1');
TIMESTAMPDIFF(type,smalldate,bigdate)	计算日期 bigdate 和 smalldate 之间相隔的年/月/日/时/分/秒	SELECT TIMESTAMPDIFF(YEAR, '2006-1-13', CURDATE()), TIMESTAMPDIFF(DAY,'2006-1-13',CURDATE());
TO_DAYS(date)	给出一个日期 date，返回一个天数（从 0 年开始的天数）	SELECT TO_DAYS('2019-12-1');
FROM_DAYS(n)	给出一个天数 n，返回一个 date 值	SELECT FROM_DAYS(380);

4. 控制流程函数

常用控制流程函数见表 8-4。

表 8-4 常用控制流程函数

函数	功能	举例
IF(条件表达式,结果 1,结果 2)	如果条件表达式为真,则返回结果 1,否则返回结果 2	SELECT IF(1>2,2,3); 返回结果:3 SELECT IF(1<2,'YES ','NO'); 返回结果:YES

CASE
  WHEN 条件表达式 1 THEN 结果 1
  WHEN 条件表达式 2 THEN 结果 2
  ...
  ELSE 结果 n
END
	如果条件表达式 1 为真,返回结果 1;如果条件表达式 2 为真,返回结果 2……若以上条件都不满足,返回结果 n	CASE
		  WHEN Sex = '1' THEN '男'
		  WHEN Sex = '2' THEN '女'
		  ELSE '其他'
		END

CASE 字段名或计算表达式
  WHEN 值 1 THEN 结果 1
  WHEN 值 2 THEN 结果 2
  ...
  ELSE 结果 n
END
	如果字段名或计算表达式等于值 1,返回结果 1;如果等于值 2,返回结果 2……若以上条件都不满足,返回结果 n	CASE Sex
		  WHEN '1' THEN '男'
		  WHEN '2' THEN '女'
		  ELSE '其他'
		END

【例 8-1】 在 School 数据库中查询出所有学生学号、学生姓名、课程编号、课程名称、期末成绩,要求期末成绩显示为五级制。查询结果如图 8-1 所示。

```
+------------------+--------+---------+------------------+--------+
| Sno              | Sname  | Cno     | Cname            | 成绩   |
+------------------+--------+---------+------------------+--------+
| 202231010100101  | 倪骏   | 0901170 | 数据库技术与应用2 | 优秀   |
| 202231010100101  | 倪骏   | 2003003 | 计算机文化基础    | 中等   |
| 202231010100102  | 陈国成 | 0901170 | 数据库技术与应用2 | 不及格 |
| 202231010100102  | 陈国成 | 2003003 | 计算机文化基础    | 不及格 |
| 202231010100207  | 王康俊 | 0901170 | 数据库技术与应用2 | NULL   |
| 202231010100207  | 王康俊 | 2003003 | 计算机文化基础    | 及格   |
| 202231010100321  | 陈虹   | 0901025 | 操作系统          | 良好   |
| 202231010100322  | 江苹   | 0901025 | 操作系统          | NULL   |
| 202231010190118  | 张小芬 | 0901169 | 数据库技术与应用1 | 良好   |
| 202231010190119  | 林芳   | 0901169 | 数据库技术与应用1 | 不及格 |
+------------------+--------+---------+------------------+--------+
10 rows in set (0.00 sec)
```

图 8-1 例 8-1 查询结果

```
SELECT   Student.Sno,Sname,Course.Cno,Cname,
(CASE
    WHEN  EndScore>=90   THEN   '优秀'
    WHEN  EndScore>=80   THEN   '良好'
    WHEN  EndScore>=70   THEN   '中等'
    WHEN  EndScore>=60   THEN   '及格'
    WHEN  EndScore<60    THEN   '不及格'
    ELSE  NULL
END)   AS   成绩
FROM   Student   JOIN   Score   ON   Student.Sno=Score.Sno
JOIN   Course   ON   Course.Cno=Score.Cno;
```

【例 8-2】 CASE 的独到用处——行转列功能。

在 School 数据库中统计每个班级的男生人数和女生人数。要分别得到如图 8-2 和图 8-3 所示的结果,思考如何实现?

```
+-----------+-----+------+
| ClassNo   | Sex | 人数 |
+-----------+-----+------+
| 202201001 | 男  |    2 |
| 202201002 | 女  |    1 |
| 202201002 | 男  |    1 |
| 202201003 | 女  |    2 |
| 202201901 | 女  |    2 |
+-----------+-----+------+
5 rows in set (0.00 sec)
```

图 8-2 例 8-2 查询结果 1

```
+-----------+----------+----------+
| ClassNo   | 男生人数 | 女生人数 |
+-----------+----------+----------+
| 202201001 |        2 |        0 |
| 202201002 |        1 |        1 |
| 202201003 |        0 |        2 |
| 202201901 |        0 |        2 |
+-----------+----------+----------+
4 rows in set (0.00 sec)
```

图 8-3 例 8-2 查询结果 2

```
#得到查询结果 1
SELECT  ClassNo,Sex,COUNT(Sno) 人数
FROM  Student
GROUP  BY  ClassNo,Sex;
#得到查询结果 2
SELECT  ClassNo,SUM(CASE  Sex  WHEN  '男'  THEN  1  ELSE  0  END)  AS 男生人数,SUM(CASE  Sex  WHEN  '女'  THEN  1  ELSE  0  END)  AS 女生人数
FROM  Student
GROUP  BY  ClassNo;
```

5. 其他常用函数

其他常用函数见表 8-5。

表 8-5 其他常用函数

函数	功能	举例
DATABASE()	返回当前数据库名	SELECT DATABASE();
VERSION()	返回数据库的版本号	SELECT VERSION();
USER()	返回当前用户	SELECT USER();
MD5(str)	返回字符串经过 MD5 加密后的值	SELECT MD5('12');

8.1.2 用户自定义函数

用户自定义函数一般用于实现较简单的、有针对性的功能。可以有输入参数，也可以没有输入参数，但必须有且只有一个返回值。不能在函数中使用 INSERT、UPDATE、DELETE、CREATE 等语句，所以函数不能实现较复杂的功能。

用户自定义函数

1. 创建函数

创建函数使用的语句是 CREATE FUNCTION 语句，其语句格式如下：

```
CREATE  FUNCTION  函数名([参数列表])  RETURNS  返回值的数据类型
BEGIN
    SQL 语句;
    RETURN  返回值;
END;
```

参数列表的格式是：

```
变量名 数据类型
```

其中的 SQL 语句可以包含多条 SQL 语句，但 MySQL 在执行时碰到函数中的第一个";"符号就认为函数创建结束，所以会出错。需要使用 DELIMITER 语句改变 MySQL 的语句结束符。

"DELIMITER //"的作用是将 MySQL 语句标准结束符";"更改为"//"，与函数语法无关。除"\"符号外，其他字符都可以作为语句结束符，因为"\"是 MySQL 的转义字符。

DELIMITER 后面必须有空格。DELIMITER 的快捷键为\d，可使用\d 代替 DELIMITER。使用如下：

```
DELIMITER //                #将MySQL语句标准结束符";"更改为"//"
CREATE FUNCTION 函数名([参数列表]) RETURNS 返回值的数据类型
BEGIN
    SQL 语句;
    RETURN 返回值;
END;
//                          #使用分隔符//来指示函数的结束
DELIMITER ;                 #将语句结束符更改回分号
```

【说明】 在 Navicat 中可以不使用 DELIMITER，因为 Navicat 会默认修改语句结束符。但在 MySQL 命令行客户端中必须使用，否则碰到函数语句中的第一个";"符号就认为函数创建结束。

【例 8-3】 在 School 数据库中创建函数 calculate_age，根据输入的出生日期计算年龄。

```
USE School;
DELIMITER //
CREATE FUNCTION calculate_age(birth DATE) RETURNS INT
BEGIN
    RETURN TIMESTAMPDIFF(YEAR,Birth,CURDATE());
END;
//
DELIMITER ;
```

若执行创建函数语句时提示错误：ERROR 1418 (HY000): This function has none of DETERMINISTIC, NO SQL, or READS SQL DATA in its declaration and binary logging is enabled (you *might* want to use the less safe log_bin_trust_function_creators variable)，如图 8-4 所示，提示二进制日志记录（binary logging）被启用，但函数的声明中缺少 DETERMINISTIC、NO SQL 和 READS SQL DATA 的声明。这是因为在启用二进制日志记录的情况下，MySQL 要求函数必须具有确定性（DETERMINISTIC）或不涉及 SQL 操作（NO SQL）。

```
mysql> USE School;
Database changed
mysql> DELIMITER //
mysql> CREATE FUNCTION calculate_age(birth DATE) RETURNS INT
    -> BEGIN
    ->     RETURN TIMESTAMPDIFF(YEAR,Birth,CURDATE());
    -> END;
    -> //
ERROR 1418 (HY000): This function has none of DETERMINISTIC, NO SQL, or
READS SQL DATA in its declaration and binary logging is enabled (you *mi
ght* want to use the less safe log_bin_trust_function_creators variable)

mysql> DELIMITER ;
```

图 8-4 执行创建函数语句提示错误 ERROR 1418

要解决这个问题，有以下两种方法。

方法 1：使用 DETERMINISTIC 关键字

在函数的声明中添加 DETERMINISTIC 关键字来声明函数的确定性。语句格式如下：

```
CREATE FUNCTION 函数名() RETURNS 数据类型
DETERMINISTIC
BEGIN
   …
   RETURN 返回值;
END;
```

问题解决——自定义函数时出现[Err] 1418 -This function has none of DETERMINI-STIC……

这样声明的函数被认为是确定性的，不会提示以上错误。

方法 2：修改 log_bin_trust_function_creators 系统变量

修改 log_bin_trust_function_creators 系统变量的值，使其允许创建没有明确声明确定性的函数。但这样做会降低安全性，因此需要谨慎操作。

连接 MySQL 服务器，在客户端执行以下语句：

```
SET GLOBAL log_bin_trust_function_creators=1;
```

然后重新执行创建函数的语句，不会提示以上错误，如图 8-5 所示。

```
mysql> SET GLOBAL log_bin_trust_function_creators = 1;
Query OK, 0 rows affected, 1 warning (0.00 sec)

mysql> USE School;
Database changed
mysql> DELIMITER //
mysql> CREATE FUNCTION calculate_age(birth DATE) RETURNS INT
    -> BEGIN
    ->   RETURN TIMESTAMPDIFF(YEAR,Birth,CURDATE());
    -> END;
    -> //
Query OK, 0 rows affected (0.01 sec)

mysql> DELIMITER ;
```

图 8-5　执行创建函数语句前修改 log_bin_trust_function_creators 系统变量

函数 calculate_age 创建后，可以在 SELECT 语句及其条件表达式中使用该函数，也可以在 INSERT、UPDATE、DELETE 语句及其条件表达式中使用。

【例 8-4】 使用函数 calculate_age 查询所有学生的学号、姓名和年龄。

```
SELECT Sno,Sname,calculate_age(Birth) AS Age
FROM Student;
```

2．管理函数

（1）删除函数

删除函数使用的语句是 DROP FUNCTION 语句，其语句格式如下：

```
DROP FUNCTION [IF EXISTS] 函数名;
```

（2）查看函数创建语句

查看函数创建语句的格式如下：

```
SHOW CREATE FUNCTION 函数名;
```

【任务总结】

MySQL 有很多系统函数，用户可以直接使用函数对数据进行相应的处理。用户也可以根据实际需求自定义函数，实现较简单的、有针对性的功能。不能在函数中使用 INSERT、UPDATE、DELETE、CREATE 等语句，若要实现较复杂的功能，可以通过创建存储过程实现。

任务 8.2　使用变量和流程控制语句

【任务提出】

在定义用户自定义函数和存储过程时往往会使用多条 SQL 语句，语句间传递数据需要使用变量。实现较复杂功能需要使用到选择和循环，即流程控制语句。

使用变量和流程控制语句

【任务分析】

MySQL 的自定义变量分局部变量和用户变量，常用的是局部变量。流程控制语句包括 IF、CASE 选择语句，以及 WHILE、REPEAT、LOOP 循环语句。

【相关知识与技能】

8.2.1　局部变量

变量是用来在语句之间传递数据的方式之一，是编程语言中必不可少的组成部分。MySQL 的自定义变量分局部变量和用户变量。

局部变量要使用 DECLARE 语句先定义，只在 BEGIN…END 语句块之间有效，并且必须在开头定义。

用户变量以"@"开头，使用 SET 语句直接赋值，只对当前客户端生效，不能被其他客户端使用。当客户端退出时，该客户端连接中的所有用户变量将自动释放。用户变量可以随处使用，滥用用户变量会导致程序难以理解及管理。

在函数和存储过程内部，建议使用局部变量，不要使用用户变量。

1. 定义局部变量

其语句格式如下：

```
DECLARE  变量名  数据类型  [DEFAULT  默认值]；
```

如果没有 DEFAULT 子句，初始值为 NULL。

可以在一行同时定义多个数据类型相同的局部变量，但不能同时定义多个数据类型不同的局部变量，语句格式为：

```
DECLARE  变量名1,变量名2,…,变量名n  数据类型  [DEFAULT  默认值]；
```

2. 给局部变量赋值

其语句格式如下:

```
SET 变量名=值;
```

或者

```
SELECT … INTO 变量名 [FROM …];
```

【例8-5】 创建函数num_sum,返回两个数的和,使用局部变量。

```
DELIMITER //
CREATE FUNCTION num_sum(a INT,b INT) RETURNS INT
BEGIN
    DECLARE c INT DEFAULT 0;
    SET c = a + b;
    RETURN c;
END;
//
DELIMITER ;
#使用该函数
SELECT num_sum(2,3);
```

8.2.2 选择语句

1. IF 语句

IF…ELSE 语句用来判断当某一条件成立时执行某语句块,当条件不成立时执行另一语句块。其中,ELSE 子句是可选的,最简单的 IF 语句没有 ELSE 子句部分。允许嵌套使用 IF…ELSE 语句,而且嵌套层数没有限制。

语句格式如下:

```
IF 逻辑条件表达式 THEN
    一个语句或多个语句;
[ELSE
    一个语句或多个语句;]
END IF;
```

IF 语句执行时先判断逻辑条件表达式的值,若为 TRUE,则执行 THEN 后的语句;若为 FALSE,则执行 ELSE 后的语句,若没有 ELSE,则直接执行后续语句。

【例8-6】 创建函数 is_even,判断某个数是否为偶数,如果是,返回1,否则返回0。

```
DELIMITER //
CREATE FUNCTION is_even (num INT) RETURNS INT
BEGIN
    IF num%2=0 THEN
        RETURN 1;
    ELSE
        RETURN 0;
    END IF;
```

```
END;
//
DELIMITER ;
#使用该函数
SELECT is_even (3);
```

2. CASE 语句

CASE 语句用于更复杂的条件判断,CASE 语句有两种语法格式。

(1) 简单 CASE 语句

语句格式如下:

```
CASE    表达式
    WHEN  值1  THEN  语句序列1;
    WHEN  值2  THEN  语句序列2;
    …
    ELSE  语句序列 n;
END CASE;
```

将表达式从上往下依次与 WHEN 子句中的值 1、值 2……进行比较,只要找到与表达式相同的值,则立即结束比较,执行对应的 THEN 后面的语句序列。如果比较完 WHEN 后面所有的值,且没有相等的值,则执行 ELSE 子句后的语句序列。

(2) 搜索 CASE 语句

语句格式如下:

```
CASE
    WHEN  条件1  THEN  语句序列1;
    WHEN  条件2  THEN  语句序列2;
    …
    ELSE  语句序列 n;
END CASE;
```

依次判断条件 1、条件 2……是否为真,只要有一个条件为真,则立即结束判断,执行对应的 THEN 后面的语句序列。如果所有的条件都不为真,则执行 ELSE 子句后的语句序列。

【例 8-7】 在 School 数据库中创建函数 convert_grade,返回输入百分制成绩对应的五级制字符。

创建函数后,查询出所有学生的学号、学生姓名、课程编号、课程名称、期末成绩,期末成绩显示五级制。

```
DELIMITER //
CREATE FUNCTION convert_grade(grade DECIMAL(4,1)) RETURNS VARCHAR(50)
BEGIN
    DECLARE result VARCHAR(50);
    CASE
        WHEN grade>=90  THEN  SET  result='优秀';
        WHEN grade>=80  THEN  SET  result='良好';
        WHEN grade>=70  THEN  SET  result='中等';
        WHEN grade>=60  THEN  SET  result='及格';
        WHEN grade<60   THEN  SET  result='不及格';
```

```
        ELSE SET result=NULL;
    END CASE;
    RETURN result;
END;
//
DELIMITER ;
#使用该函数
SELECT Student.Sno 学号,Sname 姓名,Cname 课程名,convert_grade(EndScore) 等级
FROM Student JOIN Score ON Student.Sno=Score.Sno
JOIN Course ON Course.Cno=Score.Cno;
```

8.2.3 循环语句

MySQL 中的循环语句有 WHILE、REPEAT、LOOP 循环语句。

1. WHILE 循环语句

语句格式如下：

```
WHILE 条件 DO
    ...
END WHILE;
```

2. REPEAT 循环语句

语句格式如下：

```
REPEAT
    ...
UNTILE 条件
END REPEAT;
```

3. LOOP 循环语句

语句格式如下：

```
LOOP
    ...
END LOOP;
```

退出循环使用 LEAVE 语句。

【例 8-8】创建函数 rand_string，根据输入的整数 n，返回一个长度为 n 的随机字符串。

```
DELIMITER //
CREATE FUNCTION rand_string (n INT) RETURNS VARCHAR(255)
BEGIN
    DECLARE char_str VARCHAR(100) DEFAULT
    'abcdefghijklmnopqrstuvwxyzABCDEFGHIJKLMNOPQRSTUVWXYZ0123456789';
    DECLARE return_str VARCHAR(255) DEFAULT '';
    DECLARE i INT DEFAULT 0;
    WHILE i < n DO
        SET return_str =
```

```
                CONCAT(return_str, SUBSTRING(char_str, FLOOR(1 + RAND()*62), 1));
        SET  i = i+1;
    END  WHILE;
    RETURN  return_str;
END;
//
DELIMITER  ;
#使用该函数
SELECT  rand_string(10);
```

【任务实施】

【练习 8-1】 创建函数 rand_num，根据输入的整数 n，返回一个 1～n 之间的随机整数。

【练习 8-2】 创建函数 my_sum，根据输入的整数 n，返回 1 至 n 的和。

【练习 8-3】 创建函数 get_myweek，根据输入的 1～7 的整数，返回对应的"星期一"至"星期日"。

【任务总结】

变量和流程控制语句使得自定义函数和存储过程更加灵活完善。

任务 8.3　创建简单存储过程

【任务提出】

系统用户最关心的问题是运行速度，提高运行速度的方法有：提高硬件配置，如采用性能更高的 CPU 和增加内存等；在硬件不变的情况下，创建索引可以提高查询速度；创建存储过程使得系统程序代码简洁且速度提高。

创建简单存储过程

【任务分析】

存储过程（Stored Procedure）就是指存储在数据库中的一组编译成单个执行计划的 SQL 语句集。存储过程经编译后存储在数据库中，可由应用程序通过调用执行，使用存储过程不但可以提高 SQL 的执行效率，而且可以使对数据库的管理、复杂业务的实现变得更容易。

【相关知识与技能】

8.3.1　理解存储过程

1. 存储过程概述

存储过程是由一系列对数据库进行复杂操作的 SQL 语句组成的，并且将代码事先编译好之后，作为一个独立的数据库对象进行存储管理。

存储过程可作为一个单元被用户直接调用,具有"编写一次处处调用"的特点,便于程序的维护和减少网络通信量。

存储过程可以接收参数,并可以返回多个参数值;可以使用局部变量、选择语句、循环语句;可以使用函数,也可以调用其他存储过程。

使用场景:存储过程在处理比较复杂的业务时非常实用。例如,一个复杂的数据操作,如果在应用程序中一步步处理,可能会涉及多次数据库连接。但如果调用存储过程,就只有一次连接。从响应时间上来说,存储过程可以提高运行效率。另外,程序容易出现BUG,而对于存储过程只要数据库不出现问题,基本上不会出现什么问题。即从安全上来说,使用了存储过程的系统更加稳定。

2. 存储过程优点

存储过程具有如下优点。

- 增强SQL语言的功能和灵活性。存储过程可以用控制语句编写,有很强的灵活性,可以完成复杂的判断、循环操作。
- 标准组件式编程。存储过程被创建后,可以在程序中被多次调用,而不必重新编写该存储过程的SQL语句。而且数据库专业人员可以随时对存储过程进行修改,对应用程序源代码毫无影响。
- 较快的执行速度。存储过程是预编译后保存在数据库中的,当需要的时候从数据库中直接调用,省去了编译的过程。
- 减少应用程序和数据库服务器之间的流量。应用程序不必发送多条冗长的SQL语句,只需要发送存储过程的名称和参数即可。
- 可作为一种安全机制来充分利用。通过对执行某一存储过程的权限进行限制,能够实现对相应数据的访问权限的限制,避免了非授权用户对数据的访问,保证了数据的安全。

MySQL 5.0以前的版本并不支持存储过程,这使得MySQL在应用上大打折扣。从MySQL 5.0版本开始支持存储过程,这样既可以大大提高数据库的处理速度,同时也可以提高数据库编程的灵活性。

3. 存储过程和函数的区别

- 函数有且只有一个返回值,而存储过程没有返回值,但可以返回多个参数值;函数只能有输入参数,而且不能带IN参数,而存储过程可以有多个IN、OUT、INOUT参数。
- 存储过程中的语句功能更强大,可以实现很复杂的业务逻辑;而函数有很多限制,不能在函数中使用INSERT、UPDATE、DELETE、CREATE等语句。
- 存储过程中可以使用函数,但函数中不能调用存储过程。
- 存储过程一般是作为一个独立的部分来执行的,在数据库中通过CALL语句调用,而函数在SELECT、INSERT、UPDATE、DELETE语句中使用。

8.3.2 创建和管理简单存储过程

1. 创建简单存储过程

创建存储过程使用的语句是CREATE PROCEDURE语句,其语句格式如下:

```
CREATE    PROCEDURE   存储过程名()
BEGIN
    ...
END;
```

存储过程可以包含多条 SQL 语句,可以是 DML 语句、DDL 语句、变量、流程控制语句等。

【例 8-9】 在 eshop 数据库中创建存储过程 GetNewProductsList 获取新商品列表,即查询按商品编号降序排列的前 10 条商品信息。

```
DELIMITER   //
CREATE   PROCEDURE   GetNewProductsList()
BEGIN
    SELECT   *
    FROM  ProductInfo
    ORDER  BY  ProductID  DESC
    LIMIT   10;
END;
//
DELIMITER  ;
```

2. 调用执行存储过程

其语句格式如下:

```
CALL   存储过程名();
```

【注意】 创建和调用存储过程时,存储过程名后面必须有"()"符号。

【例 8-10】 在 eshop 数据库中调用存储过程 GetNewProductsList。

```
CALL  GetNewProductsList();
```

3. 管理存储过程

(1)删除存储过程

其语句格式如下:

```
DROP   PROCEDURE   [IF   EXISTS]   存储过程名;
```

【注意】 删除存储过程时,存储过程名后面不需要跟"()",只需要给出存储过程名。

(2)查看存储过程的定义

其语句格式如下:

```
SHOW   CREATE   PROCEDURE   存储过程名;
```

【任务实施】

在 eshop 数据库中创建以下存储过程,并调用执行。

【练习 8-4】 创建存储过程 GetProductInfo 获取商品信息,查询商品编号为 20 的商品信息,并将该商品的单击次数增 1。

【练习8-5】 创建存储过程GetAllProduct，从ProductInfo表中获取全部商品信息。

【练习8-6】 创建存储过程GetPopularProduct获取热门商品列表，即从ProductInfo表中查询单击数在前10位的商品信息。

【练习8-7】 创建存储过程UpdatePass，修改UserInfo表中的用户"chenrui"的密码为"chen123"，修改后查询该用户的基本信息。

【任务总结】

存储过程是一组预编译的SQL语句，可加快语句执行速度、提高安全性、减少网络流量和模块化编程。CREATE PROCEDURE语句用于创建存储过程，CALL语句用于调用存储过程。

任务8.4　创建带输入参数的存储过程

【任务提出】

存储过程可以接收参数。向存储过程设定输入参数的主要目的是通过参数向存储过程输入信息来扩展存储过程的功能。通过输入参数，可以多次使用同一存储过程并按用户要求得到所需的结果。

创建带输入参数的存储过程

【任务分析】

一个存储过程可以定义多个输入参数。在执行存储过程时用户将相应的值传给输入参数，得到所需的结果。

【相关知识与技能】

8.4.1　存储过程的参数类型

存储过程有输入、输出参数，参数类型有3类，分别如下。
- 输入（IN）参数：表示调用者向存储过程传入值，传入值可以是常量或变量。
- 输出（OUT）参数：表示存储过程向调用者传出值，传出值只能是变量。
- 输入输出（INOUT）参数：既表示调用者向存储过程传入值，又表示存储过程向调用者传出值。

【说明】 输入值使用IN参数，返回值使用OUT参数，INOUT参数尽量少使用。

8.4.2　创建和调用带输入参数的存储过程

1. 创建带输入参数的存储过程

输入参数是指由调用程序向存储过程传递的参数，它们在创建存储过程语句中被定义，在执行存储过程时给出相应的变量值。为了定义接受输入参数的存储过程，需要在CREATE

PROCEDURE 语句中声明一个或多个变量作为参数。

输入参数定义时使用"IN 输入参数名 数据类型",可同时定义多个参数,参数间使用逗号分隔即可。其语句格式如下:

```
DELIMITER  //
CREATE  PROCEDURE  存储过程名(IN  输入参数名称  数据类型)
BEGIN
   ...
END;
//
DELIMITER  ;
```

【例 8-11】 在 eshop 数据库中创建存储过程 GetAction 实现从 AdminAction 表中查找某管理员的管理员日志,管理员编号 AdminID 的值作为输入参数。

```
USE  eshop;
DROP  PROCEDURE  IF  EXISTS  GetAction;
DELIMITER  //
CREATE  PROCEDURE  GetAction(IN  aid  INT)
BEGIN
  SELECT  *  FROM  AdminAction  WHERE  AdminID=aid;
END;
//
DELIMITER  ;
```

【例 8-12】 在 eshop 数据库中创建存储过程 ShoppingCartAddItem 将某商品加入到某购物车,输入参数的值有购物车编号 CartID、产品编号 ProductID、购买数量 Quantity。

提示:如果该购物车中已有该商品的记录,只需更新该商品的数量;如果该购物车中没有该商品的记录,则插入新记录。

```
USE  eshop;
DROP  PROCEDURE  IF  EXISTS  ShoppingCartAddItem;
DELIMITER  //
CREATE  PROCEDURE  ShoppingCartAddItem
(IN  cid  VARCHAR(50),IN  pid  INT,IN  qty  INT)
BEGIN
    IF  EXISTS(SELECT  *  FROM  ShoppingCart  WHERE  ProductID=pid  AND  CartID=cid)  THEN
        UPDATE  ShoppingCart
        SET  Quantity=(qty+Quantity)
        WHERE  ProductID=pid  AND  CartID=cid;
    ELSE
        INSERT  INTO  ShoppingCart(CartID,Quantity,ProductID)
        VALUES( cid,qty,pid);
    END  IF;
END;
//
DELIMITER  ;
```

2. 调用带输入参数的存储过程

其语句格式如下：

```
CALL   存储过程名(具体的值);
```

把具体的值传给输入参数。如果有多个输入参数，调用时，值和输入参数要逐一对应。

【例 8-13】 在 eshop 数据库中调用存储过程 GetAction、ShoppingCartAddItem。

```
CALL  GetAction(5);
CALL  ShoppingCartAddItem('1',29,3);
CALL  ShoppingCartAddItem('1',37,3);
```

【任务实施】

在 eshop 数据库中创建以下存储过程，并调用执行。

【练习 8-8】 创建存储过程 AddNewCategory 实现往 Category 表中添加新的商品类别，新的商品分类名称 CategoryName 作为输入参数。

【练习 8-9】 创建存储过程 ShoppingCartUpdate 实现更新购物车中某物品的购买数量，即根据输入的购物车编号 CartID 和产品编号 ProductID 的值修改其对应的购买数量 Quantity 的值。

【练习 8-10】 创建存储过程 GetUserInfo 获取用户信息，根据输入的用户 ID 号从 UserInfo 表中查询该用户的基本信息。

【练习 8-11】 创建存储过程 GetProductCountByCategory 获取某商品类别的商品种数，根据输入的商品分类 ID 号从 ProductInfo 表中查询对应的商品个数。

【练习 8-12】 创建存储过程 GetSearchResultCount 获取查询结果个数，根据输入的商品名称值从 ProductInfo 表中模糊查询相关的商品个数。

【练习 8-13】 创建存储过程 AddNewProduct 添加新的商品，往 ProductInfo 表中添加新的商品信息，输入参数有商品名称 ProductName、商品价格 ProductPrice、商品介绍 Intro、所属分类介绍 CategoryID。

【练习 8-14】 创建存储过程 UpdateUserAcount 更新用户预存款，根据输入的用户 ID 号修改其 UserInfo 表中的账户金额 Acount。

【练习 8-15】 创建存储过程 GetInfo 获取商品信息，根据输入的商品编号 ProductID 查询该商品信息，同时该商品的单击数 ClickCount 值增加 1。

【练习 8-16】 创建存储过程 GetAdminList 获取管理员列表，根据输入的管理员角色 ID 号从管理员信息表 Admins 和管理员角色表 AdminRole 表中查询其 AdminID、LoginName、RoleName。如果输入的 RoleID 值为-1，则查询所有的管理员信息。

【任务总结】

存储过程可以完成一系列复杂的处理。存储过程可以接收一个或多个输入参数，这样可以大大地提高应用的灵活性。

任务 8.5 创建带输入输出参数的存储过程

【任务提出】

存储过程不但可以接收参数，还可以返回多个参数值。通过定义一个或多个输出参数，从存储过程中返回一个或多个值。

创建带输入输出参数的存储过程

【任务分析】

存储过程的输入参数使得存储过程的代码非常灵活，通过不同的参数值可以得到不同的结果。存储过程还可以定义多个输出参数，返回多个值给调用者。

【相关知识与技能】

8.5.1 创建带输入输出参数的存储过程

其语句格式如下：

```
DELIMITER //
CREATE PROCEDURE 存储过程名(IN 输入参数名称 数据类型,OUT 输出参数名称 数据类型)
BEGIN
    …
    SELECT … INTO 输出参数名称 FROM …;
    或者
    SET 输出参数名称=值;
END;
//
DELIMITER ;
```

通过 SELECT…INTO 或者 SET 语句将返回值赋给输出参数。

【例 8-14】 在 eshop 数据库中创建存储过程 ShoppingCartItemCount 获取某购物车中购物种数并作为输出参数输出，购物车编号 CartID 为输入参数。

```
USE eshop;
DROP PROCEDURE IF EXISTS ShoppingCartItemCount;
DELIMITER //
CREATE PROCEDURE ShoppingCartItemCount
( IN cid VARCHAR(50),OUT itemcount INT)
BEGIN
    SELECT COUNT(ProductID) INTO itemcount
    FROM ShoppingCart
    WHERE CartID = cid;
END;
```

```
    //
DELIMITER ;
```

8.5.2 调用带输出参数的存储过程

调用有输出参数的存储过程，需使用用户变量去接收存储过程输出的值。

用户变量以"@"开头，对当前客户端生效，不能被其他客户端使用。当客户端退出时，该客户端连接中的所有用户变量将自动释放。其语句格式如下：

```
CALL   存储过程名(@变量名);
SELECT  @变量名;
```

【例 8-15】 在 eshop 数据库中调用存储过程 ShoppingCartItemCount。

```
CALL ShoppingCartItemCount(5,@ItemCount);
SELECT @ItemCount;
```

【任务实施】

在 eshop 数据库中创建以下存储过程，并调用执行。

【练习 8-17】 创建存储过程 GetOrdersDetail 取得订单详细信息，输入参数为订单号 OrderID 和用户号 UserID，输出参数为订单日期 OrderDate 和该订单总金额 Quantity*UnitCost。要求：如果存在相应的订单信息，则首先通过输出参数返回订单总金额，然后查询该订单详细信息。

【练习 8-18】 创建存储过程 AddNewAdmin 添加新管理员，如果该管理员已经存在，则返回-1，表示添加不成功；否则添加该管理员信息并返回 1，表示添加成功。

【练习 8-19】 创建存储过程 ShoppingCartTotal 取得购物车中物品价格总和（各商品 ProductPrice *Quantity 的总和），根据输入的购物车编号 CartID 返回该购物车的物品价格总和，作为输出参数输出。

【练习 8-20】 创建存储过程 AddNewUser 添加新用户，如果该用户已经存在，则返回-1，表示添加不成功；否则添加该用户信息并返回 1，表示添加成功。

【练习 8-21】 创建存储过程 ChangePassword 更改某用户的密码，并返回更改密码成功与否。如果存在与输入的用户姓名和旧密码相同的用户记录，则修改旧密码为输入的新密码，并返回 1；否则返回-1。

【练习 8-22】 创建存储过程 ChangeAdminPassword 更改管理员密码，修改某管理员的密码，并返回更改密码成功与否，返回 1 表示修改成功，返回-1 表示修改不成功。

【练习 8-23】 创建存储过程 PayOrder 实现订单的结算，输入用户 ID 号和订单总金额，如果该用户的预存款不足，返回-1，表示结算不成功；如果预存款足够支付，扣除相应的金额，并返回 1。

【任务总结】

存储过程可以完成一系列复杂的处理。存储过程可以接收一个或多个输入参数，可以返回一个或多个输出参数，这样可以大大地提高应用的灵活性。

理论练习

一、选择题

1. 设有学生成绩表 score(sno,cno,grade)，各字段的含义分别是学生学号、课程号及成绩。现有如下创建函数的语句：

```
CREATE FUNCTION fun() RETURNS DECIMAL
BEGIN
    DECLARE x DECIMAL;
    SELECT AVG(grade) INTO x FROM score;
    RETURN x;
END;
```

以下关于上述函数的叙述中，错误的是（   ）。

    A．表达式 AVG(grade) INTO x 有语法错误

    B．x 是全体学生选修所有课程的平均成绩

    C．fun 没有参数

    D．RETURNS DECIMAL 指明返回值的数据类型

2. 在 MySQL 中编写函数、存储过程时，合法的流程控制语句不包括（   ）。

    A．FOR(…;…;…)循环语句

    B．IF…ELSE 条件语句

    C．WHILE…END WHILE 循环语句

    D．CASE…WHEN…ELSE 分支语句

3. 下列关于存储过程的叙述中，正确的是（   ）。

    A．存储过程可以带有参数

    B．存储过程能够自动触发并执行

    C．存储过程中只能包含数据更新语句

    D．存储过程可以有返回值

4. 使用关键字 CALL 可以调用的数据库对象是（   ）。

    A．触发器   B．事件   C．存储过程   D．存储函数

5. 设有如下定义存储过程的语句：

```
CREATE PROCEDURE test(IN x INT)
BEGIN
    …
END;
```

调用该存储过程的语句可以是（   ）。

    A．CALL test(10);   B．CALL test 10;

    C．SELECT test(10);   D．SELECT test 10;

二、简答题

1. 简述函数和存储过程的区别。
2. 简述存储过程的优点。

项目 9　使用事务、游标和触发器

　　用户在执行一些比较复杂的数据操作时，往往需要通过一组 SQL 语句执行多项并行业务逻辑或程序，为保证所有命令执行的同步性，用户可以优先考虑使用事务。

　　游标是一种能从包括多条记录的结果集中每次提取一条记录的机制，是面向集合与面向值的设计思想之间的一座桥梁。

　　触发器是与表有关的数据库对象，在满足定义条件时触发，并自动执行触发器中定义的语句集合。触发器典型的应用是供销存系统，提高项目"供销存系统"数据库 gxc 中的各表结构见【项目资源】，请先下载备份文件并还原 gxc 数据库。

　　本项目根据实际需求完成事务、游标和触发器的创建。学习目标具体如下。

【知识目标】
- 理解事务及其特性；
- 掌握管理事务的 SQL 语句；
- 理解游标的概念及优缺点；
- 掌握使用游标的 SQL 语句；
- 理解触发器；
- 掌握创建和管理触发器的 SQL 语句。

【能力目标】
- 能够使用事务处理比较复杂的业务逻辑；
- 能够简单应用游标；
- 能够使用触发器确保表间数据一致性；
- 能够使用触发器实现复杂业务。

【素质目标】
- 注重编程规范，培养数据处理过程中的诚信和责任意识；
- 注重数据业务逻辑的实现，培养对数据操作的创新性思考和对技术工具的合理运用能力。

任务 9.1　使用事务

【任务提出】

　　当对数据库进行若干个相关联的更新操作时，必须确保所有更新都被正确执行，假如发生任何更新操作失败的情况，则必须恢复到对数据库操作前的原始状态。

使用事务

例如银行转账：假定资金从张三账户转到李四账户，至少需要两步：张三账户的资金减少；然后李四账户的资金相应增加。

```
#创建数据库，创建顾客信息表bank
DROP DATABASE IF EXISTS bankdata;
CREATE DATABASE bankdata;
USE bankdata;
CREATE TABLE bank
(CustomerName  VARCHAR(50),        #顾客姓名
CurrentMoney  DECIMAL(18,2),       #当前余额
CHECK(CurrentMoney>=0)
);
#张三开户，开户金额为100元；李四开户，开户金额为1元
INSERT INTO bank(CustomerName,CurrentMoney) VALUES('张三',100);
INSERT INTO bank(CustomerName,CurrentMoney) VALUES('李四',1);
```

进行转账测试，实现从张三账户转账 200 元到李四账户。通过编写两条 UPDATE 语句实现，语句如图 9-1 所示。

```
mysql> UPDATE bank SET CurrentMoney=CurrentMoney+200 WHERE CustomerName='李四';
Query OK, 1 row affected (0.00 sec)
Rows matched: 1  Changed: 1  Warnings: 0

mysql> UPDATE bank SET CurrentMoney=CurrentMoney-200 WHERE CustomerName='张三';
ERROR 3819 (HY000): Check constraint 'bank_chk_1' is violated.
mysql> SELECT * FROM bank;
+--------------+--------------+
| CustomerName | CurrentMoney |
+--------------+--------------+
| 张三         |       100.00 |
| 李四         |       201.00 |
+--------------+--------------+
2 rows in set (0.00 sec)
```

图 9-1 编程实现从张三账户转账 200 元到李四账户

从图 9-1 的执行结果中看出：将张三的当前余额减少 200 元的 UPDATE 语句执行出错，因为违反 CHECK 约束，而将李四的当前余额增加 200 元的 UPDATE 语句执行正确。结果出现张三的余额没有减少，而李四的余额增加的情况。

【任务分析】

如何解决？需要将转账的两个 UPDATE 语句当作一个整体，保证它们要么全部正确执行，要么全部都不执行。

【相关知识与技能】

9.1.1 理解事务

1. 事务概述

事务（Transaction）是指作为单个逻辑工作单元执行的一系列操作，一个事务可以是一条 SQL 语句、一组 SQL 语句，这些 SQL 语句要么完全执行，要么完全不执行。

事务是一个最小的不可再分的工作单元，通常一个事务对应一个完整的业务，例如银行账

户转账业务，该业务就是一个最小的工作单元。一个完整的业务需要批量的 DML（INSERT、UPDATE、DELETE）语句共同完成，事务只和 DML 语句有关，或者说有 DML 语句才有事务。

在 MySQL 中，InnoDB 存储引擎的表支持事务，MyISAM 存储引擎的表不支持事务。

2. 事务四大特性（ACID）

事务是恢复和并发控制的基本单位。

事务具有 4 个属性：原子性、一致性、隔离性、持久性。这 4 个属性通常称为 ACID 特性。

- 原子性（Atomicity）。一个事务是一个不可分割的工作单位，事务中包括的操作要么全部都执行，要么全部都不执行。
- 一致性（Consistency）。事务使数据库从一个一致性状态变到另一个一致性状态。
- 隔离性（Isolation）。一个事务的执行不被其他事务干扰，即一个事务内部的操作及使用的数据对并发的其他事务是隔离的，并发执行的各个事务之间不互相干扰。
- 持久性（Durability）。一个事务一旦提交，它对数据库中数据的改变就是永久性的。

3. 管理事务的语句

管理事务的语句如下。

- START TRANSACTION：开启事务。
- COMMIT：提交事务。事务正常结束，提交事务的所有操作，事务中所有对数据库的更新永久生效。
- ROLLBACK：回滚事务。事务异常终止，事务运行过程中发生了故障，不能继续执行，回滚事务的所有更新操作，回滚到事务开始时的状态。

【注意】 在 MySQL 中，只能在存储过程中进行事务处理。不允许在函数或触发器中使用事务，否则提示[Err] 1422 - Explicit or implicit commit is not allowed in stored function or trigger。

9.1.2 使用事务

【例 9-1】 使用事务来解决上述转账问题。

思路：先转账，转账后使用 IF 流程控制语句判断转账过程中是否有错，如果有，取消转账中的所有操作。

```
#因为在MySQL中只能在存储过程中进行事务处理，所以需要先创建存储过程。
DROP PROCEDURE IF EXISTS changemoney;
DELIMITER //
CREATE PROCEDURE changemoney()
BEGIN
    DECLARE t_error INT
    DECLARE CONTINUE HANDLER FOR SQLEXCEPTION SET t_error=1;
    START TRANSACTION;
    UPDATE bank
    SET CurrentMoney=CurrentMoney-200
    WHERE CustomerName='张三';
    UPDATE bank
```

```
        SET CurrentMoney=CurrentMoney+200
        WHERE CustomerName='李四';
        IF t_error=1 THEN
            ROLLBACK;
        ELSE
            COMMIT;
        END IF;
    END;
    //
    DELIMITER ;
```

在上述代码中，DECLARE CONTINUE HANDLER 语句用于声明一个异常处理程序，它指定了当发生 SQL 异常时先执行语句 SET t_error=1，然后继续执行后续的语句。

调用执行存储过程，查看结果，如图 9-2 所示。

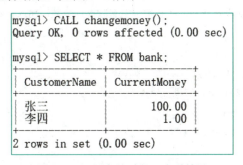

图 9-2　调用存储过程，查看结果

bank 表中的数据为转账之前的状态，因为 ROLLBACK 回滚了事务的所有更新操作，回滚到事务开始时的状态。

【任务实施】

【**练习 9-1**】　模拟实现 ATM 取款机的取款和存款业务。

需求说明：

① 实现取款或存款中的一种业务即可。

② 交易步骤。向交易明细表插入交易类型（支取/存入），更新账户余额。

```
#创建数据库、账户信息表 bank 和交易信息表 transinfo
DROP DATABASE IF EXISTS bankdata;
CREATE DATABASE bankdata;
USE bankdata;
DROP TABLE IF EXISTS transinfo;
DROP TABLE IF EXISTS bank;
CREATE TABLE bank                              #账户信息表
(CustomerName VARCHAR(50) NOT NULL,            #顾客姓名
CardID CHAR(10) NOT NULL,                      #卡号
CurrentMoney DECIMAL(18,2) NOT NULL);          #当前余额
CREATE TABLE transinfo                         #交易信息表
(CardID CHAR(10) NOT NULL,                     #卡号
```

```
            TransType  CHAR(4)  NOT  NULL,                    #交易类型（存入/支取）
            TransMoney  DECIMAL(18,2)  NOT  NULL,             #交易金额
            TransDate  TIMESTAMP  NOT  NULL  DEFAULT  CURRENT_TIMESTAMP  #交易日期
            );
            /*   添加约束：bank 表的 CardID 为主键    */
            ALTER  TABLE  bank  ADD  CONSTRAINT  PK_bank  PRIMARY  KEY(CardID);
            /*   添加约束：transinfo 表的 CardID 参照 bank 表的 CardID    */
            ALTER  TABLE  transinfo  ADD  CONSTRAINT  FK_transinfo_bank  FOREIGN  KEY(CardID)
REFERENCES  bank(CardID);
            /*   插入测试数据：张三开户，开户金额为 1000    */
            INSERT  INTO  bank(CustomerName,CardID,CurrentMoney)
            VALUES('张三','1001 0001',1000);
            /*  创建存储过程实现取款业务，从某张卡中支取指定金额，输入参数为卡号和支取的金额  */
            在此处编写存储过程
            #执行存储过程
            CALL  changemoney('1001 0001',2000);
            /*   查询取款后的余额和交易信息    */
            SELECT  *  FROM  bank;
            SELECT  *  FROM  transInfo;
```

【任务总结】

事务是用户定义的一个数据库操作序列，这些操作要么全部都执行，要么全部都不执行，是一个不可分割的工作单位。保证数据库从一个一致性状态到另一个一致性状态。

任务 9.2 使用游标

【任务提出】

在使用数据库的过程中，经常会遇到这种情况：用查询语句得到一个结果集，但对这个结果集的操作不是相同的，需要根据不同的条件，对不同的记录进行不同的处理。此时，就需要用到游标。

使用游标

【任务分析】

游标实际上是一种能从包括多条记录的结果集中每次提取一条记录的机制。游标总是与一条 SQL 查询语句相关联，允许应用程序对 SELECT 语句返回的结果集中的每一行进行相同或不同的操作，而不是一次对整个结果集进行同一种操作。这种特性使得对数据的操作十分灵活。

【相关知识与技能】

9.2.1 理解游标

1. 游标的概念

游标（Cursor）就是游动的标识，是一种能从包括多条数据记录的结果集中每次提取一条记录的机制。

游标充当指针的作用，用于对查询数据库所返回的记录进行遍历，以便进行相应的操作。尽管游标能遍历结果中的所有行，但它一次只指向一行。

2. 游标的优缺点

（1）优点

因为游标是针对行操作的，所以可以对从数据库中 SELECT 查询得到的每一行分别进行相同或不同的操作，是一种分离的思想。

游标可以对某个结果行进行特殊操作，从关系数据库这种面向集合的系统中抽离出来，单独针对行进行操作。游标是面向集合与面向值的设计思想之间的一种桥梁。

（2）缺点

游标的缺点是只能一行一行操作，在数据量大的情况下是不适用的，速度过慢。

9.2.2 使用游标

在 MySQL 中，只能在存储过程中使用游标。

游标的使用一般分为 4 个步骤，分别是：定义游标→打开游标→指向某一行提取数据，处理数据→关闭游标。

步骤 1：定义游标，指向某个查询结果集。其语句格式如下：

```
DECLARE  游标名  CURSOR  FOR  SELECT 语句;
```

步骤 2：打开游标。其语句格式如下：

```
OPEN  游标名;
```

步骤 3：指向某一行提取数据，处理数据。

用关键字 FETCH 取出数据，然后用 DECLARE 声明变量以存放取出的数据。其语句格式如下：

```
DECLARE  变量名 1  数据类型;
DECLARE  变量名 2  数据类型;
#变量的数据类型要与相应列的值的数据类型相同
FETCH  FROM  <游标名>  INTO 变量名 1,变量名 2,… ;
```

FETCH：取下一行的数据，游标一开始默认在第一行之前，故要让游标指向第一行，就必须第一次就执行 FETCH 操作。

INTO：将一行中每个对应列的数据赋给与列的数据类型相同的变量。

步骤 4：关闭游标。其语句格式如下：

```
CLOSE  游标名；
```

【例 9-2】 使用游标获取 eshop 数据库中 ProductInfo 表的第一条记录值。

```
USE  eshop;
DROP  PROCEDURE  IF  EXISTS  cursor_test;
DELIMITER  //
CREATE  PROCEDURE  cursor_test()
BEGIN
    #声明变量时，变量的数据类型要与相应列的数据类型一致
    #DECLARE 语句必须在存储过程的开头定义
    DECLARE  pid  INT;
    DECLARE  pname  VARCHAR(50);
    DECLARE  pprice  DECIMAL(18,2);
    DECLARE  pintro  VARCHAR(255);
    #定义游标 mycursor
    DECLARE  mycursor  CURSOR  FOR
        SELECT  Productid,ProductName,ProductPrice,Intro  FROM  ProductInfo;
    #打开游标
    OPEN  mycursor;
    #使用游标获取列的值
    FETCH  FROM  mycursor  INTO  pid,pname,pprice,pintro;
    #对值进行处理
    SELECT  pid,pname,pprice,pintro;
    #关闭游标
    CLOSE  mycursor;
END;
//
DELIMITER  ;
#调用存储过程
CALL  cursor_test();
```

【例 9-3】 使用游标遍历 eshop 数据库中 ProductInfo 表的每一条记录值。

```
USE  eshop;
DROP  PROCEDURE  IF  EXISTS  cursor_test;
DELIMITER  //
CREATE  PROCEDURE  cursor_test()
BEGIN
    DECLARE  jishu  INT;
    DECLARE  i  INT;
    #变量声明时，数据类型要与相应列的数据类型一致
    DECLARE  pid  INT;
    DECLARE  pname  VARCHAR(50);
    DECLARE  pprice  DECIMAL(18,2);
    DECLARE  pintro  VARCHAR(255);
    #定义游标 mycursor
    DECLARE  mycursor  CURSOR  FOR
        SELECT  Productid,ProductName,ProductPrice,Intro  FROM  ProductInfo;
    SET  i=1;
```

```
    #使用局部变量统计表的行数,确定游标遍历的次数
    SELECT COUNT(*) INTO jishu FROM ProductInfo;
    #打开游标
    OPEN mycursor;
    #使用游标获取列的值,使用循环依次遍历每一行
    WHILE i<=jishu DO
        FETCH FROM mycursor INTO pid,pname,pprice,pintro;
        #对值进行处理
        SELECT pid,pname,pprice,pintro;
        SET i=i+1;
    END WHILE;
    #关闭游标
    CLOSE mycursor;
END;
//
DELIMITER ;

#调用存储过程
CALL cursor_test();
```

【任务总结】

游标就好比 C 语言中的指针,通过与某个查询结果构建技术联系,可以指定结果集中的任何位置,然后允许用户对指定位置的数据进行处理,以达到用户处理数据的复杂目的。

任务 9.3　使用触发器

【任务提出】

在供销存系统中,商品出售后在销售记录中增加销售量的同时,库存数量应该减少;而当库存数量不足时,应禁止增加销售量。

【任务分析】

销售量的改变、库存数量的减少等操作可以通过编写触发器来实现。

【相关知识与技能】

9.3.1　理解触发器

1. 创建触发器

触发器是在表上创建的对象,当满足定义条件时会自动触发执行。触发器只能在表上创建,而不能在视图上定义。

理解触发器

创建触发器使用的语句是 CREATE TRIGGER 语句,其语句格式如下:

```
CREATE TRIGGER 触发器名 触发时机 触发事件 ON 表名 FOR EACH ROW
BEGIN
    执行语句列表
END;
```

触发时机:有 BEFORE 或者 AFTER。

触发事件:有 INSERT、DELETE 或者 UPDATE。

表名:表示创建触发器的表名,即在哪张表上创建触发器。

MySQL 可创建以下 6 种触发器,见表 9-1。

表 9-1 6 种触发器

BEFORE INSERT	BEFORE DELETE	BEFORE UPDATE
AFTER INSERT	AFTER DELETE	AFTER UPDATE

【注意】 触发器只能创建在表上,不能在临时表或视图上创建触发器;触发器中不能使用开启或结束事务的语句;触发器中不允许有返回值,即不能有返回语句。

2. 管理触发器

(1) 删除触发器

其语句格式如下:

```
DROP TRIGGER [IF EXISTS] 触发器名;
```

(2) 查看触发器

查看触发器是指查看数据库中已存在的触发器的定义、状态和语法信息等。可以通过 SHOW TRIGGERS 语句和在 triggers 表中查看触发器信息。

方法 1:通过 SHOW TRIGGERS 查看,其语句格式如下:

```
SHOW TRIGGERS\G
```

方法 2:查询 information_schema 数据库的 triggers 表中的记录,其语句格式如下:

```
SELECT *
FROM information_schema.triggers
[WHERE trigger_name='查看的触发器名'];
```

3. NEW 和 OLD 的使用

MySQL 中定义了 NEW 和 OLD 用来表示触发器所在表中触发了触发器的那一条记录,具体如下。

- INSERT 触发器:NEW 表示添加的那一条记录。
- DELETE 触发器:OLD 表示删除的那一条记录。
- UPDATE 触发器:OLD 表示修改前的旧记录,NEW 表示修改后的新记录。
- NEW.列名:表示新增行的某列数据。
- OLD.列名:表示删除行的某列数据。

9.3.2 使用触发器

1. 创建供销存系统数据库

触发器在供销存系统中是一种常见的应用技术，用于在满足特定条件时自动触发相关的操作或业务流程。

使用触发器

在供销存系统中常见的触发器应用有：当新的销售订单生成时，触发器可以自动更新库存数量，确保及时反映销售活动对库存的影响；当销售订单被取消或修改时，触发器可以自动恢复或调整库存数量，保持库存数据的准确性；当新的入库订单生成时，触发器可以自动更新库存数量，确保及时反映入库活动对库存的影响；当库存数量低于设定的阈值时，触发器可以自动触发补货流程，生成采购订单或发出补货通知；当库存数量高于设定的阈值时，触发器可以自动触发促销活动，调整价格以促进销售。这些触发器应用可以提高供销存系统的自动化程度、数据准确性和业务流程效率。

设计简易"供销存系统"数据库 gxc。数据库中的表有：商品信息表 ProductInfo、入库单表 StorageInfo、销售单表 SalesInfo。

各表结构见表 9-2～表 9-4。

表 9-2 ProductInfo 表结构

字段名	字段说明	数据类型	允许空值	约束
ProductNo	商品编号	VARCHAR(50)	否	主键
ProductName	商品名称	VARCHAR(50)	否	
ProductType	商品类型	VARCHAR(50)	是	
StockNum	库存数量	DECIMAL(10,2)	否	

表 9-3 StorageInfo 表结构

字段名	字段说明	数据类型	允许空值	约束
StorageNo	入库单号	VARCHAR(50)	否	主属性
ProductNo	商品编号	VARCHAR(50)	否	主属性 外键，参照 ProductInfo 表
StorageNum	入库数量	DECIMAL(10,2)	否	
StorageTime	入库时间	DATETIME	否	

表 9-4 SalesInfo 表结构

字段名	字段说明	数据类型	允许空值	约束
SalesNo	销售单号	VARCHAR(50)	否	主属性
ProductNo	商品编号	VARCHAR(50)	否	主属性 外键，参照 ProductInfo 表
SalesNum	销售数量	DECIMAL(10,2)	否	
SalesTime	销售时间	DATETIME	否	

创建数据库、创建表、添加记录的脚本如下：

```
DROP DATABASE IF EXISTS gxc;
CREATE DATABASE gxc;
USE gxc;
DROP TABLE IF EXISTS ProductInfo;
```

```sql
CREATE TABLE ProductInfo
(ProductNo VARCHAR(50) NOT NULL PRIMARY KEY,      #商品编号
ProductName VARCHAR(50) NOT NULL,                  #商品名称
ProductType VARCHAR(50) ,                          #商品类型
StockNum DECIMAL(10,2) NOT NULL                    #库存数量
);
DROP TABLE IF EXISTS StorageInfo;
CREATE TABLE StorageInfo
(StorageNo VARCHAR(50) NOT NULL,                   #入库单号
ProductNo VARCHAR(50) NOT NULL,                    #商品编号
StorageNum DECIMAL(10,2) NOT NULL ,                #入库数量
StorageTime DATETIME NOT NULL ,                    #入库时间
PRIMARY KEY (StorageNo,ProductNo),
FOREIGN KEY(ProductNo) REFERENCES ProductInfo(ProductNo)
);
DROP TABLE IF EXISTS SalesInfo;
CREATE TABLE SalesInfo
(SalesNo VARCHAR(50) NOT NULL,                     #销售单号
ProductNo VARCHAR(50) NOT NULL,                    #商品编号
SalesNum DECIMAL(10,2) NOT NULL ,                  #销售数量
SalesTime DATETIME NOT NULL,                       #销售时间
PRIMARY KEY(SalesNo,ProductNo),
FOREIGN KEY(ProductNo) REFERENCES ProductInfo(ProductNo)
);
INSERT INTO ProductInfo VALUES('2000000341316','精品红富士','水果',45);
INSERT INTO ProductInfo VALUES ('6930504300198','李子园酸奶','牛奶',5);
INSERT INTO StorageInfo VALUES ('rk2010100701','6930504300198',20,'2022-10-7');
INSERT INTO StorageInfo VALUES ('rk2010100701','2000000341316',20,'2022-10-7');
INSERT INTO SalesInfo VALUES ('xs2010101001','6930504300198',2,'2022-11-7');
INSERT INTO SalesInfo VALUES ('xs2010101001','2000000341316',3,'2022-11-7');
```

2. 在供销存系统数据库中编写 AFTER 触发器

【例 9-4】当商品入库后，该商品的库存数量能自动增加，通过创建触发器来实现，触发器名为 add_storage。

```sql
USE gxc;
DROP TRIGGER IF EXISTS add_storage;
DELIMITER //
CREATE TRIGGER add_storage
AFTER INSERT ON StorageInfo FOR EACH ROW
BEGIN
    UPDATE ProductInfo
    SET StockNum=StockNum+NEW.StorageNum
    WHERE ProductNo=NEW.ProductNo;
```

```
END;
//
DELIMITER ;

#检验该触发器的正确性
-- 查看添加入库记录前的表数据
SELECT * FROM ProductInfo;
SELECT * FROM StorageInfo;
-- 往 StorageInfo 表中添加入库记录
INSERT INTO StorageInfo
VALUES ('rk2010100702','2000000341316',20,'2023-1-7');
-- 查看执行后的表数据
SELECT * FROM ProductInfo;
SELECT * FROM StorageInfo;
```

【例 9-5】 若修改某次销售信息，销售记录修改后，商品信息表 ProductInfo 中对应商品的库存数量能自动修改。通过创建触发器实现，触发器名为 update_sales。

```
#思路：原商品的库存数量增加，修改后商品的库存数量减少
DROP TRIGGER IF EXISTS update_sales;
DELIMITER //
CREATE TRIGGER update_sales
AFTER UPDATE ON SalesInfo FOR EACH ROW
BEGIN
    UPDATE ProductInfo
    SET StockNum=StockNum+OLD.SalesNum
    WHERE ProductNo=OLD.ProductNo;
    UPDATE ProductInfo
    SET StockNum=StockNum-NEW.SalesNum
    WHERE ProductNo=NEW.ProductNo;
END;
//
DELIMITER ;
#检验该触发器的正确性
-- 查看销售记录修改前的表数据
SELECT * FROM ProductInfo;
SELECT * FROM SalesInfo;
UPDATE SalesInfo
SET SalesNum=4
WHERE SalesNo='xs2010101001' AND ProductNo='6930504300198';
-- 查看修改后的表数据
SELECT * FROM ProductInfo;
SELECT * FROM SalesInfo;
```

【任务实施】

【练习 9-2】 在 gxc 数据库中，若修改某次入库信息，要修改的数据可能是入库商品编号或入库数量。修改入库记录后，商品信息表 ProductInfo 中对应商品的库存数量能自动修改。通过创建触发器实现，触发器名为 update_Storage。

【练习 9-3】 在 gxc 数据库中，若删除某条入库记录，入库记录删除后，商品信息表 ProductInfo 中该商品的库存数量能自动修改。通过创建触发器来实现，触发器名为 del_Storage。

【练习 9-4】 分组完成"图书借阅管理系统"数据库中的触发器的设计和编写。

图书借阅管理系统数据库表结构分组设计，但必须有图书是否在馆内的信息、图书借出及归还信息。

必须实现：随着图书借出或归还信息的添加，该图书的在馆状态能自动更新。其余功能由各小组自己设计扩展。

【任务总结】

在实现复杂业务逻辑时，需要对触发器进行仔细设计和测试，以确保触发器可以正确地完成所需的操作。同时，需要注意触发器的开销和性能问题，以避免触发器对数据库性能造成影响。

理论练习

一、选择题

1. 下列创建游标的语句格式中，正确的是（　　）。
   A．DECLARE cursor_name CURSOR FOR SELECT_statement;
   B．DECLARE CURSOR cursor_name FOR SELECT_statement;
   C．CREATE cursor_name CURSOR FOR SELECT_statement;
   D．CREATE CURSOR cursor_name FOR SELECT_statement;

2. 在使用 MySQL 进行数据库程序设计时，若需要支持事务处理应用，其存储引擎应该是（　　）。
   A．InnoDB　　　B．MyISAM　　　C．MEMORY　　　D．CSV

3. 对事务的描述中不正确的是（　　）。
   A．事务具有原子性　　　　　　B．事务具有隔离性
   C．事务回滚使用 COMMIT 命令　D．事务具有持久性

4. 事务中能实现回滚的命令是（　　）。
   A．TRANSACTION　　　　　　B．COMMIT
   C．ROLLBACK　　　　　　　　D．SAVEPOINT

5. 设有一个成绩表 Student_JAVA（id，name，grade），现需要编写一个触发器，监视对该表中数据的插入和更新，并判断学生的成绩 grade，如果成绩超过 100 分，在触发器中强制将其修改为 100 分（最高分），那么应该将触发器定义为（　　）。
   A．BEFORE 触发器
   B．AFTER 触发器
   C．AFTER 触发器和 BEFORE 触发器都可以
   D．AFTER 触发器和 BEFORE 触发器都不可以

6. 下列关于 MySQL 触发器的描述中，错误的是（　　）。
   A．触发器的执行是自动的
   B．触发器可用来保证数据的完整性
   C．触发器可以创建在表或视图上
   D．一个触发器只能定义在一个基本表上
7. 下列操作中，不可能触发对应关系表上触发器的操作是（　　）。
   A．SELECT　　　B．INSERT　　　C．UPDATE　　　D．DELETE
8. 下列关于触发器的定义中，正确的是（　　）。
   A．CREATE TRIGGER tr_stu AFTER DELETE ON tb_Student FOR EACH ROW
       BEGIN
           DELETE FROM tb_sc WHERE sno=OLD.sno;
       END;
   B．CREATE TRIGGER tr_stu AFTER INSERT ON tb_Student FOR EACH ROW
       BEGIN
           DELETE FROM tb_sc WHERE sno=OLD.sno;
       END;
   C．CREATE TRIGGER tr_stu BEFORE INSERT（sno）ON tb_Student FOR EACH ROW
       BEGIN
           DELETE FROM tb_sc WHERE sno=NEW.sno;
       END;
   D．CREATE TRIGGER tr_stu AFTER DELETE ON tb_Student FOR EACH ROW
       BEGIN
           DELETE FROM tb_sc WHERE sno=NEW.sno;
       END;
9. 查看触发器内容的语句是（　　）。
   A．SHOW　TRIGGERS;
   B．SELECT　*　FROM　information_schema;
   C．SELECT　*　FROM　TRIGGERS;
   D．SELECT　*　FROM　TRIGGER;
10．激活触发器的操作包括（　　）。
   A．CREATE、DROP、INSERT
   B．SELECT、CREATE、UPDATE
   C．INSERT、DELETE、UPDATE
   D．CREATE、DELETE、UPDATE

二、简答题

1．简述事务的四大特性（ACID）。
2．简述游标的概念和作用。
3．简述触发器的概念和创建触发器的 SQL 语句。

实践阶段测试

请在规定时间内完成以下操作。

1. 创建数据库,数据库名为 bank。
2. 在 bank 数据库中创建 UserInfo 表和 TransInfo 表。

(1) 账户基本信息表 UserInfo,表结构见表 9-5。

表 9-5 UserInfo 表结构

字段名	数据类型	允许空值	字段说明
CustomerName	VARCHAR(50)	否	顾客姓名
CardID	VARCHAR(50)	否	卡号
CurrentMoney	DECIMAL(18,2)	否	当前余额

(2) 交易信息表 TransInfo,表结构见表 9-6。

表 9-6 TransInfo 表结构

字段名	数据类型	允许空值	字段说明
CardID	VARCHAR(50)	否	卡号
TransType	VARCHAR(10)	否	交易类型
TransMoney	DECIMAL(18,2)	否	当前余额
TransDate	DATETIME	是	交易日期

3. 往 UserInfo 表和 TransInfo 表中插入以下记录,表结构见表 9-7 和表 9-8。

表 9-7 UserInfo 表记录

CustomerName	CardID	CurrentMoney
张三	1212	1000
李四	3434	1000

表 9-8 TransInfo 表记录

CardID	TransType	TransMoney	TransDate
1212	存入	100	2023-12-1
1212	支取	500	2023-12-10
1212	支取	80	2023-12-20

在 bank 数据库中完成以下操作。

4. 添加主键约束:UserInfo 表的 CardID 为主键。
5. 添加外键约束:TransInfo 表的 CardID 参照 UserInfo 表的 CardID,同时设置级联更新。
6. 查询到 2023 年 12 月,没有交易信息的账户基本信息。(请使用 NOT EXISTS 相关子查询实现)
7. 查询开户后交易信息不足 5 笔的账户基本信息。
8. 将交易次数超过 2 次的账户的余额增加 10 元。
9. 创建存储过程 create_user,实现某账户的开户。要求有调用执行存储过程的代码。

10. 创建存储过程 add_trans，实现某账户进行一次交易，并返回交易结果：交易成功则返回 1，交易不成功则返回-1。若账户的余额不足，则无法完成支取交易。要求有调用执行存储过程的代码。

11. 编写触发器，实现当往 TransInfo 表中添加交易记录时，对应账户的当前余额更新。若账户当前余额不足，取消该交易记录的添加，并提示消息：账户金额不足，不能支取，取消交易。要求有测试触发器是否生效的代码。

附录

附录 A 项目资源

入门项目

"学生信息管理系统"数据库 School

学生信息管理是高校学生管理工作的重要组成部分,是一项十分繁杂的工作。随着计算机网络的发展和普及,学生信息管理系统化成为当今发展潮流。学生信息管理系统涉及学生从入学到毕业离校整个管理过程中的方方面面,主要包括学生成绩管理、学生住宿管理、学生助贷管理、学生任职管理、学生考勤管理、学生奖惩管理、学生就业管理等子系统。本书采用学生信息管理系统中的学生成绩管理子系统和学生住宿管理子系统。

"学生信息管理系统"数据库名为 School,数据库中的表有:班级信息表 Class、学生信息表 Student、课程信息表 Course、选课成绩表 Score、宿舍信息表 Dorm、学生入住宿舍信息表 Live、宿舍卫生检查表 CheckHealth。

各表结构见表 A-1~表 A-7。

表 A-1 Class 表结构

字段名	字段说明	数据类型	允许空值	约束
ClassNo	班级编号	VARCHAR(50)	否	主键
ClassName	班级名称	VARCHAR(50)	否	
College	所在学院	VARCHAR(50)	否	
Specialty	所属专业	VARCHAR(50)	否	
EnterYear	入学年份	INT	是	

表 A-2 Student 表结构

字段名	字段说明	数据类型	允许空值	约束
Sno	学号	VARCHAR(50)	否	主键
Sname	姓名	VARCHAR(50)	否	
Sex	性别	VARCHAR(10)	否	值只能为男或者女
Birth	出生日期	DATE	是	
ClassNo	班级编号	VARCHAR(50)	否	外键,参照 Class 表

表 A-3　Course 表结构

字段名	字段说明	数据类型	允许空值	约束
Cno	课程编号	VARCHAR(50)	否	主键
Cname	课程名称	VARCHAR(50)	否	
Credit	课程学分	DECIMAL(4,1)	是	值大于 0
CourseHour	课程学时	INT	是	值大于 0

表 A-4　Score 表结构

字段名	字段说明	数据类型	允许空值	约束
Sno	学号	VARCHAR(50)	否	主属性，外键，参照 Student
Cno	课程编号	VARCHAR(50)	否	主属性，外键，参照 Course 表
Uscore	平时成绩	DECIMAL(4,1)	是	值在 0~100 之间
EndScore	期末成绩	DECIMAL(4,1)	是	值在 0~100 之间

表 A-5　Dorm 表结构

字段名	字段说明	数据类型	允许空值	约束
DormNo	宿舍编号	VARCHAR(50)	否	主键
Build	楼栋	VARCHAR(50)	否	
Storey	楼层	VARCHAR(10)	否	
RoomNo	房间号	VARCHAR(10)	否	
BedsNum	总床位数	INT	是	
DormType	宿舍类别	VARCHAR(10)	是	
Tel	宿舍电话	VARCHAR(20)	是	

表 A-6　Live 表结构

字段名	字段说明	数据类型	允许空值	约束
Sno	学号	VARCHAR(50)	否	主属性，外键，参照 Student 表
DormNo	宿舍编号	VARCHAR(50)	否	外键，参照 Dorm 表
BedNo	床位号	VARCHAR(10)	否	
InDate	入住日期	DATE	否	主属性
OutDate	离寝日期	DATE	是	离寝日期晚于入住日期

表 A-7　CheckHealth 表结构

字段名	字段说明	数据类型	允许空值	约束
CheckNo	检查号	INT	否	主键，自动增长
DormNo	宿舍编号	VARCHAR(50)	否	外键，参照 Dorm 表
CheckDate	检查时间	DATETIME	否	默认值为当前系统时间
CheckMan	检查人员	VARCHAR(50)	否	
CheckScore	检查成绩	DECIMAL(4,1)	否	值在 0~100 之间
Problem	存在问题	VARCHAR(255)	是	

各表中的记录见表 A-8～表 A-14。

表 A-8 Class 表中记录

ClassNo	ClassName	College	Specialty	EnterYear
202201001	计算机 221	信息工程学院	计算机应用技术	2022
202201002	计算机 222	信息工程学院	计算机应用技术	2022
202201003	计算机 223	信息工程学院	计算机应用技术	2022
202201901	电商 221	信息工程学院	电子商务	2022
202201902	电商 222	信息工程学院	电子商务	2022
202205201	网络 221	信息工程学院	计算机网络技术	2022
202205202	网络 222	信息工程学院	计算机网络技术	2022
202207301	软件 221	信息工程学院	软件技术	2022

表 A-9 Student 表中记录

Sno	Sname	Sex	Birth	ClassNo
202231010100101	倪骏	男	2005-7-5	202201001
202231010100102	陈国成	男	2005-7-18	202201001
202231010100207	王康俊	女	2004-12-1	202201002
202231010100208	叶毅	男	2005-1-20	202201002
202231010100321	陈虹	女	2005-3-27	202201003
202231010100322	江苹	女	2005-5-4	202201003
202231010190118	张小芬	女	2005-5-24	202201901
202231010190119	林芳	女	2004-9-8	202201901

表 A-10 Course 表中记录

Cno	Cname	Credit	CourseHour
0901169	数据库技术与应用 1	4	56
0901170	数据库技术与应用 2	4	56
2003003	计算机文化基础	4	56
4102018	数据库课程设计 B	1.5	30
0901038	管理信息系统 F	4	60
0901191	操作系统原理	1.5	30
0901025	操作系统	4	60
0901020	网页设计	4	56
2003001	思政概论	2	30

表 A-11 Score 表中记录

Sno	Cno	Uscore	EndScore
202231010100101	0901170	95	92
202231010100102	0901170	67	45
202231010100207	0901170	82	
202231010190118	0901169	95	86
202231010190119	0901169	70	51.5
202231010100101	2003003	80	76
202231010100102	2003003	60	54

(续)

Sno	Cno	Uscore	EndScore
202231010100207	2003003	85	69
202231010100321	0901025	96	88.5
202231010100322	0901025		

表 A-12　Dorm 表中记录

DormNo	Build	Storey	RoomNo	BedsNum	DormType	Tel
LCB04N101	龙川北苑 04 南	1	101	6	男	15067078589
LCB04N421	龙川北苑 04 南	4	421	6	男	13750985609
LCN02B206	龙川南苑 02 北	2	206	6	男	15954962783
LCN02B313	龙川南苑 02 北	3	313	6	男	15954962783
LCN04B408	龙川南苑 04 北	4	408	6	女	15958969333
LCN04B310	龙川南苑 04 北	4	310	6	女	
XSY01111	学士苑 01	1	111	6	女	15218761131

表 A-13　Live 表中记录

Sno	DormNo	BedNo	InDate	OutDate
202231010100101	LCB04N101	1	2022/9/10	
202231010100102	LCB04N101	2	2022/9/10	
202231010100207	LCN04B310	4	2022/9/10	
202231010100208	LCB04N421	2	2022/9/10	
202231010100321	LCN04B408	4	2022/9/11	
202231010100322	LCN04B408	5	2022/9/20	
202231010190118	XSY01111	3	2022/9/10	
202231010190119	XSY01111	6	2022/9/10	

表 A-14　CheckHealth 表中记录

CheckNo	DormNo	CheckDate	CheckMan	CheckScore	Problem
1	LCB04N101	2022/11/19	余伟	80	床上较凌乱
2	LCB04N101	2022/10/20	余伟	60	地面脏乱
3	LCB04N421	2022/12/2	余伟	50	地面脏乱、有大功率电器
4	LCN04B408	2022/11/19	周轩	90	桌上摆放欠整齐
5	LCN04B310	2022/10/20	周轩	75	床上较凌乱
6	XSY01111	2022/11/19	徐璐璐	83	地面不够整洁、桌上较乱
7	XSY01111	2022/10/20	徐璐璐	70	地面脏乱
8	LCN04B408	2022/12/2	周轩	95	

提高项目

"网上商城系统"数据库 eshop

电子商务是网络时代非常活跃的活动,与人们的生活越来越紧密。网上商城是电子商务的核心元素与组成,是日常电子商务活动的基础平台。

"网上商城系统"数据库名为 eshop，数据库中的表有：用户基本信息表 UserInfo、商品分类表 Category、商品信息表 ProductInfo、购物车表 ShoppingCart、订单表 Orders、订单详细信息表 OrderItems、管理员角色表 AdminRole、管理员信息表 Admins、管理员日志表 AdminAction。

各表结构见表 A-15～表 A-23。

表 A-15 UserInfo 表结构

字段名	字段说明	数据类型	允许空值	约束
UserID	用户 ID	INT	否	主键，自动增长
UserName	用户登录名	VARCHAR(50)	否	
UserPass	用户密码	VARCHAR(50)	否	
Question	密码提示问题	VARCHAR(50)	是	
Answer	密码提示问题答案	VARCHAR(50)	是	
Acount	账户金额	DECIMAL(18,2)	否	
Sex	性别	VARCHAR(10)	否	
Address	地址	VARCHAR(50)	否	
Email	电子邮件	VARCHAR(50)	否	
Zipcode	邮编	VARCHAR(10)	是	

表 A-16 Category 表结构

字段名	字段说明	数据类型	允许空值	约束
CategoryID	商品分类 ID	INT	否	主键
CategoryName	分类名称	VARCHAR(50)	否	

表 A-17 ProductInfo 表结构

字段名	字段说明	数据类型	允许空值	约束
ProductID	商品编号	INT	否	主键，自动增长
ProductName	商品名称	VARCHAR(50)	否	
ProductPrice	商品价格	DECIMAL(18,2)	否	
Intro	商品介绍	VARCHAR(255)	是	
CategoryID	商品分类 ID	INT	否	外键，参照 Category 表
ClickCount	单击数	INT	是	

表 A-18 ShoppingCart 表结构

字段名	字段说明	数据类型	允许空值	约束
RecordID	购物记录号	INT	否	主键，自动增长
CartID	购物车编号	VARCHAR(50)	否	
ProductID	商品编号	INT	否	外键，参照 ProductInfo 表
CreatedDate	购物日期	DATETIME	否	默认为当前系统时间
Quantity	购买数量	INT	否	

表 A-19　Orders 表结构

字段名	字段说明	数据类型	允许空值	约束
OrderID	订单号	INT	否	主键，自动增长
UserID	用户 ID	INT	否	外键，参照 UserInfo 表
OrderDate	订单日期	DATETIME	否	默认为当前系统时间

表 A-20　OrderItems 表结构

字段名	字段说明	数据类型	允许空值	约束
OrderID	订单号	INT	否	主属性 外键，参照 Orders 表
ProductID	商品编号	INT	否	主属性 外键，参照 ProductInfo 表
Quantity	购买数量	INT	否	
UnitCost	商品购买单价	DECIMAL(18,2)	否	

表 A-21　AdminRole 表结构

字段名	字段说明	数据类型	允许空值	约束
RoleID	管理员角色 ID	INT	否	主键，自动增长
RoleName	权限	VARCHAR(50)	否	

表 A-22　Admins 表结构

字段名	字段说明	数据类型	允许空值	约束
AdminID	管理员 ID	INT	否	主键
LoginName	管理员登录名	VARCHAR(50)	否	
LoginPwd	管理员密码	VARCHAR(50)	否	
RoleID	管理员角色 ID	INT	否	外键，参照 AdminRole 表

表 A-23　AdminAction 表结构

字段名	字段说明	数据类型	允许空值	约束
ActionID	日志 ID	INT	否	主键
Action	操作日志	VARCHAR(50)	否	
ActionDate	日志时间	DATETIME	否	
AdminID	管理员 ID	INT	否	外键，参照 Admins 表

"供销存系统"数据库 gxc

触发器在供销存系统中是一种常见的应用技术，用于在满足特定条件时自动触发相关的操作或业务流程。

在供销存系统中常见的触发器应用有：当新的销售订单生成时，触发器可以自动更新库存数量，确保及时反映销售活动对库存的影响；当销售订单被取消或修改时，触发器可以自动恢复或调整库存数量，保持库存数据的准确性；当新的入库订单生成时，触发器可以自动更新库存数量，确保及时反映入库活动对库存的影响；当库存数量低于设定的阈值时，触发器可以自动触发补货流程，生成采购订单或发出补货通知；当库存数量高于设定的阈值时，触发器可以自动触发促销活动，调整价格以促进销售。这些触发器应用可以提高供销存系统的自动化程度、数据准确性和业务流程效率。

"供销存系统"数据库名为 gxc,数据库中的表有:商品信息表 ProductInfo、入库单表 StorageInfo、销售单表(SalesInfo)。

各表结构见表 A-24~表 A-26。

表 A-24 ProductInfo 表结构

字段名	字段说明	数据类型	允许空值	约束
ProductNo	商品编号	VARCHAR(50)	否	主键
ProductName	商品名称	VARCHAR(50)	否	
ProductType	商品类型	VARCHAR(50)	是	
StockNum	库存数量	DECIMAL(10,2)	否	

表 A-25 StorageInfo 表结构

字段名	字段说明	数据类型	允许空值	约束
StorageNo	入库单号	VARCHAR(50)	否	主属性
ProductNo	商品编号	VARCHAR(50)	否	主属性 外键,参照 ProductInfo 表
StorageNum	入库数量	DECIMAL(10,2)	否	
StorageTime	入库时间	DATETIME	否	

表 A-26 SalesInfo 表结构

字段名	字段说明	数据类型	允许空值	约束
SalesNo	销售单号	VARCHAR(50)	否	主属性
ProductNo	商品编号	VARCHAR(50)	否	主属性 外键,参照 ProductInfo 表
SalesNum	销售数量	DECIMAL(10,2)	否	
SalesTime	销售时间	DATETIME	否	

拓展项目

"自行车租赁系统"数据库

自行车租赁系统是一种基于互联网和物联网技术的绿色出行服务,通过提供自行车租赁、预约、还车等服务,为城市居民提供便捷、低碳、经济、健康的出行方式。自行车租赁系统的发展符合绿色出行的理念,可以有效减少汽车尾气对环境的污染,促进城市的可持续发展。

系统的用户需求包括:

(1)租赁自行车

用户可以在系统中选择自行车类型、租赁时间等信息,并完成租赁手续。

(2)查询租赁信息

用户可以在系统中查询自己的租赁记录、租赁点的位置等信息。

(3)支付租赁费用

用户可以在系统中支付租赁费用、押金等费用。

(4)投诉和反馈

用户可以在系统中提出投诉和反馈意见。

（5）身份认证和信息管理

用户可以在系统中进行身份认证和个人信息管理，保证账户的安全和完整性。

系统的主要功能模块包括：

（1）用户管理模块

该模块管理用户的注册、登录、身份认证、信息管理等功能。

（2）自行车管理模块

该模块管理自行车的租赁、归还、维护、报废等功能。

（3）租赁点管理模块

该模块管理租赁点的位置、自行车数量、预约等功能。

（4）订单管理模块

该模块管理用户的租赁订单、费用计算、支付等功能。

（5）支付管理模块

该模块包括接入支付系统、管理支付记录等功能。

自行车租赁系统的数据库表结构设计如下所示。

（1）用户表（user）

用户表存储用户信息，包括用户编号、用户名、用户密码、手机号码、邮箱等字段。表结构见表 A-27。

表 A-27　user 表结构

字段名	字段说明	数据类型	允许空值	约束
user_id	用户编号	VARCHAR(50)	否	主键
user_name	用户名	VARCHAR(50)	否	
user_password	用户密码	VARCHAR(50)	否	
user_phone	手机号码	VARCHAR(50)	否	
user_email	邮箱	VARCHAR(50)	是	必须包含@符号

（2）租赁点表（rentpoint）

租赁点表存储租赁点信息，包括租赁点编号、位置、自行车数量等字段。表结构见表 A-28。

表 A-28　rentpoint 表结构

字段名	字段说明	数据类型	允许空值	约束
rentpoint_id	租赁点编号	INT	否	主键
location	位置	VARCHAR(50)	否	
bicycle_count	自行车数量	INT	否	值必须大于等于 0

（3）自行车表（bicycle）

自行车表存储自行车信息，包括自行车编号、自行车类型、租赁点编号等字段。表结构见表 A-29。

表 A-29　bicycle 表结构

字段名	字段说明	数据类型	允许空值	约束
bicycle_id	自行车编号	VARCHAR(50)	否	主键
bicycle_type	自行车类型	VARCHAR(50)	否	
bicycle_position	租赁点编号	INT	否	外键，参照租赁点表

（4）订单表（orders）

订单表存储订单信息，包括订单编号、用户编号、自行车编号、租赁点编号、租赁开始时间、租赁结束时间、租赁费用等字段。表结构见表 A-30。

表 A-30　orders 表结构

字段名	字段说明	数据类型	允许空值	约束
orders_id	订单编号	INT	否	主键
user_id	用户编号	VARCHAR(50)	否	外键，参照用户表
bicycle_id	自行车编号	VARCHAR(50)	否	外键，参照自行车表
rentpoint_id	租赁点编号	INT	否	外键，参照租赁点表
start_time	租赁开始时间	DATETIME	否	默认为当前系统时间
end_time	租赁结束时间	DATETIME	是	
cost	租赁费用	DECIMAL(8,2)	是	

（5）押金表（deposit）

押金表存储押金信息，包括押金编号、用户编号、租赁点编号、押金金额、缴纳时间等字段。表结构见表 A-31。

表 A-31　deposit 表结构

字段名	字段说明	数据类型	允许空值	约束
deposit_id	押金编号	INT	否	主键
user_id	用户编号	VARCHAR(50)	否	外键，参照用户表
rentpoint_id	租赁点编号	INT	否	外键，参照租赁点表
amount	押金金额	DECIMAL(8,2)	否	值必须大于 0
created_at	缴纳时间	DATETIME	否	默认为当前系统时间

（6）维修人员表（repairman）

维修人员表存储维修人员信息，包括维修人员编号、维修人员姓名、联系方式等字段。表结构见表 A-32。

表 A-32　repairman 表结构

字段名	字段说明	数据类型	允许空值	约束
repairman_id	维修人员编号	INT	否	主键
repairman_name	维修人员姓名	VARCHAR(50)	否	
repairman_phone	联系方式	VARCHAR(50)	是	

（7）维修表（repair）

维修表存储自行车维修信息，包括维修编号、自行车编号、维修人员编号、维修日期、维修描述等字段。表结构见表 A-33。

表 A-33　repair 表结构

字段名	字段说明	数据类型	允许空值	约束
repair_id	维修编号	INT	否	主键
bicycle_id	自行车编号	VARCHAR(50)	否	外键，参照自行车表

（续）

字段名	字段说明	数据类型	允许空值	约束
repairman_id	维修人员编号	INT	否	外键，参照维修人员表
repair_date	维修日期	DATETIME	否	默认为当前系统时间
description	维修描述	TEXT	是	

"校园旧书赠送系统"数据库

旧书籍是令大学生尤其是毕业生头痛的一个问题，如果寄回家，后续再使用的机会不多，如果当废品卖掉或扔掉，则造成浪费。此外，部分学生因经济原因无法购买所需的书籍。所以若能爱心传递，将旧书赠送给需要的同学是极好的。

针对这些问题，校园旧书赠送系统的开发就显得尤为重要。通过这个系统，学生可以将自己不需要的旧书发布到系统中，其他学生可以通过搜索功能查找到自己需要的书籍，并与书籍的发布者进行交流。这不仅可以促进书籍的再利用，实现资源共享，也可以减少浪费，从而达到环保的目的。

此外，校园旧书赠送系统的开发还可以促进校园文化交流和沟通，让学生可以通过分享阅读经验、推荐好书等方式，促进校园文化交流。同时，通过参与旧书赠送和交换，学生可以感受到自己的行为对社会和环境的影响，从而培养社会责任感和公民意识。

该系统的功能需求包括：

（1）用户管理

系统支持用户注册、登录、修改密码、找回密码等功能，以保证用户信息的安全和完整性。用户注册时需要填写基本信息，如姓名、学号、联系方式等，同时需要进行邮箱或手机验证，确保用户信息的真实性。

（2）书籍管理

系统支持书籍的添加、修改、删除、查询等功能，同时需要支持书籍分类、出版社等信息的管理。用户可以通过关键字搜索和分类浏览等方式查找需要的书籍。用户可以在系统中发布自己的旧书，其他用户可以通过系统进行申请或者私信沟通，实现书籍的交换和赠送。

（3）交互管理

系统支持用户之间的交互，包括私信、评论、点赞等功能，以促进用户之间的交流和互动。用户可以通过私信和评论与其他用户进行交流，可以通过点赞关注感兴趣的书籍和用户。

（4）订单管理

系统支持用户之间的书籍交换和赠送，需要实现订单管理和交换记录管理，以保证交换和赠送的顺利进行。系统需要支持订单的生成、确认、取消等功能，同时需要记录交换记录，以便用户之间建立信任和解决问题。

（5）系统管理

系统支持管理员对用户、书籍、订单等信息的管理，以及系统的配置和维护工作。管理员需要对用户提交的书籍和订单进行审核，保证交换和赠送的安全和合法性。管理员需要对系统进行配置和维护，确保系统的正常运行和安全性。

校园旧书赠送系统的数据库表结构设计如下所示。

（1）用户表（user）

用户表存储用户信息，包括用户编号、用户名、密码、邮箱、联系电话等字段。表结构见表 A-34。

表 A-34 user 表结构

字段名	字段说明	数据类型	允许空值	约束
user_id	用户编号，学生为学号，教职工为工号	VARCHAR(50)	否	主键
user_name	用户名	VARCHAR(50)	否	
user_password	密码	VARCHAR(50)	否	
user_email	邮箱	VARCHAR(50)	否	唯一
user_phone	联系电话	VARCHAR(20)	否	唯一

（2）书籍表（book）

书籍表存储书籍基本信息，包括书籍编号、书名、封面、作者、出版社、出版日期、分类、简介、书籍状态、发布者、发布时间等字段。表结构见表 A-35。

表 A-35 book 表结构

字段名	字段说明	数据类型	允许空值	约束
book_id	书籍编号	INT	否	主键，自动递增
book_name	书名	VARCHAR(50)	否	
cover	封面	VARCHAR(255)	否	
author	作者	VARCHAR(50)	是	
publisher	出版社	VARCHAR(50)	是	
publish_date	出版日期	DATE	是	
category	分类	VARCHAR(50)	是	
description	简介	TEXT	是	
book_status	书籍状态	INT	否	默认为1，表示启用；0 表示禁用
publisher_id	发布者	VARCHAR(50)	否	外键，参照用户表
publish_time	发布时间	DATETIME	否	默认当前系统时间

（3）订单表（orders）

订单表存储订单信息，包括订单编号、订单类型、书籍编号、交换者编号、赠送者编号、订单状态、创建时间、确认时间、取消时间等字段。表结构见表 A-36。

表 A-36 orders 表结构

字段名	字段说明	数据类型	允许空值	约束
orders_id	订单编号	INT	否	主键，自动递增
orders_type	订单类型	INT	否	1 表示捐赠，2 表示交换，3 表示借阅
book_id	书籍编号	INT	否	外键，参照书籍表
exchanger_id	交换者编号	VARCHAR(50)	否	外键，参照用户表
donor_id	赠送者编号	VARCHAR(50)	否	外键，参照用户表
orders_status	订单状态	INT	否	1 表示待确认，2 表示已确认，3 表示已取消
create_time	创建时间	DATETIME	否	默认当前系统时间
confirm_time	确认时间	DATETIME	是	
cancel_time	取消时间	DATETIME	是	

（4）评论表（comments）

评论表存储评论信息，包括评论编号、评论内容、评论者编号、书籍编号、评论时间、评论状态等字段。表结构见表 A-37。

表 A-37 comments 表结构

字段名	字段说明	数据类型	允许空值	约束
comments_id	评论编号	INT	否	主键，自动递增
comments_content	评论内容	TEXT	否	
commentator_id	评论者编号	VARCHAR(50)	否	外键，参照用户表
book_id	书籍编号	INT	否	外键，参照书籍表
comments_time	评论时间	DATETIME	否	默认当前系统时间
comments_status	评论状态	INT	否	1 表示启用；0 表示禁用

（5）私信表（message）

私信表存储私信信息，包括私信编号、私信内容、发送者编号、接收者编号、发送时间、私信状态等字段。表结构见表 A-38。

表 A-38 message 表结构

字段名	字段说明	数据类型	允许空值	约束
message_id	私信编号	INT	否	主键，自动递增
message_content	私信内容	TEXT	否	
sender_id	发送者编号	VARCHAR(50)	否	外键，参照用户表
receiver_id	接收者编号	VARCHAR(50)	否	外键，参照用户表
send_time	发送时间	DATETIME	否	默认当前系统时间
message_status	私信状态	INT	否	1 表示启用；0 表示禁用

（6）点赞表（support）

点赞表存储点赞信息，包括点赞编号、点赞类型、书籍编号、用户编号、点赞时间、点赞状态等字段。表结构见表 A-39。

表 A-39 support 表结构

字段名	字段说明	数据类型	允许空值	约束
support_id	点赞编号	INT	否	主键，自动递增
support_type	点赞类型	INT	否	1 表示书籍点赞，2 表示评论点赞
book_id	书籍编号	INT	否	外键，参照书籍表
uer_id	用户编号	VARCHAR(50)	否	外键，参照用户表
support_time	点赞时间	DATETIME	否	默认当前系统时间
support_status	点赞状态	INT	否	1 表示启用；0 表示禁用

（7）管理员表（admins）

管理员表存储管理员信息，包括管理员编号、用户名、密码等字段。表结构见表 A-40。

表 A-40　admins 表结构

字段名	字段说明	数据类型	允许空值	约束
admins_id	管理员编号	INT	否	主键，自动递增
admins_name	用户名	VARCHAR(50)	否	
admins_password	密码	VARCHAR(50)	否	

"绿色回收 App" 数据库

随着经济的发展和人们生活水平的提高，废弃物的产生量不断增加，废弃物的处理和回收成为一个亟待解决的环保难题。绿色回收系统应运而生，旨在通过科技手段提高废弃物的再利用率，减少废弃物对环境的污染。其中，App 是绿色回收系统的重要组成部分，通过 App，用户可以方便地查询周边的回收站位置、废弃物分类方法、回收时间等信息，并可以预约回收服务，提升了用户的使用体验，同时也促进了绿色回收系统的推广和普及。

绿色回收 App 的功能需求如下：

（1）回收站信息查询

用户可以通过 App 查询周边的回收站位置、回收时间等信息。用户可以根据回收站的地理位置、可回收物种类、回收服务时间等条件筛选回收站，查看回收站的详细信息，包括回收站名称、地址、联系电话、营业时间等。

（2）废弃物分类查询

用户可以通过 App 查询废弃物的分类方法，包括可回收物、有害垃圾、易腐垃圾等分类。用户可以查询每种废弃物的分类标准、投放方法、处理方法等信息。

（3）预约回收服务

用户可以通过 App 预约回收服务，包括选择回收站、选择回收时间等操作。用户可以查询可预约的回收时间，选择回收站和时间，并填写回收信息，系统会自动生成预约单，用户可以在预约单中查看预约详情。

（4）回收记录查询

用户可以通过 App 查询自己的回收记录，包括回收数量、回收时间、回收证明等相关信息。用户可以根据时间、废弃物种类等条件查询回收记录，系统会显示回收记录的详细信息。

（5）用户管理

App 需要提供用户注册、登录、修改个人信息等功能。用户可以通过 App 进行注册，填写个人信息，成为系统用户。用户登录后可以修改个人信息，包括头像、昵称、联系方式等。

（6）系统设置

App 需要提供系统设置功能，用户可以自定义 App 的界面风格、语言等环境变量，提升用户体验。

（7）其他功能

App 可以提供其他功能，包括废弃物回收价格查询、回收站评价、回收站活动推送等功能，为用户提供更加全面的服务。

绿色回收 App 的数据库表结构设计如下：

（1）用户表（user）

用户表存储系统用户的基本信息，包括用户编号、用户名、密码、联系电话等字段。表结构见表 A-41。

表 A-41　user 表结构

字段名	字段说明	数据类型	允许空值	约束
user_id	用户编号	INT	否	主键
user_name	用户名	VARCHAR(50)	否	唯一
user_password	密码	VARCHAR(50)	否	
user_phone	联系电话	VARCHAR(20)	是	唯一

（2）回收站表（recycling_stations）

回收站表存储回收站的基本信息，包括回收站编号、回收站名称、回收站地址、回收站联系电话、回收站营业时间等字段。表结构见表 A-42。

表 A-42　recycling_stations 表结构

字段名	字段说明	数据类型	允许空值	约束
station_ID	回收站编号	VARCHAR(50)	否	主键
station_name	回收站名称	VARCHAR(50)	否	
station_address	回收站地址	VARCHAR(100)	否	
station_phone	回收站联系电话	VARCHAR(20)	否	
operation_hours	回收站营业时间	VARCHAR(100)	否	

（3）废弃物分类表（waste_category）

废弃物分类表存储废弃物分类信息，包括废弃物分类编号、废弃物分类名称、投放方法、处理方法、废弃物分类描述等字段。表结构见表 A-43。

表 A-43　waste_category 表结构

字段名	字段说明	数据类型	允许空值	约束
category_id	废弃物分类编号	INT	否	主键
category_name	废弃物分类名称	VARCHAR(50)	否	
disposal_method	投放方法	VARCHAR(100)	否	
treatment_method	处理方法	VARCHAR(100)	否	
category_description	废弃物分类描述	VARCHAR(100)	是	

（4）废弃物表（wastes）

废弃物表存储废弃物的基本信息，包括废弃物编号、废弃物名称、废弃物分类编号、回收价格、废弃物描述等字段。表结构见表 A-44。

表 A-44　wastes 表结构

字段名	字段说明	数据类型	允许空值	约束
waste_id	废弃物编号	VARCHAR(50)	否	主键
waste_name	废弃物名称	VARCHAR(50)	否	
category_id	废弃物分类编号	INT	否	外键，参照废弃物分类表
waste_price	回收价格	DECIMAL(10,2)	否	
waste_description	废弃物描述	VARCHAR(100)	是	

（5）预约单表（appointment）

预约单表存储用户预约回收服务的信息，包括预约单编号、用户编号、回收站编号、预约回收时间、废弃物编号、回收数量、预约单创建时间等字段。表结构见表 A-45。

表 A-45 appointment 表结构

字段名	字段说明	数据类型	允许空值	约束
appointment_id	预约单编号	INT	否	主键
user_id	用户编号	INT	否	外键，参照用户表
station_id	回收站编号	VARCHAR(50)	否	外键，参照回收站表
appointment_time	预约回收时间	DATETIME	否	
waste_id	废弃物编号	VARCHAR(50)	否	外键，参照废弃物表
quantity	回收数量	DECIMAL(8,2)	否	
create_time	预约单创建时间	DATETIME	否	默认当前系统时间

（6）回收记录表（recycling_record）

回收记录表存储用户回收废弃物的信息，包括回收记录编号、用户编号、回收站编号、废弃物编号、预约单编号、回收数量、回收时间等字段。表结构见表 A-46。

表 A-46 recycling_record 表结构

字段名	字段说明	数据类型	允许空值	约束
recycling_id	回收记录编号	INT	否	主键
user_id	用户编号	INT	否	外键，参照用户表
station_id	回收站编号	VARCHAR(50)	否	外键，参照回收站表
waste_id	废弃物编号	VARCHAR(50)	否	外键，参照废弃物表
appointment_id	预约单编号	INT	是	外键，参照预约单表
recycling_amount	回收数量	DECIMAL(8,2)	否	
recycling_time	回收时间	DATETIME	否	默认当前系统时间

（7）回收站评价表（comments）

回收站评价表存储对回收站的评价信息，包括评价编号、用户编号、回收站编号、评分、评价内容、评价时间等字段。表结构见表 A-47。

表 A-47 comments 表结构

字段名	字段说明	数据类型	允许空值	约束
comment_id	评价编号	INT	否	主键，自动增加
user_id	用户编号	INT	否	外键，参照用户表
station_id	回收站编号	VARCHAR(50)	否	外键，参照回收站表
rating	评分（1~5分）	INT	否	
content	评价内容	VARCHAR(200)	是	
comment_time	评价时间	DATETIME	否	默认当前系统时间

（8）回收站活动表（recycling_activity）

回收站活动表存储回收站活动信息，包括活动编号、回收站编号、活动标题、活动内容、活动开始时间、活动结束时间等字段。表结构见表 A-48。

表 A-48 recycling_activity 表结构

字段名	字段说明	数据类型	允许空值	约束
activity_id	活动编号	INT	否	主键
station_id	回收站编号	VARCHAR(50)	否	外键，参照回收站表
activity_title	活动标题	VARCHAR(50)	否	
activity_content	活动内容	VARCHAR(200)	是	
start_time	活动开始时间	DATETIME	否	
end_time	活动结束时间	DATETIME	否	

附录 B 常用 MySQL 语句

1. 创建和管理数据库

表 B-1 创建和管理数据库的常用 SQL 语句

语句	功能
SHOW GLOBAL VARIABLES LIKE "%datadir%";	查看 MySQL 数据库物理文件的存放位置
CREATE DATABASE 数据库名;	创建数据库
CREATE DATABASE IF NOT EXISTS 数据库名;	先判断同名的数据库是否存在，如果存在，则不创建，不存在则创建该数据库
DROP DATABASE 数据库名;	删除该数据库
DROP DATABASE IF EXISTS 数据库名;	如果存在该数据库，则删除
USE 数据库名;	选择数据库，该数据库为当前数据库
SELECT DATABASE();	显示当前使用的数据库名
SHOW DATABASES;	显示当前服务中的所有数据库名称
SHOW CREATE DATABASE 数据库名;	显示创建该数据库的 CREATE DATABASE 语句
CREATE DATABASE 数据库名 CHARACTER SET utf8mb4;	创建数据库时指定编码为 utf8mb4
ALTER DATABASE 数据库名 CHARACTER SET utf8mb4;	修改指定数据库的编码为 utf8mb4

2. 创建和管理表

表 B-2 创建和管理表常用的 SQL 语句

语句	功能
CREATE TABLE [IF NOT EXISTS] 表名 （列名1 列属性， 列名2 列属性， ……， 列名n 列属性 ）;	创建表
SHOW TABLES;	显示当前数据库中所有表的表名
DESCRIBE 表名; 可简写成 DESC 表名; 或者 SHOW COLUMNS FROM 表名; SHOW FULL COLUMNS FROM 表名;	查看表基本结构 （FULL 为全面查看，包括字段编码）
SHOW CREATE TABLE 表名;	显示表的完整 CREATE TABLE 语句

（续）

语句	功能
SHOW CREATE TABLE 表名\G	\G 的作用是将结果旋转 90°变成纵向显示
DROP TABLE 表名;	删除表
RENAME TABLE 旧表名 TO 新表名;	重命名表
AUTO_INCREMENT	设置字段值自动增加，该字段必须为主键
DEFAULT	默认值
PRIMARY KEY	主键约束
FOREIGN KEY	外键约束
UNIQUE	唯一约束
CHECK	检查约束
ALTER TABLE 表名 ADD 新字段名 数据类型; ADD 新字段名 数据类型 AFTER 旧字段名 2; MODIFY 字段名 新数据类型; CHANGE 旧字段名 新字段名 数据类型; DROP 字段名;	修改表结构： 添加新字段 在旧字段名后添加新字段 修改字段的数据类型 修改字段名及数据类型 删除字段
ALTER TABLE 表名 ADD [CONSTRAINT 约束名] PRIMARY KEY(主键名); ADD [CONSTRAINT 约束名] FOREIGN KEY(外键名) REFERENCES 主表(主键名); ADD [CONSTRAINT 约束名] UNIQUE(字段名); ADD [CONSTRAINT 约束名] CHECK(条件表达式); ALTER COLUMN 字段名 SET DEFAULT 默认值;	修改表添加约束： 添加主键约束 添加外键约束 添加唯一约束 添加检查约束 添加默认值
ALTER TABLE 表名 ALTER COLUMN 字段名 DROP DEFAULT; DROP PRIMARY KEY; DROP FOREIGN KEY 外键约束名; DROP INDEX 唯一约束名; DROP CONSTRAINT 检查约束名;	修改表删除约束： 删除默认值 删除主键约束 删除外键约束 删除唯一约束 删除检查约束

3. 查询和更新数据

表 B-3 查询和更新数据常用的 SQL 语句

语句	功能
SELECT [ALL|DISTINCT] 目标列表达式 FROM 表名 1 [JOIN 表名 2 ON 连接条件 [WHERE 行条件表达式] [GROUP BY 分组列名] [HAVING 组筛选条件表达式] [ORDER BY 排序列名 [ASC|DESC]];	查询满足条件的记录
SELECT 列名 FROM 表名 A LEFT [OUTER] JOIN 表名 B ON <连接条件>;	左外连接
SELECT 列名 FROM 表名 A RIGHT [OUTER] JOIN 表名 B ON <连接条件>;	右外连接
INSERT INTO 表名[(列名 1,列名 2,…,列名 n)] VALUES(常量 1,…,常量 n)[,(常量 1,…,常量 n)];	插入记录
INSERT INTO 表名[(列名 1,列名 2,…,列名 n)] SELECT 查询语句;	往已有表中插入查询结果
CREATE TABLE 新表名 [AS] SELECT 语句;	生成一张新表并插入查询结果

(续)

语句	功能
UPDATE 表名 SET 列名 1=<修改后的值>[,列名 2=<修改后的值>,…] [WHERE 行条件表达式] [ORDER BY 排序列名] [LIMIT 行数];	修改记录
DELETE FROM 表名 [WHERE 行条件表达式] [ORDER BY 排序列名] [LIMIT 行数];	删除记录
ON UPDATE CASCADE	级联更新
ON DELETE CASCADE	级联删除

4. 创建视图和索引

表 B-4 创建视图和索引常用的 SQL 语句

语句	功能
CREATE VIEW 视图名[(视图列名 1,…视图列名 n)] AS SELECT 语句;	创建视图
DROP VIEW [IF EXISTS] 视图名;	删除视图
DESCRIBE 视图名; 或简写成 DESC 视图名;	查看视图基本信息
SHOW CREATE VIEW 视图名;	查看视图的详细定义
CREATE INDEX 索引名 ON 表名(列名); 或者 ALTER TABLE 表名 ADD INDEX|KEY [索引名](列名);	在已经存在的表上创建索引
DROP INDEX 索引名 ON 表名; 或者 ALTER TABLE 表名 DROP INDEX|KEY 索引名;	删除索引
SHOW INDEX FROM 表名; 或者 SHOW KEYS FROM 表名;	查看表的索引信息

5. MySQL 日常管理

表 B-5 MySQL 日常管理常用的 SQL 语句

语句	功能
mysqldump –uroot –p --databases 数据库名>路径和备份文件名	备份数据库
source 路径/备份文件名 或者 \. 路径/备份文件名	恢复数据库: 方法 1: 使用 MySQL 的 source 命令执行备份文件
mysql –u root –p 密码 数据库名<路径和备份文件名	方法 2: 在 DOS 窗口中输入 mysql 程序命令执行备份文件
LOAD DATA INFILE '文件的路径和文件名' INTO TABLE 表名;	将外部文件的数据导入到 MySQL 数据库的表中
SELEC 列名 FROM 表名 [WHERE 条件] INTO OUTFILE '路径和文件名';	将查询结果导出到外部文件中
CREATE USER '用户名'@'host' IDENTIFIED BY '密码';	新建普通用户
DROP USER '用户名'@'host';	删除普通用户
ALTER USER '用户名'@'host' IDENTIFIED BY '新密码';	修改密码
ALTER USER user() IDENTIFIED BY '新密码';	修改自己的密码

(续)

语句	功能
GRANT 权限 ON 对象名 TO 用户;	授予权限
REVOKE 权限 ON 对象名 FROM 用户名;	收回权限
SHOW GRANTS;	查看当前用户的权限
SHOW GRANTS FOR 用户名;	查看某用户的权限

6. 使用变量和流程控制语句

表 B-6 使用变量和流程控制语句对应的 SQL 语句

语句	功能
DECLARE 变量名 数据类型 [DEFAULT 默认值]; SET 变量名=值; 或者 SELECT … INTO 变量名 [FROM …];	定义局部变量 给局部变量赋值

IF 逻辑条件表达式 THEN
    一个语句或多个语句;
[ELSE
    一个语句或多个语句;]
END IF;
	IF 选择语句

CASE 表达式
    WHEN 值1 THEN 语句序列1;
    WHEN 值2 THEN 语句序列2;
    …
    ELSE 语句序列 n;
END CASE;
	简单 CASE 语句

CASE
    WHEN 条件1 THEN 语句序列1;
    WHEN 条件2 THEN 语句序列2;
    …
    ELSE 语句序列 n;
END CASE;
	搜索 CASE 语句

WHILE 条件 DO
    …
END WHILE;
	WHILE 循环语句

REPEAT … UNTILE 条件 END REPEAT;	REPEAT 循环语句
LOOP … END LOOP;	LOOP 循环语句

7. 创建函数和存储过程

表 B-7 创建函数和存储过程操作对应的 SQL 语句

语句	功能
DROP FUNCTION [IF EXISTS] 函数名;	删除函数

CREATE FUNCTION 函数名([参数列表]) RETURNS 返回值的数据类型
BEGIN
    SQL 语句;
    RETURN 返回值;
END;
	创建函数

DELIMITER //	将 MySQL 语句标准结束符";"更改为"//"
SHOW CREATE FUNCTION 函数名;	查看函数创建语句
DROP PROCEDURE [IF EXISTS] 存储过程名;	删除存储过程

（续）

语句	功能

CREATE PROCEDURE 存储过程名()
BEGIN
　…
END;
	创建简单存储过程

CREATE PROCEDURE 存储过程名(IN 输入参数名称 数据类型)
BEGIN
　…
END;
	创建带输入参数的存储过程

CREATE PROCEDURE 存储过程名(IN 输入参数名称 数据类型,OUT 输出参数名称 数据类型)
BEGIN
　…
　SELECT … INTO 输出参数名称 FROM …;
　或者
　SET 输出参数名称=值;
END;
	创建带输入输出参数的存储过程

CALL 存储过程名();	调用存储过程
SHOW CREATE PROCEDURE 存储过程名;	查看存储过程的定义

8. 事务、游标、触发器

表 B-8 事务、游标、触发器操作对应的 SQL 语句

语句	功能
START TRANSACTION;	开启事务
COMMIT;	提交事务
ROLLBACK;	回滚事务
DECLARE 游标名 CURSOR FOR SELECT 语句;	定义游标，指向某个查询结果集
OPEN 游标名;	打开游标
DECLARE 变量名1 数据类型; DECLARE 变量名2 数据类型; FETCH FROM <游标名> INTO 变量名1,变量名2,… ;	指向某一行提取数据，处理数据
CLOSE 游标名;	关闭游标

CREATE TRIGGER 触发器名 触发时机 触发事件
ON 表名 FOR EACH ROW
BEGIN
　执行语句列表
END;
	创建触发器

DROP TRIGGER [IF EXISTS] 触发器名;	删除触发器

参 考 文 献

[1] 王珊，杜小勇，陈红. 数据库系统概论[M]. 6版. 北京：高等教育出版社，2023.
[2] 王英英，李小威. MySQL 5.7 从零开始学[M]. 北京：清华大学出版社，2018.
[3] 软件开发技术联盟. MySQL 自学视频教程[M]. 北京：清华大学出版社，2014.
[4] FORTA B. MySQL 必知必会[M]. 刘晓霞，钟鸣，译. 2版. 北京：人民邮电出版社，2024.
[5] 陈尧妃. 数据库技术与应用：MySQL[M]. 北京：高等教育出版社，2021.